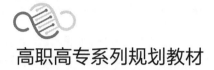

高职高专系列规划教材

生物制品生产技术

第二版

王永芬　刘黎红　孙祎敏　主编

U0254242

化学工业出版社

·北京·

内 容 简 介

《生物制品生产技术》(第二版)以《中国药典》(2020 年版)为依据,按照单元模式设计内容,包括生物制品生产基础,生物制品生产的基本技术,生物制品的生产工艺,生物制品的质量检验,生物制品的生产管理,生物制品的运输、保存与使用,典型生物制品的制备七个单元。前六个单元各单元下设学习指导、学习内容模块若干、知识窗、学习思考,其中知识窗的内容为体现学科进展性的知识,或者根据各学校自身特色或具体使用情况,有些特殊知识需要指出的,但是单元或学习内容不便表述的内容,彰显教材多元化特色。第七单元为学生实训单元,下设十三个具体制备实例的工艺过程,按照具体工作项目,以企业生产流程为主线,按照制备要求、制备工艺流程、制备设备(制备材料)、制备操作步骤详解、质量控制点、制备中常见问题的分析等逐层展开,充分体现了高职教育职业性、实践性、开放性的特点。本书配有电子课件,可从 www.cipedu.com.cn 下载参考。

本书可供高职高专生物技术类、生物制药类专业学生使用,也可以作为生物制品企业人员的参考资料或培训指导书籍使用。

图书在版编目(CIP)数据

生物制品生产技术/王永芬,刘黎红,孙祎敏主编.
—2 版.—北京:化学工业出版社,2020.8(2023.5重印)
高职高专系列规划教材
ISBN 978-7-122-36801-0

Ⅰ.①生…　Ⅱ.①王…②刘…③孙…　Ⅲ.①生物制品-生产技术-高等职业教育-教材　Ⅳ.①TQ464

中国版本图书馆 CIP 数据核字(2020)第 079149 号

责任编辑:迟　蕾　梁静丽　李植峰　　　　文字编辑:张春娥
责任校对:王　静　　　　　　　　　　　　装帧设计:王晓宇

出版发行:化学工业出版社(北京市东城区青年湖南街 13 号　邮政编码 100011)
印　　刷:北京云浩印刷有限责任公司
装　　订:三河市振勇印装有限公司
787mm×1092mm　1/16　印张 14¼　字数 344 千字　2023 年 5 月北京第 2 版第 4 次印刷

购书咨询:010-64518888　　　　　　　　售后服务:010-64518899
网　　址:http://www.cip.com.cn
凡购买本书,如有缺损质量问题,本社销售中心负责调换。

定　　价:45.00 元

《生物制品生产技术》（第二版）编写人员

主　　编　王永芬　刘黎红　孙祎敏

副 主 编　杨新建　朱正华　党　玮

编写人员　（按姓氏笔画排列）

王　成（河南化工职业学院）

王永芬（河南牧业经济学院）

朱正华（浙江经贸职业技术学院）

乔宏兴（河南牧业经济学院）

刘黎红（长春职业技术学院）

孙祎敏（河北化工医药职业技术学院）

李竹生（郑州职业技术学院）

杨新建（北京农业职业学院）

陈　蕤（广东科贸职业学院）

孟泉科（三门峡职业技术学院）

党　玮（漯河职业技术学院）

前　言

　　生物制品生产技术是与现代生物技术紧密结合的一门新兴技术。近几十年来，国内外在此领域的研究和应用发展迅速，使生物制品在人和动物疫病的预防、诊断和治疗等方面发挥着越来越重要的作用。随之而来的是众多生物制品企业的蓬勃发展以及对大量技能型人才的需求，为满足高职院校对技能型人才的培养以及生物制品企业一线技术人员的培训需求，我们在2013年编写了《生物制品生产技术》。

　　现在距《生物制品生产技术》第一版出版已有7余年，该书被国内众多高职院校作为教材使用，同时在使用过程中也发现了第一版存在的一些问题和不足，收到了很多读者提出的意见和建议，再加上生物制品生产技术的发展日新月异，新技术和新成果不断涌现，我们在一版教材的基础上又进行了修订和完善。

　　本教材保持了第一版的结构体系，即以单元为纲，项目内容为领，突出以能力培养为主，注重高职院校学生的职业综合能力的培养。在内容方面，主要修订了如下方面：第一，更正了一版教材中存在的一些问题；第二，对生物制品生产、使用等过程中涉及的法律法规进行了全面修订；第三，更新了生物制品GMP的大部分内容；第四，典型生物制品的制备增加了"胰岛素制备"内容；第五，更新了《中国药典》（2020年版）相关内容等。

　　本书在修订过程中，得到了河南牧业经济学院、北京农业职业学院、长春职业技术学院、河南化工职业学院、浙江经贸职业技术学院、河北化工医药职业技术学院、郑州职业技术学院、广东科贸职业学院、三门峡职业技术学院、漯河职业技术学院等多位专家和老师的大力支持，在此一并感谢。

　　尽管在修订第二版时，力求内容全面新颖，完整体现生物制品生产技术相关的知识、技能以及应具备的职业素养，但由于水平有限，不妥之处在所难免，恳请广大读者批评指正。

编者

2020年4月

第一版前言

　　生物制品生产技术是随着现代生物技术发展起来的一门新兴技术，各种有关生物制品的理论和技术也在不断地发展。近几十年来，生物制品在人和动物疫病的预防、诊断和治疗方面起到的作用越来越重要。目前，在许多高等职业院校中开设了本课程，但大多数教材偏重于理论介绍，能够适合高等职业院校教学和生物制品企业进行人员培训的教材不多。基于此，为适应社会需求和教学改革需要，特编写这本有关生物制品生产技术和相关知识的教材。

　　本教材从内容设计上打破了以往教材的传统模式，以单元为纲，项目内容为领，突出以能力培养为主，注重高职院校学生的职业综合能力的培养，同时邀请了全国部分高职院校具有理论基础和实践经验的老师共同编写。该书的主要内容包括生物制品的生产基础，生物制品生产的基本技术，生物制品的生产工艺，生物制品的质量检验，生物制品的生产管理，生物制品的运输、保存与使用以及典型生物制品的制备。基本上从设备、工艺流程、检验、管理、运输、保存与使用等各个方面全方位介绍了生物制品的生产技术，在典型生物制品的制备中从制备要求、制备工艺流程、制备设备、制备操作步骤详解、质量控制点、制备中常见问题分析几个方面详细介绍了人和动物生产中常用的生物制品生产技术。本教材突出实践教学，图文并茂、步骤翔实、一目了然，适合高职院校学生的特点，有利于培养学生的综合能力。根据学生对生物制品生产技术学习的需要，在每单元后还附有知识窗和学习思考，有利于扩大学生学习视野，提高学习积极性。本教材在内容上力求浅显易懂，注重生物制品的科学性、前瞻性、实用性的有机统一；在语言上通俗易懂，图文并茂，适合职业院校学生，激发学生学习兴趣。同时也可作为生物制品企业人员的参考资料或培训指导书使用。

　　本教材编写过程中，得到了从事本专业企业专家的指导和帮助，参考了国内外同行的资料，在此一并表示感谢！由于时间仓促，加上编者水平有限，难免有不足之处，敬请同行专家批评指正，欢迎提出宝贵意见。

编　者

2012 年 11 月

目 录

第三单元　生物制品的生产工艺

第七单元　典型生物制品的制备

附录

参考文献

第一单元

生物制品的生产基础

学习指导

本单元主要介绍生物制品生产所需的基础理论知识、基本操作技能以及生产环境、设备、工作岗位等内容。通过学习本单元，可以使学生掌握生物制品的概念与分类，了解生物制品的用途，掌握生物制品生产所需要的相应操作技能并对生物制品生产企业与工作岗位有一定的感性认知。

学习内容一　生物制品的基本知识

一、生物制品的概念

生物制品根据其适用的对象分为医（人）用生物制品和兽用生物制品两类。医（人）用生物制品简称生物制品，而兽用生物制品必须使用其全称。

2020年版的《中华人民共和国药典》（以下简称《中国药典》）对于生物制品的定义为：生物制品是指以微生物、细胞、动物或人源组织和体液等为起始原材料，用生物学技术制成，用于预防、治疗和诊断人类疾病的制剂。人用生物制品包括：细菌类疫苗（含类毒素）、病毒类疫苗、抗生素及抗血清、血液制品、细胞因子、生长因子、酶、体内及体外诊断制品以及其他生物活性制剂，如毒素、抗原、变态反应原、单克隆抗体、抗原抗体复合物、免疫调节剂及微生态制剂等。

世界卫生组织从检定方面给生物制品下的定义为：效价和安全性检定仅凭物理化学的方法和技术不足以解决问题而必须采用生物学方法检定的制品。根据此定义，抗生素、维生素及激素等不属于生物制品的范畴。

我国《兽用生物制品经营管理办法》中对于兽用生物制品的定义为：以天然或者人工改造的微生物、寄生虫、生物毒素或者生物组织及代谢产物等为材料，采用生物学、分子生物学或者生物化学、生物工程等相应技术制成的，用于预防、治疗、诊断动物疫病或者改变动物生产性能的兽药。它包括疫苗（动物预防用生物制品），血液制剂（如抗血清、血浆蛋白、免疫球蛋白等），抗生素（如青霉素、链霉素、土霉素），传染病的特异性诊断制剂（如各种诊断液），治疗制剂（如抗毒素、干扰素、白介素等免疫制剂）。

二、生物制品的分类

生物制品的分类因分类的时期和分类的依据不同，可以有多种不同的分类方法。

1. 按所采用的材料、制法或用途不同分类

根据所采用的材料、制法或用途的不同，分为以下几类。

（1）细菌性疫苗　这类制品用有关细菌、螺旋体制成，也是俗称的菌苗，如伤寒菌苗、百日咳菌苗、钩端螺旋体菌苗等。

① 活菌苗　是经物理、化学或生物学方法处理后，其毒力减弱或无毒的病原菌制成的，如卡介苗、鼠疫活菌苗、人用炭疽活菌苗、人用布氏杆菌病活菌苗等。

② 灭活菌苗　是用物理或化学方法将病原菌杀死后制成的。细菌失去毒力，但仍保留其免疫原性，如伤寒菌苗、霍乱菌苗、百日咳菌苗和钩端螺旋体菌苗等。

（2）噬菌体　由特定宿主菌的噬菌体制成，如口服多价痢疾噬菌体。

（3）病毒性疫苗　这类制品用病毒、立克次体制成，也是俗称的疫苗，如流行性乙型脑炎疫苗、人用狂犬病疫苗、牛痘疫苗等。

① 减毒活疫苗　病毒经物理、化学或生物学方法处理后，成为失去致病性而保留免疫原性的弱毒株后再用来制备的，也有一些弱毒株是从自然界分离到的，如口服脊髓灰质炎活疫苗、麻疹活疫苗、流行性乙型脑炎活疫苗、流行性腮腺炎活疫苗和黄热病活疫苗等。

② 灭活疫苗　用化学方法将病毒灭活后制成，使病毒失去致病性而仍保留其免疫原性，如流行性乙型脑炎灭活疫苗、狂犬病疫苗和流行性出血热疫苗等。

③ 亚单位疫苗　除去病原体中对激发保护性免疫无用的、甚至有害的成分，保留其有效抗原成分所制成的疫苗，如乙型肝炎 HBsAg 疫苗、流感亚单位疫苗等。

（4）抗血清和抗毒素　用特定抗原免疫马、牛或羊，经采血、分离血浆或血清，精制而成，抗细菌和病毒的称抗血清；抗蛇毒和其他毒液的称抗毒血清；抗微生物毒素的称抗毒素。表 1-1 为常用的抗血清、抗毒素和抗毒血清。

表 1-1　常用的抗血清、抗毒素和抗毒血清

抗血清	抗毒素	抗毒血清
抗狂犬病血清	白喉抗毒素	抗蛇毒血清
抗腺病毒血清	破伤风抗毒素	
抗痢疾血清	肉毒杆菌抗毒素	
抗炭疽血清	链球菌抗毒素	

（5）类毒素　类毒素是一些经变性或经化学修饰而失去原有毒性但仍保留其免疫原性的毒素。常用的有白喉类毒素、破伤风类毒素、葡萄球菌类毒素、霍乱类毒素。

（6）血液制品　由健康人血浆或经特异免疫的人血浆，经分离、提纯或由重组 DNA 技术制成的血浆蛋白组分以及血液细胞有形成分统称为血液制品，如人血白蛋白、人免疫球蛋白、人凝血因子（天然或重组的），用于治疗和被动免疫预防。表 1-2 为常用的血液制品。

表 1-2　常用血液制品

血液制品类别	常见产品	血液制品类别	常见产品
血浆及其代用品	冻干人血浆	蛋白酶抑制剂	α_1-抗胰蛋白酶，α_2-巨球蛋白
白蛋白	人血白蛋白、重组白蛋白、白蛋白融合蛋白	凝血因子类	凝血酶原复合物，凝血因子 II、VII、VIII、IX、XI、XIII，纤维蛋白原
免疫球蛋白	肌内注射用免疫球蛋白、静脉注射用免疫球蛋白和皮下注射用免疫球蛋白	微量血浆蛋白	蛋白 C、抗凝血酶、补体酯酶抑制剂（C_1-抑制剂）、组织纤溶酶原激活剂、血清胆碱酯酶、转铁蛋白、铜蓝蛋白

（7）细胞因子　由免疫系统细胞以及其他类型细胞主动分泌的一类小分子量的可溶性蛋白质，包括淋巴因子、干扰素、白介素、肿瘤坏死因子、趋化因子和集落刺激因子等。

（8）诊断制品 诊断制品是指用于诊断疾病、检测机体免疫状态以及鉴别病原微生物的生物制品。诊断制品按学科分类，可分为三种。

① 细菌学诊断制品 通常包括诊断用抗原、诊断用抗体、诊断用噬菌体等。如诊断用伤寒、副伤寒及变形杆菌 OX19、OX2、OXK 菌液，沙门菌属诊断血清，钩端螺旋体诊断血清，诊断用霍乱弧菌噬菌体液，白喉锡克试验毒素，旧结核菌素和结核菌素纯蛋白衍生物等。

② 病毒学诊断制品 如流行性乙型脑炎病毒补体结合抗原、流行性乙型脑炎病毒诊断血清和乙型肝炎病毒表面抗原诊断血清等。

③ 免疫学诊断制品、肿瘤诊断制品及其他诊断制品 如人 IgG、IgM、IgA、IgD、IgE 诊断血清，甲胎蛋白诊断血清，A 型和 B 型标准血清等。

（9）其他生物制品 由有关的生物材料或特定方法制成，不属于上述 8 类的其他生物制剂，如微生态制剂、卡介菌多糖和核酸制剂等。

2. 根据用途分类

根据用途可将生物制品分为预防、治疗和诊断三大类。

（1）预防类制品 此类制品主要用于感染性疾病的预防。

① 疫苗 常用的有流感疫苗、脊髓灰质炎疫苗、狂犬病疫苗等。表 1-3 为常用的疫苗。

表 1-3 常用的疫苗

减毒活疫苗	灭活疫苗	纯化疫苗	亚基疫苗
结核病菌苗	霍乱菌苗	脑膜炎双球菌多糖菌苗	流感亚单位疫苗
鼠疫活菌苗	伤寒菌苗	肺炎球菌多糖菌苗	腺病毒亚单位疫苗
炭疽活菌苗	副伤寒菌苗		
痢疾活菌苗	百日咳菌苗		
口服伤寒活菌苗	气管炎菌苗		
牛痘苗	鼠疫菌苗		
黄热病疫苗	哮喘菌苗		
脊髓灰质炎活疫苗	乙型脑炎疫苗		
流感活疫苗	狂犬病疫苗		
麻疹活疫苗	流感疫苗		
腮腺炎活疫苗	脊髓灰质炎疫苗		
水痘活疫苗	乙型肝炎疫苗		
风疹活疫苗			
斑疹伤寒疫苗			

② 类毒素。

③ 双价疫苗及多价疫苗 由单一型（或群）抗原成分组成的疫苗称为单价疫苗。由两个或两个以上同一种但不同型（或群）抗原合并组成的含有双价或多价抗原成分的疫苗，则分别称为双价疫苗或多价疫苗，如口服福氏宋内菌痢疾双价活疫苗和双价肾综合征出血热灭活疫苗等。

④ 联合疫苗 指两种或两种以上疫苗原液按特定比例混合制成的具有多种免疫原性的疫苗。联合疫苗绝对不是简单的疫苗组合，每种联合疫苗都是独立的、经过科学研究的独立疫苗，包括伤寒甲型副伤寒联合疫苗、吸附白喉破伤风联合疫苗、吸附百日咳白喉联合疫

苗、吸附无细胞百白破联合疫苗和麻疹腮腺炎联合减毒活疫苗等。

联合疫苗与多价疫苗的区别在于：联合疫苗是一种制剂包括几个不同的抗原成分，而多价疫苗是一种制剂包括同一制品的不同群或型。

（2）治疗类制品

① 抗血清与抗毒素。

② 血液制品。

③ 噬菌体　用于裂解宿主菌以治疗由宿主菌所引起的疾病，如痢疾杆菌噬菌体和铜绿假单胞菌噬菌体，可分别用于治疗菌痢和铜绿假单胞菌感染症。

④ 疫苗　如乙型肝炎治疗疫苗、单纯疱疹病毒疫苗、麻风病治疗疫苗及其他治疗疫苗。

⑤ 抗体　如抗乙型肝炎表面抗原单克隆抗体、单克隆抗体靶向制剂等。

（3）诊断类制品

① 体内诊断用品　用于皮内接种，以判断个体对病原体的易感性或免疫状态，如锡克试验毒素和结核菌素纯蛋白衍生物等。

② 体外诊断用品　由特定抗原、抗体或有关生物物质制成的免疫诊断试剂或诊断试剂盒，包括细菌学试剂、免疫学试剂、临床化学试剂等（表1-4）。

表1-4　常用的体外诊断试剂

试剂	类别	试剂	类别
细菌学试剂	诊断菌液	免疫学试剂	酶免疫测定试剂
	诊断血清		放射免疫测定试剂
	诊断鉴别试剂	临床化学试剂	标准液
	细菌药敏检测试剂		质量控制血清
免疫学试剂	凝集试剂		各种测定试剂盒

3. 按制备方法及物理性状分类

生物制品根据制备方法有粗制品与精制品之分，以及单价、多联多价制品与混合制剂之分；按制品的物理性状有液体制品与冻干制品之分，以及吸附制品与不吸附制品之分。

（1）精制品　将原制品（一般为粗制品）用物理或化学方法除去无效成分，进行浓缩提纯制成精制品，如精制破伤风类毒素及抗毒素、精制人白细胞干扰素等。

（2）多联多价制品　一种剂型的成分包括几个同类制品者称多联制品；一种剂型的成分包括同一制品的不同群、型者称多价制品，如伤寒、副伤寒甲、副伤寒乙三联菌苗和多价精制气性坏疽抗毒素等。

（3）混合制剂　一种剂型的成分包括不同类制品，同时可以起到预防几种疾病的作用，如百日咳菌苗、白喉和破伤风类毒素混合制剂等。

（4）冻干制品　冻干制品是将液体制品经真空、冷冻、干燥制成的固体制品。这类制品有利于保存、运输和使用，几乎所有的活菌苗、减毒活疫苗都为冻干制品。

（5）吸附制品　吸附制品是指在液体制剂中加入氢氧化铝或磷酸铝等吸附后制成。这类制品具有延长刺激时间、增强免疫效果和减少注射次数及剂量等优点。

三、生物制品的生物学基础

生物制品主要是由细菌、病毒等微生物本身或其代谢产物，或用它们免疫动物所得的抗血清制成。因此，必须了解这些微生物的本质及其侵入机体后引起的免疫反应。此外，了解生物制品的生化基础，掌握生化新技术，将有助于生产出高效而又安全的、高质量的生物制品，为防治疾病做出贡献。

1. 生物制品的微生物学基础

微生物的结构和功能、形态和生理之间的关系密切相关。除细菌的细胞壁、细胞膜、细胞质和细胞核以外，细菌的一些特殊结构，如荚膜、鞭毛、菌毛和芽孢等也与生物制品的制造密切相关。

(1) 细菌的代谢产物 细菌在合成代谢过程中，除合成菌体自身成分外，还能合成一些其他的代谢产物，其中与生物制品有关的代谢产物包括以下几种。

① 热原质 许多革兰阴性菌与少数革兰阳性菌在代谢过程中能合成一种多糖，注入人体或动物体能引起发热反应，故名热原质。革兰阴性菌的热原质就是细菌细胞壁中的脂多糖。药液、器皿等如被细菌污染，即可能有热原质产生。制备注射药剂时应严格无菌操作，出厂前应严格检查，不可含有热原质。热原质耐高温，以高压蒸汽灭菌（121℃，20min）亦不受破坏，用吸附剂和特制石棉滤板，可除去液体中的大部分热原质。

② 毒素 细菌产生的毒素有内毒素和外毒素两种，均有强烈的毒性，尤以外毒素为甚。内毒素为脂多糖蛋白复合物，存在于细菌细胞壁的外膜内，在革兰阴性菌中较常见，毒性较弱，抗原性弱，不能用福尔马林脱毒，细菌死亡及菌体破裂时游离出来。热原质即为细菌的内毒素，耐热。注射液、血液制剂及抗毒素等不应含有热原质，因此在生产工艺中应注意细菌的污染，使用的器具应于250℃下烘干以除去热原质。世界卫生组织规定的标准热原质系用大肠杆菌内毒素制成。

外毒素是在细菌生长过程中产生的，是一种蛋白质，毒性较强，抗原性也强，不耐热，可用福尔马林脱毒制成类毒素，如白喉毒素、破伤风毒素、肉毒毒素等。肠毒素和真菌毒素也是外毒素。

③ 色素 许多细菌能产生色素，对其鉴别具有重要作用，如铜绿假单胞菌可产生蓝绿色素，叫绿脓色素；金黄色葡萄球菌能产生金黄色色素，这类色素的功能还不清楚，往往在氧化过程中呈现颜色，还原时无色，可能是呼吸酶。结核杆菌能产生一种黄色色素，叫做结核萘醌，在细菌的呼吸作用中起递氢作用。

④ 抗生素 是某些微生物在生长过程中产生的代谢产物，如青霉素是青霉菌产生的、利福平是链霉菌产生的等。

⑤ 细菌素 是某些细菌产生的抗菌物质，如大肠杆菌产生的大肠菌素，可以杀死或抑制一些其他病原体，并可用于进行分裂。

⑥ 维生素 一些细菌，如肠道细菌，能合成 B 族维生素和维生素 K，对人类有益。现在常利用这些特点生产某些维生素，如维生素 B_{12} 就是生产庆大霉素时的副产品。

(2) 外界对微生物的影响 微生物广泛存在于自然界，必然不断经受周围环境中各种因素的影响。当环境条件适宜时，微生物进行正常的新陈代谢、生长繁殖。当环境不太适宜时，微生物的代谢活动也可发生相应改变，引起变异（如药物性变异）。当环境条件改变过于剧烈时，可导致微生物的主要代谢功能发生障碍，生长可被抑制，甚至引起死亡。因此，掌握微生物对周围环境的依赖关系，一方面可创造有利条件，促进它们的生长繁殖，以制备生物制品；另一方面，也可利用对微生物不利的因素使其发生变异或杀灭之，以更好地为制造生物制品服务。

2. 生物制品的免疫学基础

特异性免疫的获得方式有自然获得和人工方法获得两种。自然免疫主要指机体感染病原微生物后建立的特异性免疫，人工免疫则是人为地给机体输入抗原或现成的免疫效应物质等，使机体获得特异性免疫的方法。

（1）机体的抗感染免疫　机体的抗感染免疫传统上分为先天性免疫和获得性免疫两大类，如表 1-5 所示。

表 1-5　抗感染免疫的分类及实例

分类	实例	
先天性（非特异性）免疫	体表屏障、血脑屏障、血胎屏障、细胞吞噬作用、正常体液和组织中的抗菌物质	
获得性（特异性）免疫	主动	自然（形成）：感染
		人工（诱导）：类毒素、死或活菌（疫）苗注射
	被动	自然：母体抗体通过胎盘（IgG）或初乳（IgA）输送给婴儿
		人工：同种或异种抗体的注射

（2）人工免疫　人工免疫是人为地给机体输入抗原以调动机体的免疫系统，或直接输入免疫血清，使其获得某种特殊抵抗力，用以预防或治疗某些疾病。人工免疫用于预防传染病时，常称为预防接种，它是增强人体特异性免疫力的重要方法。

有计划地开展预防接种，提高人群对传染病的抵抗力，可大大降低许多传染病的发病率。对天花、脊髓灰质炎和白喉等传染病，预防接种是消灭它们或控制流行的主要措施。1979 年，在全球范围内消灭了天花，就是预防接种消灭传染病所显示的巨大威力。对麻疹、霍乱、伤寒、副伤寒和乙脑等的预防接种，也已取得显著效果。现阶段人工免疫不仅用于对传染病的治疗，也用于对同种异体移植排斥反应及某些免疫性疾病和免疫缺陷病的治疗。有两种人为方式可使机体获得有效的免疫力，即人工主动免疫和人工被动免疫。

① 人工主动免疫　是人为给机体输入疫苗、类毒素等抗原性生物制品，使免疫系统因抗原的刺激而产生类似感染时所发生的免疫过程，从而产生特异性免疫力。这种免疫力出现较慢，常有 1～4 周诱导期，但维持较久，一般可维持半年到数年，多用于有计划地特异性预防传染病。

② 人工被动免疫　是人为将抗毒素、正常人免疫球蛋白等现成免疫效应物质输入机体，使机体立即获得特异性免疫力，以达到防治某些疾病的目的。此种免疫方法生效快，但由于免疫力的产生不经过自身免疫系统，因此维持时间短（2～3 周），多用于治疗或紧急预防传染病。

人工主动免疫和人工被动免疫的主要特点比较如表 1-6 所示。

表 1-6　人工主动免疫与被动免疫的比较

比较类别	人工主动免疫	人工被动免疫
产生免疫力的物质	抗原（微生物制剂、毒素制剂等）	现成的免疫抗体
免疫力出现时间	慢，要经 1～4 周诱导期	快，无需诱导期
免疫力维持时间	长，数月至数年	较短，2 周至数月
用途	主要用于预防	主要用于治疗或应急预防

3. 生物制品的生物化学基础

研制纯化疫（菌）苗及人工合成的多价菌苗、获得原虫的有效成分制造原虫疫苗等均为生物制品的发展趋势。纯化免疫血清、水解鼠抗人单抗以降低其副反应以及新血液制品的研制开发均涉及蛋白质的生物化学，尤其是蛋白质分离与提纯技术。

要把一种蛋白质从它所存在的混合物里分离出来，首先要把蛋白质与非蛋白质的物质分开，然后再把许多同时存在的蛋白质彼此分开。在生物制品制备过程中，需要把特定的蛋白质提纯到一定的纯度，还应注意把具有干扰性质的其他成分除去。分离纯化蛋白质的一般原理和方法均适用于生物制品的纯化制造工艺。

四、生物制品的用途

1. 预防

控制传染性疾病最主要的手段就是预防，而接种疫苗被认为是最行之有效的措施之一。

人类控制和消灭传染病最成功的范例是天花的免疫预防。天花曾对人类的威胁极大，墨西哥历史上的一次大流行曾导致300多万人病死。而种痘的推广普及保护了无数人免于患天花或病死。在1870~1871年的普法战争中，法国军队由于未施行种痘，60万人的军队中患天花的高达125000人，病死23470人，而普鲁士军队由于施行过2次种痘，又采取了其他防疫措施，总共只有459人病死于天花。

史载，公元前天花首先流行于亚洲东部，进而以人传人的方式，传向欧洲及非洲等地。人们逐渐发现患过天花的幸存者不再患天花。到了16~17世纪，在中国，人们开始有意识地将"出花"孩子的衣服让健康的孩子穿；或者取痘浆滴入健康儿鼻中；或者取痘痂干粉吹入健康儿鼻中，从而开创了用人痘预防天花的办法。1796年，英国乡村医生爱德华·琴纳开创了牛痘预防天花的历史。

新中国成立以来，由于普遍推行种痘，20世纪60年代初我国就消灭了天花。世界卫生组织于1967年在世界各国推行普种牛痘，1977年在索马里发生了最后一例天花，因此，在人间无传染源存在的基础上，于1979年10月26日宣布世界已经完全消灭了天花。

我国根据世界卫生组织扩大免疫规划的内容和当前的实际情况，在一定年龄范围内的儿童中进行计划免疫。其中基础免疫，即每个儿童普遍需要接种卡介苗、百白破混合制剂、麻疹活疫苗和口服脊髓灰质炎活疫苗来预防结核病、百日咳、白喉、破伤风、麻疹和脊髓灰质炎相应6种疾病。此外在某些地区，流行性脑脊髓膜炎、乙型肝炎、流行性乙型脑炎等也纳入计划免疫工作的范畴。近年来，我国计划免疫工作的成绩卓著，疫苗接种率逐年提高，计划免疫针对的疾病发病率持续下降。总之，通过计划免疫手段，最终消灭相应传染病是极有可能的。

2. 诊断

用于体内诊断的有结核菌素、卡介菌纯蛋白衍生物、布氏菌纯蛋白衍生物、锡克试验毒素、单克隆抗体等，利用此类抗原刺激机体产生迟发型变态反应来判断机体的感染状态；体外诊断制品包括血清学反应抗原（如炭疽环状沉淀反应抗原、布氏杆菌试管凝集反应抗原）、诊断血清（炭疽沉淀素血清）和诊断用的特殊抗体，如单克隆抗体、荧光抗体、酶标抗体等是目前广泛使用的诊断抗体。

3. 治疗

治疗用生物制品，如白喉抗毒素、抗蛇毒血清、肉毒抗毒素、抗炭疽血清、破伤风人免疫球蛋白、人血白蛋白、静注人免疫球蛋白（pH 4）等，在临床广泛使用，抢救了无数危重病人的生命。近些年来，我国研制并生产的天然或基因工程干扰素、白介素、红细胞生成素、细胞集落刺激因子、肿瘤坏死因子、表皮生长因子、人生长激素、细胞生长因子、组织纤维蛋白酶原激活剂、血管内皮抑素、链激酶、降钙素等治疗用生物制品，经临床使用，对提高机体免疫力、对抗病毒感染及用于肿瘤辅助治疗等均有一定疗效。

学习内容二   生物制品生产企业环境

生物制品生产企业的生产环境、厂房、设施、设备等硬件条件，从环境上为产品的质量和生物安全提供了有力的保障。没有这些硬件条件的保证，一切安全防范管理措施将无从着手。因此，要根据生物安全级别和生产需要，参考《实验室生物安全通用要求》，设计符合生物制品生产要求的生产车间和生产线，确保空气净化系统、洁净室、污水处理系统等硬件设施达到相应的生物安全级别要求，生物制品生产要严格控制在相应级别实验室或生产车间中进行。

生物制品的生产涉及生物材料和生物学过程，有其固有的生物易变性和特殊性，它们的质量必须具有理想的安全性、有效性和可接受性。如同质量螺旋揭示的规律，这些质量特性受多种因素的影响，包括从原材料投产到成品出厂以至用户使用中一系列过程等。因此，生物制品的质量是通过设计并在生产全过程中形成的，成品检验结果则客观地反映了产品的质量水平。

一、企业厂房设置的基本要求

由于生物制品行业是一个高投入、高技术、高风险、高回报的动物保健品支柱行业，有较高的投资收益（特别是前几年）。因此，近年来行业内外均有大量资金向生物制品行业聚集，生产企业与车间激增，生产规模不断扩大，造成生物制品生产企业过多。按照生物制品企业 GMP 的要求，企业申报之初需投入巨额资金建设符合 GMP 要求的规范的生物制品生产车间等，很多企业都存在着不能满负荷生产的问题，甚至一些企业、车间在 GMP 验收后就处于半停产状态。所以，确定企业建设的基本环境十分重要，即企业应有和生产品种和规模相适应的足够面积和空间的生产建筑、附设建筑及设施等。厂房详见附录二《药品生产质量管理规范（2010 年修订）》生物制品附录修订稿（2020 年第 58 号）中有关厂房与设备的内容。

二、动物房及相关事项

详见附录二《药品生产质量管理规范（2010 年修订）》生物制品附录修订稿（2020 年第58 号）中有关动物房及相关事项的内容。

三、典型的生产设备

在生物制品生产中，典型的生产设备包括：灭菌设备，空气净化设备，微生物发酵设备，细胞培养设备，产物提取、分离及纯化设备，分装、包装设备，冷藏设备及带毒污水和废弃物处理设备等。

1. 常用的灭菌设备

（1）高压蒸汽灭菌器 高压蒸汽灭菌器有立式和卧式两种。按 GMP 标准的要求，大型高压蒸汽灭菌器应为双扉型箱式嵌墙结构，两端开门，使操作区与净化区完全隔开。高级的高压蒸汽灭菌器，为保证运行的绝对安全，主体内层与夹层用不锈钢制成。大量物品的消毒灭菌多用卧式高压蒸汽灭菌器，灭菌小量物品多用手提式高压蒸汽灭菌器。

自动高压蒸汽灭菌器的构造如图 1-1 所示。

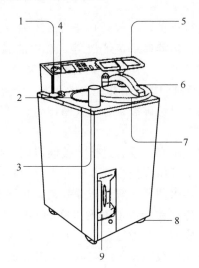

图 1-1 自动高压蒸汽灭菌器

1,4—安全阀；2—灭菌室；3—挡柱；5—把手；
6—支架；7—灭菌室盖；8—底轮；9—调节箱

自动高压蒸汽灭菌器的使用有以下几个步骤：

① 预先检查调节箱中的水位线，该水位线应该位于水箱的"Low"和"High"标记之间，以正确调节蒸汽灭菌器内的压力。

② 检查灭菌器底部的水位，该水位线应该刚刚没过底部；接通电源，将灭菌器上方的"MAIN"键调至"ON"位置，此时，显示屏开始闪烁，表示电源接通。

③ 将待灭菌物品置于金属框中，放入灭菌器内，向左推动支架，使灭菌器的门紧靠在挡柱上，轻缓顺时针转动把手，直至容器显示屏的左上方出现一红点，表示门已密封关闭。

④ 通过显示器上的 TEMP 和 TIME 配合"UP"和"DOWN"按钮调节灭菌的温度和时间。

⑤ 按下"START"键开始工作。此时，显示屏将会不断闪烁，当灭菌器内的温度达室温以上时，显示屏开始显示灭菌器内的实际温度，当温度超过 100℃ 后，显示屏左侧的压力表指针开始指示灭菌器内的实际压力。当达到预定温度后，系统就会自动调节容器内的压力和温度并持续至预定的时间。

⑥ 灭菌结束后，系统会发出蜂鸣音，然后开始降温，当灭菌器内的温度降至 80℃ 以下，并且压力表指针位于"0"处时，可以逆时针转动把手开门，取出灭菌物品，送入灭菌物品存放室。

（2）干热灭菌器 干热灭菌器主要分为箱式和层流隧道箱式两种。按 GMP 标准的要求，必须使用双扉型箱式嵌墙结构，在操作区将消毒物品装箱，于干热灭菌后从净化区取出。干热灭菌均为电加热，自动控温，温度调节范围在室温至 400℃，温差±1℃。

目前，普通电热干燥箱都带有电热鼓风、数显控温、超温报警及漏电保护装置，外壳喷塑，内胆采用耐腐蚀、易清洗的不锈钢板制造。一般干热灭菌多按 160～170℃ 2h 的规定进行。

SRC-7500 系列干燥灭菌层流隧道烘箱具有灭菌可靠、处理量大、节省劳力等优点，适用于分装作业线中的管子瓶、安瓿等玻璃容器的干燥灭菌，是现代化生物药厂大规模干燥灭菌玻璃容器所必备的设备。

干热灭菌法是用热空气进行灭菌，故仅适用于在 160～170℃ 高温中不变质的物品，如玻璃瓶、注射器、试管、吸管、培养皿和离心管等。常用的温度和时间规定为 160～170℃ 1～2h。洁净的器械在 160℃ 高温中 1h 干热即可灭菌，但若器械上有油脂，则需 160℃ 4h 才能灭菌。高于 180℃ 时，包扎器皿的棉花和纸张容易焦化。玻璃瓶及其他各种玻璃器皿在灭菌前必须洗涤干净、完全干燥，以免破裂。各种灭菌物品必须包扎，瓶口与试管口塞好棉花塞，再用纸包扎。

装灭菌器皿时要留有空隙，不宜过紧、过挤。玻璃器皿包扎用的棉花和纸张不能与干燥箱的内壁接触，以免烤焦。灭菌开始应把排气孔敞开，以排除冷气和潮气。灭菌器升温时要保持被灭菌物品均匀升温。干热灭菌器一般无防爆装置，必须把握好加热的进程，严防爆炸和发生火灾。灭菌结束，必须待灭菌器内的温度下降到 60℃ 以下，才能缓慢开门。取出的灭菌物品，应放入灭菌物品存放室，并做好记录。灭菌后的物品一般要求 5 天内用完。

(3) 电离辐射灭菌　利用 γ 射线、X 射线或电子辐射穿透物品、杀死其中微生物的灭菌方法称为电离辐射灭菌。该方法是在常温下进行的，不发生热交换，无压力差别和扩散层的干扰，特别适用于各种不耐热物品的灭菌，最适合于大规模灭菌。目前，国内外一次性使用的医用制品都已经采用辐射灭菌法消毒。各种 SPF 动物的饲料使用辐射灭菌后，不但其营养成分不被破坏，而且使用安全、保存期长。

辐射灭菌的机制是：由于微生物中水的含量占 90％ 以上，当射线照射后，水瞬间被激发和电离，分解成氢离子、氢氧离子以及 OH·和 H·自由基等，过氧化物和自由基具有破坏微生物的核酸、酶或蛋白质的能力，因而能致死微生物。另外微生物被射线辐射时，其 DNA 易变，进而杀灭微生物。

电离辐射灭菌的优点是：①消毒均匀、彻底。②价格便宜，节约能源。辐射灭菌 $1m^3$ 的物品比用蒸汽灭菌的费用低 3～4 倍。③可在常温下灭菌，特别适用于热敏材料。④不破坏包装，消毒后用品可长期保存。⑤消毒的速度快，操作简便。⑥穿透力强。本法唯一的缺点是一次性投资大，并要培训专门的技术人员管理。

^{60}Co 辐射源装置是以高强度混凝土屏蔽，既要防护 γ 射线的直接照射，也要防护照射室迷宫走道的 γ 射线散射。当辐射源不使用时，应浸入深水井中；当照射灭菌物品时，机械装置把 ^{60}Co 辐射源提升出水面，此时输送机系统规律而间隔地将一批批消毒物品运送到辐射区，保证所有物品的所有部分都能接受强而均匀的照射剂量。

2. 空气净化设备

(1) 无菌室　无菌室是生物制品企业车间最重要的组成部分之一。无菌室的大小可根据生产量、操作人员和器材的多少而定。用于菌种移植、种毒研磨和制品检验的无菌室可较小一些，用于制苗的无菌室可较大一些。有连续工序的两个无菌室可以相邻接，合用一个缓冲间。20 世纪 50 年代起，对微生物操作室的要求更为严格，开始应用净化空气进入无菌室，即用净化空气的洁净技术将经过调温、调湿和过滤的无菌空气送入无菌室，通过排气孔循环，使室内保持正压，外界的有菌空气不能进入，室内的细菌数越来越少，同时室内可以保持恒温、恒湿和空气新鲜。无菌室的设置不但能防止因操作而带来的污染，而且大大改善了工作条件。洁净无菌室空调过滤系统的设备有空调机、循环风机、过滤器、送回风管道等，其循环流程见图 1-2。

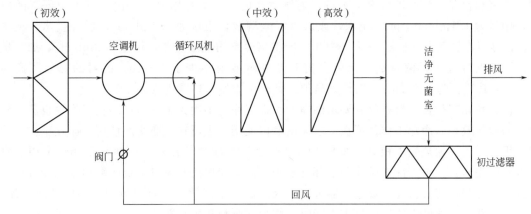

图 1-2　无菌室的循环流程

初效空气过滤器内的滤料一般采用易清洗和更换的粗、中孔泡沫塑料或合成纤维，其空气阻力小。中效空气过滤器一般采用可清洗的中、细孔泡沫塑料、玻璃纤维及可以扫尘但不能水洗的无纺布等滤料，其阻力中等。高效空气过滤器采用商品化的聚氨酯制品（有多种型号和规格，不能再生），其阻力较高。为了提高过滤效率，在降低滤速的同时，降低阻力，其内部造型呈蜂窝状，大大增加了过滤器的表面积，增加了容尘量。

除菌空气进入室内首先形成射入气流，流向回风口的是回流气流，在室内局部空间回旋的是涡流气流。为使室内获得低而均匀的含尘（细菌附着其上）浓度的空气，洁净无菌室内对气流的要求是尽量减少涡流；使射入气流尽快覆盖工作区，气流方向要与尘埃沉降方向一致，并使回流气流有效地将尘埃排出室外。

洁净无菌室的气流组织大体上可以分为乱流和层流两种类型。乱流气流系空气中质点以不均匀的速度呈不平行的流线流动；层流气流系空气中质点以均匀的断面速度沿平行流线流动。

乱流气流的形成系从无菌室顶棚射入气流，从侧墙底部回风。一般不可能按房间的整个水平断面送入洁净空气射流，也不可能由混合后的射流区覆盖整个工作断面，故工作面上的气流分布很不均匀。射入气流与室内原有空气混合后，使原有空气中附着细菌的尘埃得到稀释，其稀释程度有一定的限度。但这种洁净无菌室的投资与运转费用都较低，比较容易实现。

层流气流的形成系空气从房间的整个一面（顶棚或侧壁送风）被送入强制流经满布于该面上的高效过滤器，在其阻力下形成了室内送风口均匀分布的气流。量大而均匀的气流被低速送入四面受限的空间向前流动，最后通过在送风口对面，并于该空间断面尺寸的穿孔面（地面或侧墙回风口）排出，于是室内形成了平行匀速流动的层流。由于气流的流线为单一方向且在各个面上保持互相平行，成层流动，因而各层流线间的悬浮物质很少能从这一流线转移到另一流线上去，使各层流线间的交叉污染（与气流方向垂直的横向污染扩散）达到了最低限度。大部分污染物随着气流以最短的路程沿着各自所在的气流流线从无菌室的回风口排出，因而能形成很高的洁净度。目前，国内外都在向建立层流洁净无菌室的方向发展。层流气流工作的房间以垂直层流为优，这样可以避免尘粒的水平横向流动而影响其下游的部位。

无菌室使用前应先清扫干净，习惯方法常是以消毒药液（0.1％新洁尔灭溶液）揩抹顶棚、四壁和台凳，然后进行熏蒸消毒，连续生产时，一般每周熏蒸一次。可采用丙二醇熏蒸，用量为 1.1ml/m³，加等量水；或采用甲醛溶液，用量为 5.4ml/m³，加等量水，熏蒸 18h 后再用等量氨水（含氨 18％）中和。细胞培养室用乳酸熏蒸，用量为 3ml/m³，加等量水。操作人员进入无菌室前，无菌室需开紫外灯照射不少于 1～2h，照射的有效距离为 1.25m，其波长为 253.7nm。操作人员须穿戴灭菌衣帽、口罩进入。

（2）净化工作台   对于部分要求洁净的关键工序，不用无菌室而用净化工作台也能达到很好的净化效果。净化工作台可在一般无菌室内使用，也可在普通房间使用。净化工作台的型号很多，工作原理基本相似，如 SW-CJ-2F（2FD）净化工作台。该净化工作台采用垂直层流的气流形式，由上部送风体和下部支承柜组成。变速离心风机将负压箱内经滤器过滤后的空气压入静压箱，再经高效过滤器进行二级过滤。从高效过滤器出风面吹出的洁净气流，以一定的和均匀的断面风速通过工作区时，将尘埃颗粒和生物颗粒带走，从而形成无尘、无菌的工作环境。送风体内装有超细玻璃纤维滤料制造的高效过滤器和多翼前向式低噪声变速离心风机，侧面安装镀铬金属柜装饰的初滤器，见风面散流板上安装照明日光灯及紫外线杀菌灯，操作面有透明有机玻璃挡板。此型净化工作台的结构示意如图 1-3 所示。

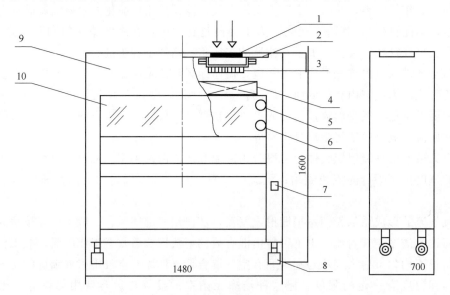

图 1-3   SW-CJ-2F（2FD）医用净化工作台的结构（右侧为工作台侧面图）
1—初效空气过滤器；2—活络板；3—风机组；4—高效空气过滤器；5—日光灯；
6—紫外灯；7—面板；8—调节脚轮；9—箱体；10—挡板

净化工作台应放置在清洁环境中。使用过程中，应定期（一般为 3～6 个月）进行检测，不符合技术参数要求时应及时采取相应的措施，如：①风速风量不理想，可调节调压器输入电压以提供满意的风速。②净化效率不符时，应检查有无泄漏，如有泄漏可用 703 硅橡胶堵漏。③高效过滤器的使用年限为 18 个月左右，更换时须拆下顶部活络板。安装时，应确认密封框密封是否良好，并注意高效过滤器的型号规格是否相符以及过滤器上的箭头标志是否指向气流方向。

3. 常用的微生物发酵设备

常用的微生物发酵设备为发酵罐，现以 BIOTECH-5BG 自动玻璃发酵罐为例进行介绍。

（1）设备简介　发酵罐是工业上用来进行微生物大规模培养的装置，主要用于微生物的液体深层发酵。发酵罐的结构及功能如下：

① 罐体　主要用于承装培养基，培养各种菌体，有较强的密封性。

② 通气控制系统　通过手动控制流量计调节进气量，控制通气，通过 $0.22\mu m$ 滤膜进行空气除菌过滤。

③ 温度控制系统　发酵温度根据工艺要求而定，通过自动控制夹套水浴电加热、调节循环水的温度来控制发酵温度。

④ pH 控制系统　由控制系统通过执行机构（蠕动泵）自动加酸或碱来实现。

⑤ 泡沫控制系统　全自动 PID 测控与报警，蠕动泵自动添加消泡剂。

⑥ 补料控制系统　全自动 PID 测控，蠕动泵开关自动控制、流加并计量。

⑦ 操作面板控制系统　手动操作，液晶显示。

（2）操作方法

① 实罐灭菌　打开罐盖，将适量培养基装入发酵罐及补料瓶，连接好各个管路，将玻璃罐体及补料瓶放入灭菌锅内高压蒸汽灭菌，121℃灭菌 30min。

② 发酵操作

a. 实罐灭菌并进行冷却后，确认气路、水路连接正确；温度电极、pH 电极和 DO 电极连接正确，校定准确；电源连接正常；启动设备。

b. 在主界面设定发酵过程参数，如温度、pH 值、转速、溶解氧、空气参数、压力参数以及它们相应的控制方式。

c. 打开蠕动泵的手动开关，使输液管中充满料液，置于自动状态。酸碱液、消泡剂操作同补料操作。

d. 接种。旋松接种口，在火焰保护下，打开接种口，倒入种子，旋紧接种盖，移去火焰圈。

e. 接种后即可通气搅拌培养，罐压保持在 0.05MPa。

f. 发酵过程中注意各发酵参数的控制。

g. 在发酵中途要取样检测时，可通过取样口取样。

h. 出料。

③ 清洁发酵罐及灭菌。

4. 常用的细胞培养设备

（1）二氧化碳细胞培养箱　以 Thermo Forma 380 二氧化碳细胞培养箱为例。

① 设备简介　多数细胞需在 37℃、5％ CO_2 张力和饱和湿度的生长条件下生长，二氧化碳培养箱用人工的方法为细胞的正常生长提供了所需的环境。其工作原理是通过在培养箱箱体内模拟形成一个类似细胞/组织在生物体内的生长环境，如稳定的温度（37℃）、稳定的 CO_2 水平（5％）、恒定的酸碱度（pH 7.2～7.4）、较高的相对饱和湿度（95％），使细胞/组织得以在体外进行培养。二氧化碳细胞培养箱能够对温度、二氧化碳浓度和湿度进行精确

稳定的控制，同时也能够对培养箱内的微生物污染进行有效的防范，并且能够定期消除污染。

② 操作方法

a. 检查二氧化碳细胞培养箱减压阀等是否正常。

b. 打开玻璃门，在水盘中加水。

c. 打开 N_2、CO_2 供气阀。

d. 将电源开关接通，设定温度和 CO_2 浓度，如温度为 37℃、CO_2 浓度为 5%。

e. 当温度达到设定值，波动在 ±0.5℃ 以内，二氧化碳浓度也达到要求后，放入待培养的细胞。

f. 培养结束后，开箱门取出培养皿。

g. 若停止培养，则应先将 CO_2 钢瓶关闭，再将空气流量计和二氧化碳流量计关闭，CO_2 进气开关置于"0"位置，最后关闭总电源。

h. 若长期不使用，则应取出水盘，擦干工作室，在 CO_2 进气开关关闭的状态下，使 CO_2 箱在 37℃ 条件下开机 2h，烘干工作室，再切断总电源。

（2）生物反应器   以 Celligen 310 篮式生物反应器为例（图 1-4）进行介绍。

图 1-4　Celligen 310 篮式生物反应器

① 设备简介   其基本的工作原理同发酵罐。针对动物细胞培养的特点（要求搅拌器转动时产生的剪切力小，混合性能好），根据培养目的和培养体系的要求，采用了连续灌流式培养的方式并配备了 Basket 篮式搅拌桨，解决了剪切力、通气对细胞的伤害，为细胞生长提供了良好的生长环境，同时又可以满足细胞生长的各种营养物质的需求，有利于高密度、大规模的细胞培养。

② 操作方法   基本同发酵罐。

5. 常用的产物提取、分离与纯化设备

（1）板框压滤机   以 BAMS 20/630-25 板框压滤机为例（图 1-5）。

① 设备简介   板框压滤机由交替排列的滤板和滤框构成的滤室组成。在一定的压力下，待分离的料液通过供料泵从进料孔进入到各个滤室，悬浮液流经过滤介质（滤布），固体停留在滤布上，被截留在滤室中，并逐渐堆积形成滤饼，直至充满滤室。而滤液部分则渗透过滤布，沿滤板沟槽流至板框边角的通道，通过板框上的出水孔排出。

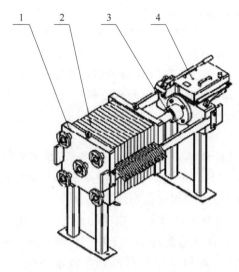

图 1-5 BAMS 20/630-25 板框压滤机

1—压滤机机架；2—过滤部分；3—液压油缸；4—手动液压站

② 操作方法

a. 压紧 压滤机操作前须进行整机检查，查看滤布有无打折或重叠现象，电源是否已连接正常。检查后即可进行压紧操作，首先按一下"启动"按钮，油泵开始工作，然后再按一下"压紧"按钮，活塞推动压紧板压紧，当压紧力到达调定高点压力后，液压系统自动跳停。

b. 进料 当板框压滤机压紧后，即可进行进料操作。开启进料泵，并缓慢开启进料阀门，进料压力逐渐升高至正常压力。这时观察压滤机的出液情况和滤板间的渗漏情况，过滤一段时间后，压滤机出液孔的出液量逐渐减少，这时说明滤室内滤渣正在逐渐充满，当出液口不出液或只有很少量液体时，证明滤室内的滤渣已经完全充满形成滤饼。如需要对滤饼进行洗涤或风干操作，即可紧接着进行；如不需要洗涤或风干，即可进行卸饼操作。

c. 洗涤或风干 板框压滤机的滤饼充满后，关停进料泵和进料阀门，开启洗液泵或空压机，缓慢开启进洗液或进风阀门，对滤饼进行洗涤或风干。操作完成后，关闭洗液泵或空压机及其阀门，即可进行卸饼操作。

d. 卸饼 首先关闭进料泵和进料阀门以及进洗液或进风装置和阀门，然后按住操作面板上的"松开"按钮，活塞杆带动压紧板退回，退至合适位置后，放开按住的"松开"按钮，人工逐块拉动滤板卸下滤饼，同时清理粘在密封面处的滤渣，防止滤渣夹在密封面上，影响密封性能，产生渗漏现象。至此一个操作周期完毕。

(2) 离心机 以贝克曼低温高速离心机为例。

① 设备简介 离心机是借离心力分离液相非均一体系的设备。离心就是利用离心机转子高速旋转产生的强大的离心力，加快液体中颗粒的沉降速度，把样品中不同沉降系数和浮力密度的物质分离开。由于高速离心下会产生热量，容易使被离心的生物制品变性失活，故离心机多配有冷冻装置，可在低温下操作，保护了生物大分子的活性。

② 操作方法

a. 打开电源开关，按 OPEN DOOR 键，向上抬起离心机的门。

b. 用双手轻轻放下所需转子，将紧固螺旋按顺时针方向拧紧，把平衡好的样品对称放在转子上，盖上合适的盖子，再次拧紧螺栓。

c. 关上离心机的门，确认左右两个锁扣均已平衡，关上。

d. 设置离心参数，包括转子型号、转速、离心时间、离心温度、加（减）速度等。

e. 确定离心机的门已上锁，按 ENTER 键确定，然后按 START 键开始。

f. 离心完毕，按 OPEN DOOR 键，打开离心机的门，取出样品。

g. 取出转子，用干布擦干内部装置，擦干转子的孔。在离心机未完全干燥之前，不要盖上离心机的门。

h. 在离心过程中如听见异常响声（有可能是平衡不好等原因），或看见 IMBALANCE 指示灯闪烁，应立即按 FAST STOP 键，快速停止，仔细检查原因并向专业管理人员报告。

(3) 超滤器　以 Lab scale 小型切向流超滤系统为例。

① 设备简介　超滤是一种利用流体切向流动和压力驱动截留 $0.002 \sim 0.1 \mu m$ 的大分子物质和蛋白质的膜过滤技术。超滤膜允许小分子物质和溶解性固体（无机盐）等通过，同时将截留下胶体、蛋白质、微生物和大分子有机物，截留物质的分子量范围一般为 $1000 \sim 500000$。

Lab scale 小型切向流超滤系统包括样品杯（用来盛装样品，可以高压高温灭菌，并带有无菌呼吸器，可用于无菌条件下的超滤和等体积透析）、超滤膜管匣（内为超滤膜，具有分离作用）、动力系统（隔膜泵可以恒速、恒量输送样品，磁力搅拌器可以保持样品杯中样品浓度的均一），可广泛应用于各种生物物质的分离提纯、浓缩收集、除杂质、除热原、脱盐、脱醇等。

② 操作方法

a. 清洗系统。

b. 安装 Pellicon XL 管匣。

c. 进行完整性测试。

d. 预湿润管匣。

e. 超滤操作

ⓐ 移开样品槽的盖，放入预超滤的样品。

ⓑ 启动蠕动泵，调节超滤器回流管内液体的流速。

ⓒ 调整回流阀及泵转速，以控制回流压力及进口压力。

ⓓ 持续在相同条件下操作，直到预定浓缩体积，将泵关闭。

f. 样品回收　以无菌方式向样品槽中注入缓冲液，启动泵调整转速，使样品槽中的液体排出，回收残余在超滤系统内的样品。回收完毕，关闭蠕动泵。

g. 关机，清洗管匣及系统。

(4) 色谱分离系统　以 BioLogic DuoFlow 色谱分离系统为例（图 1-6）。

① 设备简介　完整的色谱分离系统主要包括蠕动泵、各种阀门、色谱分离柱、各种在位检测器和组分收集器。其主要过程是：由泵推动溶液，各种阀门控制溶液流向，进样或者洗脱色谱分离柱，样品经过色谱分离柱并洗脱后，以样品各组分在流动相和固定相（色谱分离介质）中的分配系数不同而分开。不同组分经过各种在位检测器，如紫外检测器、电导检测器、pH 检测器等确定各组分的位置和浓度，最后由组分收集器自动收集分离后的各组分。

② 操作流程　仪器操作的一般流程为：手动界面→手动操作（包括配溶液、泵灌注、泵

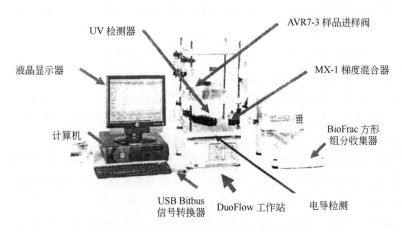

图 1-6 BioLogic DuoFlow 色谱分离系统

和管道冲洗)→装柱并平衡→浏览界面(包括文件结构、新用户新项目的建立、新方法编辑进入、浏览已编辑和已运行的方法和数据)→方法编辑(包括安装和步骤)→运行(包括运行中的控制)→运行后数据处理(包括峰标记和色谱图比较)。

6. 常用的分装、包装设备

(1) 冻干机 以东富龙冻干机为例。

① 设备简介 冻干机按系统分由制冷系统、真空系统、加热系统和控制系统四个主要部分组成 (图 1-7),按结构分由冻干箱或称干燥箱、冷凝器或称水汽凝集器、冷冻机、真空泵和阀门、电气控制元件等组成。

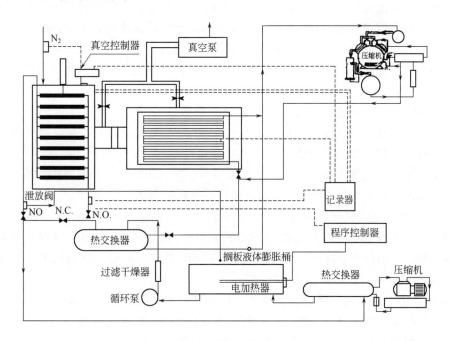

图 1-7 冻干机结构

冻干箱是冻干机的主要部分,需要冻干的产品就放在箱内分层的金属板层上,对产品进行冷冻,并在真空下加温,使产品内的水分升华而干燥。冷凝器是一个真空密闭的容器,能把从冻干箱内的产品升华出来的水蒸气冻结吸附在其金属表面上。冻干箱、冷凝器、真空管道和阀门，加上真空泵，便构成冻干机的真空系统。真空系统提供了真空环境，可以使制品升温后快速升华。制冷系统由冷冻机与冻干箱、冷凝器内部的管道等组成，其作用是对冻干箱和冷凝器进行制冷，以产生和维持它们工作时所需要的低温。加热系统的作用是对冻干箱内的产品进行加热，以使产品内的水分不断升华，并达到规定的残余水分要求。控制系统由各种控制开关、指示调节仪表及一些自动装置等组成，其功能是对冻干机进行手动或自动控制，操纵机器的正常运转。

② 操作方法   在水压力和气压力满足启动条件时，方可进入前箱预冷阶段。

a. 前箱预冷   进入前箱预冷阶段后，按设定选择开启循环泵；然后开启第一压缩机及对应的板冷阀；随后再分别开启另外一台压缩机及相应的板冷阀。

当制品温度已达到设定值时，用一台压缩机继续对前箱进行制冷，保持设定的温度值一段时间（2～3h），另外的压缩机则可转入下一阶段，对后箱进行制冷。当运行阶段到达设定的"开始升华"设定值时，前箱预冷完成，开始进行后箱预冷。

b. 后箱预冷   后箱预冷时，首先应关闭所有的板冷阀，再开启各自的冷凝器阀。在后箱制冷的过程中，可将压缩机进行前、后箱供冷切换，以保证前箱预冷过程中制品温度的恒定。当后箱盘管温度达到设定值时，开始运行预抽真空。

c. 预抽真空   预抽真空要先开启真空泵，再开启小蝶阀，然后再开启中隔阀。当到达设定的时间，内真空度达到设定的要求，则开始运行升华控制。

d. 升华控制   首先开启电加热，再关闭掺冷阀。升华过程共分为两个阶段：第一阶段干燥和第二阶段干燥。第一阶段干燥也称为升华干燥，此过程将有大量的水分从制品中升华出来，因此需严格控制真空度。对制品的加热速度不宜过快，真空度的控制，以其对应的温度不超过制品的共熔点为准。第二阶段干燥又称为解析干燥。在此过程中，由于水分不易升华，可通过调节干燥箱内的真空度来加速升华速度（循环压力法），上限压力可根据制品的冻干工艺进行设置。运行阶段到达设定的最后阶段，并且温度、时间都满足要求时，即可结束升华控制，并进行终点判断。

e. 终点判断   判断终点首先要关闭中隔阀，达到设定的时间后才能进行终点判断，如果泄漏量低于设定值则会自动运行结束；当泄漏量高于设定值时，则报警，继续进行第二次阶段干燥，直到泄漏量低于设定值为止。

f. 冻干结束   先关闭小蝶阀，然后依次关闭真空泵、压缩机、冷凝器阀和循环泵。

(2) 超声波洗瓶机   以 JCXP-S 型水针超声波洗瓶机为例。

① 设备简介   采用超声波清洗技术，能够清除用一般洗瓶工艺难以清除的瓶内外黏附较牢的物质，主要适用于制药企业水针安瓿等的清洗，彻底解决了毛刷洗瓶机易掉毛、可产生二次污染和碎瓶的缺点，洗涤质量完全达到了 GMP 药品生产管理规范的要求，是最理想的清洗设备之一。

② 操作方法   清洗过程为：安瓿推入针盘→用纯化水浸泡→超声波粗洗→吹净化压缩空气→注循环纯化水两次→吹净化压缩空气→冲注射用水→吹净化压缩空气→出瓶。

(3) 层流隧道烘箱   如图 1-8 所示，层流隧道烘箱由低温区、灭菌区和冷却区三部分组成。在低温区，由室温升至 100℃ 左右，大部分水分在这里蒸发；在灭菌区，温度达到 270～350℃，残余水分进一步蒸干，细菌及热原被杀灭或清除；在冷却区，由高温降至 100℃ 左右，使玻璃容器降温后传送至灌封区。

　　层流的作用是形成垂直气流空气幕，一则保证隧道的进、出口与外部污染的隔离；二则保证出口处安瓿的冷却降温。外部空气经风机前后的两级过滤达到一百级净化级别要求。层流隧道烘箱主要用于各种安瓿、易拉瓶、西林瓶及其他玻璃容器的干燥灭菌。

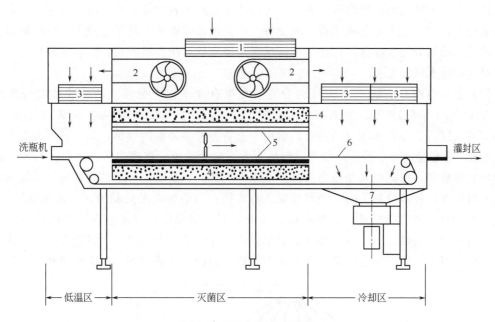

图 1-8　层流隧道烘箱结构

1—中效过滤器；2—风机；3—高效过滤器；4—隔热层；
5—电热石英管；6—水平网带；7—排风

（4）理瓶旋转工作台　以意大利 MTR 型理瓶旋转工作台为例，见图 1-9。

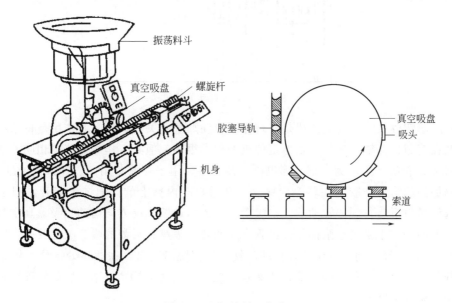

图 1-9　理瓶旋转工作台

　　理瓶旋转工作台是输送经灭菌的分装疫苗瓶进行疫苗分装的作业流水线的第一个设备。消毒无菌室之后，将分装瓶口朝上送入旋转台。必须严格挑选一定规格的灭菌疫苗瓶，以及时、准确、有序地输送给分装机。

该理瓶旋转工作台上部为直径为 1m 的旋转平台，经灭菌处理后的苗瓶自平台入口处被推入旋转平台，随平台的旋转运动，苗瓶再被挡板推向平台边缘，最外层的苗瓶经过叉口进入轨道。未进入轨道的苗瓶继续旋转，二次经挡板推向平台边缘，直至进入轨道。进入轨道的苗瓶依次排列，进入分装机轨道。该设备采用无级调速电机，使供瓶速度与分装机运转同步。该设备除与分装机连接外，视生产情况再与加塞机、压盖机、贴签机、包装机等设备连接，是生产流水线的龙头。

（5）多头自动分装机　多头自动分装机是指有 3 个以上分装头，分装速度每小时达 5000 瓶以上的高速分装机。在各种分装机中，意大利产的 M26/8 型八头分装机（图 1-10）具有分装精度高、分装速度快的特点，适用于分装各种小装量的疫苗，每小时可分装 1 万～1.2 万瓶，分装速度可以调节。靠不锈钢活塞上下运动抽吸，将疫苗压入苗瓶。活塞头部带有旋转式分流阀，控制吸入和压出量。其工作方式为：当活塞向下运动时，分流阀转到供苗管道开启位置，排苗开口关闭，疫苗被吸入活塞筒；当活塞向上运动时，分流阀旋转 180°，关闭供苗开口，开启排苗开口，使疫苗压入分装瓶，完成定量分装。由于采用旋转式分流阀，提高了分装精度。八个分装头可分别单独调整分装量，也可多头同时进行调整，确保分装量准确、可靠。所有接触疫苗的部分均为不锈钢制造，拆装方便，利于清洗和灭菌处理。

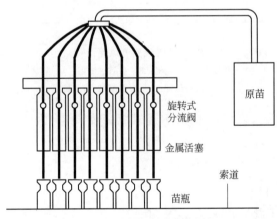

图 1-10　多头自动分装机

（6）胶塞定位机　胶塞定位机是实现冻干自动加塞的关键设备。其作用是将已经灭菌处理的胶塞在苗瓶口部精确定位。虽然定位机的种类很多，但其工作原理基本相同，如进口的 M22 型胶塞定位机，上部为一漏斗形电磁振荡料斗，用来存放备用的、经灭菌处理的胶塞。由于电磁振荡的结果，胶塞在料斗内跳动，并沿料斗内壁上的导轨向上爬升，到达顶部以后，胶塞沿导轨下落，到达转动的真空吸盘。吸盘与送瓶成反方向运动。吸盘真空是由安装在机器下部的一台小型真空泵操作，经管道连通转动吸盘；吸盘的吸头吸住胶塞，继续向下旋转到 90°时，正好达到瓶口位置，自动放气，胶塞脱离吸盘，在瓶口处定位。供瓶系统采用螺旋杆传送，瓶口位置十分精确；瓶塞紧密配合，高速运行，胶塞在瓶口精确定位，为冻干自动压塞做好了准备。

（7）自动灌装半加塞联动机　此类设备的规格、型号很多，但都具有分装精度高和速度快的特点，所有接触疫苗部分的零部件均为优质不锈钢制造，利于清洗和灭菌消毒，符合 GMP 标准的要求。如我国生产的 DC 系列自动灌装半加塞联动机，适用于冷冻干燥制品在冻干前的灌装、半加塞工序。其工作程序是将灭菌瓶传送到转盘上，由送瓶转盘送入间隙运动的星形拨盘上进行定位分装、半加塞，然后装入冻干盘内。本机适用于规格为 2ml、7ml、10ml 及 25ml 等的各种药用玻璃瓶。近年来，我国研制成功生物制品用液体灌装、胶塞定位、铝盖锁定的生产自动线。它有八个分装头同时工作，与胶塞定位连成一体，与定位的铝盖锁定机配套，每小时分装 12000 瓶。

7. 冷藏设备

冷藏和冷藏运输设备是生物制品生产和使用中极其重要的设备，因为冷藏是保证生物制品质量的一个重要条件。

（1）冷库　冷库可分为中型和小型两类。中型冷库的容量在 1000t 左右，而小型冷库只设冷藏间或活动冷库。中型冷库以两层为主，单层也可；小型冷库一般只设立单层。中型冷库一般由主体建筑和附属建筑两部分组成，主体建筑包括冷藏库和空调间，附属建筑包括包装间、真空检验室、准备间、机房、泵房和配电室等。

冷库的保温性能应符合生物制品贮藏保管的基本要求。空调间（高温库）的最高库温不能超过 15℃，最低在 0℃ 以上，一般用冷风机作冷却设备；冷藏间（低温库）要求在 15℃ 以下，作制品保管用。为保证库温恒定，建筑结构的外墙、地坪和平顶要设置连续的隔热层，并要有足够的厚度；同时作好保温层的防潮设施，低温库要采用电动冷库门。

使用冷库的注意事项有：①新冷库初次投产时不应降温过快，以免内部结构结冰膨胀。当库温在 4℃ 以上时每天降温不得超过 3℃；当温度降到 4℃ 时，应维持 5～7 天；当库温在 4℃ 以下时，每天降温不得超过 3℃，直至到达设计要求为止。②冷库在使用后，要保持温度的稳定性，即高温为 10℃±5℃、低温为 -18℃±3℃。③严格防止水和气渗入构造保温层，低温库内不得进行多水物品的作业。④合理使用库容，合理安排货位和堆放高度，保持库内地坪受荷均匀。

（2）冷藏运输设备　生物制品在运输过程中必须使用冷藏车。冷藏车按性能可分为机器冷藏车与冰箱冷藏车。两种冷藏车均必须具备下列条件：运行平稳，具有良好的隔热车体，减少车内与外界的热交换；设有制冷降温装置；设有空气循环装置，以保证车内温度的均衡；设有温度指示，最好有自动控制仪表，以控制车内温度。

目前我国使用的冷藏汽车，多数都是冰箱冷藏车，这种车造价低，使用维修方便。第一汽车制造厂生产的解放牌冷藏车，实际上是个移动式的保温箱。箱体用泡沫塑料作保温层，箱内空间大约 12.5m³，底层用木制板作支撑，形成一个空隙，以制冷空气循环。车底设有放水孔，地板上的水分不会损伤货物。使用时根据气候条件、生物制品保存所需的温度条件及装载量的多少，放入一定数量的冰块，即可达到运输生物制品的要求。

保温箱无制冷系统，以软木、玻璃纤维和聚氨酯泡沫塑料为保温材料，内外层常用镀锌钢板加铝板为保护层，体积一般为 0.108m³。保温箱不能自动降温至冰点以下，而是在使用时将冷冻干燥的生物制品置于箱内，并加入一定量的冰块，严密加盖。生物箱内可保持 20 多小时不解冻，能维持运输中的低温保存，保证生物制品的使用效果。目前国内兽用冷冻干燥制品的运输多使用这种简便的保温箱。

使用保温箱时要注意箱盖是否严密，以减少与外界的冷热交换；注意放入箱内的冰块应用塑料袋密封，防止冰块融化，沾污药品；保温箱不用时，应放置于干燥通风的地方，防止霉菌生长。

（3）液氮罐　液氮罐是专供贮存液氮用的容器，容器内加入液氮才能保存实验材料。液氮温度可达-196℃，属于超低温，因而是保存活细胞、活组织、生物制品、冷冻精液和微生物等的理想容器。国产液氮罐的质量已与国外同类产品的性能相当。

液氮罐的构造和玻璃热水瓶一样，能防止热的传导、辐射和对流。液氮罐是双壁的，过去曾采用不锈钢，近年来改用铝合金等轻金属，其特点是轻便耐用、成本较低、性能更好。两壁之间有一夹层，夹层空隙越大，真空度越高，蓄冷的时间也越长。夹层空隙的大小依容器的型号和性能的不同而有所差异。罐内有金属支撑，内层的外边用绝热材料缠绕多层，并在底部加入硅胶或活性炭等吸湿剂。各类液氮容器都有一个真空吸嘴，吸嘴外加有金属保护帽。目前生产的液氮罐的蓄冷时间为180～210天（即每天保持静态状况下，液氮挥发0.1～0.2L），充入液氮并达到热平衡后，夹层真空度应不低于$2×10^{-2}$Pa（GB/T 5458—2012）。

液氮罐内切勿装入其他的液化气体。使用容器时，必须事先充分预冷再注满液氮，充装后的液面应略低于颈管。新罐或清洗后待用的容器，在使用前先加入适量液氮预冷30min左右，然后再加满其余的液氮。存放或取出被保存物的动作要快、准、稳。取用贮存物的物品以竹制镊子最为理想，切忌使用金属制品。对保存物应进行分类与编号，并对存放数量、日期等进行详细登记。应按时补充液氮，液氮量不能低于容器贮量的2/3（下限）。搬运或移动液氮罐时应提起把手，不得推拖，要轻拿轻放。运输中应防止突然颠簸。保护液氮罐的外部不受磨损。液氮罐的塞子由金属盖和硬质塑料制品黏结而成，经常在使用中出现粘接部松动或脱开，如脱落可使用环氧树脂或其他黏合剂粘牢后继续使用。

8. 带毒污水与废弃物处理设备

根据国家有关的环境保护法规和《兽药质量标准》（2017年版）（农业部公告第2513号）的规定，生物制品制造企业必须与当地卫生防疫部门和环境保护部门密切配合，妥善处理好污水、粪便、残渣、垫草及动物尸体和脏器等各种废弃物。

(1) 污水处理　生物制品制造企业排放的污水中含有较多的有机物和病原体，如果对其不加处理，排放到外界，就会造成环境污染，引起动物疫病流行，甚至危害人类健康。

生物制品企业的污水处理方法通常包括预处理、消毒和暴晒。其基本流程如下：

其中，臭氧法处理污水的效果较好。该法主要是利用臭氧中氧的强氧化作用，使污水中的致病菌、病毒以及细菌芽孢迅速杀灭。此法比氯气的作用更强。污水经臭氧处理后，水的浊度、色度均有明显改善，化学需氧量一般可减少50%～70%。经臭氧处理可以除去苯并芘等致癌物质，可分解废水中的烷基苯磺酸钠、蛋白质、氨基酸、有机胺、木质素、腐殖质、杂环化合物、链式不饱和化合物，可除去放线菌、霉菌、水藻的分解产物及醇、酚、苯等污染物产生的异味和臭味。用臭氧法处理污水反应迅速、流程简单，没有二次污染，但耗电量较高。

(2) 带毒粪便、残渣与垫草的处理　带毒粪便、残渣和垫草的处理可采用生物发酵法。生物发酵池的规模应根据各厂产生的粪便和残渣的数量而定，以每池装满后能自然发酵2天以上为原则。生物发酵池内外墙除用水泥砂浆粉刷外，还应涂沥青防水层，防止池内污水渗漏和池外地表或地下水渗入，影响发酵效果。为便于清除，发酵池应一半设在强毒区内，一半设在隔离区外。发酵彻底后，启盖清出粪便、残渣和垫草的腐烂物。

（3）**动物尸体与脏器处理** 动物尸体和脏器常用焚尸炉处理。有的厂则先将尸体和脏器用高压蒸汽（121℃、30min）消毒，再按粪便残渣处理办法进行生物发酵处理，亦很安全。焚尸炉的结构与火葬场火化炉的结构基本相似，即应用喷柴油的办法，在引风条件下进行焚烧。

用于生产（作为原材料）及检定用的普通实验动物，应符合《实验动物管理条例》的要求。对实验动物房的设施及饲养要求均应符合有关规定，特别要制订预防感染的严格制度，确保实验动物的健康。

四、生物制品生产常见工种介绍

我国对用人单位招用从事技术复杂以及涉及国家财产、人民生命安全和消费者利益工种（职业）（以下简称技术工种）的劳动者，实行必须从取得相应职业资格证书的人员中录用。技术工种范围由人力资源和社会保障部确定。省、自治区、直辖市劳动保障行政部门和国务院有关部门的劳动保障工作机构根据实际需要，经人力资源和社会保障部批准，可增加技术工种的范围。国家实行职业资格证书制度，由经过劳动保障行政部门批准的考核鉴定机构对劳动者实施职业技能考核鉴定。国家职业资格分为初级（五级）、中级（四级）、高级（三级）、技师（二级）和高级技师（一级）共五个等级。

1. 疫苗制品工

疫苗制品工包括工种：培养基加工工、细菌性疫苗生产工、病毒性疫苗生产工、疫苗菌毒种培育工、诊断制剂生产工、生物制品培养基生产工以及从事细菌性疫苗、病毒性疫苗、类毒素等生产的人员。

从事的工作主要包括12种：

① 使用专用容器、设备制备各类特殊的原辅料，使用离子交换法或蒸馏法制备生产用水。

② 使用专用设备和器皿制备基础液，配制化学药品及其他原辅料等，制备疫苗培养基。

③ 用物理方法和化学方法对培养基、压缩空气或其他材料、设备、器皿等进行消毒、灭菌，并除去热原质。

④ 采用微生物、原代或传代细胞培养，制备生产菌。

⑤ 使用发酵罐、生物反应器、摇床或转瓶机，进行发酵和原代或传代细胞培养。

⑥ 接种病毒或细菌，收获病毒液，灭活或杀菌，收获培养液。

⑦ 使用离心、过滤等设备对培养基进行分离。

⑧ 使用纯化、超离心技术提取有效成分。

⑨ 配制稀释液、保护剂、吸附剂。

⑩ 进行制品除菌过滤或冷冻干燥。

⑪ 选定菌（毒）种制备抗原，进行免疫、采集、纯化，获得高特异性抗体、抗原。使用标记物标记，组装诊断试剂盒。

⑫ 分装、包装。

2. 血液制品工

从事血液有形成分和血浆中蛋白组分分离提纯生产的人员，包括工种：血液类制品生产工。

从事的工作主要包括3种：

① 进行动物免疫、效价检测、采血、分离，生产动物免疫血浆。

② 使用物理、化学方法，将血浆有形成分和血浆中蛋白组分分离提纯。

③ 除菌过滤、冷冻干燥。

知识窗

1. 天花病毒

目前，世界上有两个戒备森严的实验室里保存着少量的天花病毒，这两个实验室一个在俄罗斯的莫斯科，另一个在美国的亚特兰大。世界卫生组织于1993年制定了销毁全球天花病毒样品的具体时间表，后来这项计划又被推迟。因为病毒学家和公共卫生专家们在如何处理仅存的天花病毒的问题上发生了争论：是彻底消灭，还是无限期冷冻？

主张彻底消灭的人认为：彻底消灭现在实验室里的所有天花病毒，是不使天花病毒死灰复燃、卷土重来的最佳良策。但另一些科学家认为，天花病毒不应该从地球上完全清除。因为，在尚不可知的未来研究中可能还要用到它，而一旦它被彻底消灭了，就再也不可能复生了。美国政府已向全世界表示，反对销毁现存的天花病毒样品，以便科学家继续研制防止天花感染的疫苗和治疗天花的药物，做好对付生物恐怖威胁的准备。

2. 牛痘

1796年5月14日，英国乡村医生爱德华·琴纳（Edward Jenner）进行了人类历史上的第一次疫苗接种试验。他从一位感染了牛痘的年轻挤奶农妇手上的痘疱中采取痘浆接种于一位8岁男孩的手臂上。2个月后，再接种人的天花脓疱浆，不见发病，证明这个小男孩获得了对天花的免疫力。1798年9月，他发表了接种"牛痘"预防天花的论文，虽然当时全然不知天花是由天花病毒感染所致，但这一划时代的发明，开创了世界上最早的弱毒活病毒疫苗。随后，种痘技术传遍了欧洲，后又传到北美。为纪念琴纳的这一伟大贡献，巴斯德将疫苗称为vaccine（拉丁文vacc是"牛"的意思）。

3. 什么是锡克毒素？如何使用及判断结果？

锡克毒素是经检定合格的用于测定人体对白喉易感性的白喉毒素。

应在左前臂内侧1/3处皮内注射0.1ml，注射后间隔48h和96h观察两次皮肤反应，如局部无任何反应或仅有微痕，则为阴性反应，或者在48h局部虽有环状浸润，但96h已完全消退（这是锡克毒素中含有异性蛋白所引起的过敏反应），亦应判为阴性，说明体内已有对白喉杆菌的免疫力。如果局部有红色浸润，到96h反应才达高峰，随后消退者，则判为阳性反应，说明机体没有对白喉杆菌的免疫力。

4. 治疗性疫苗简介

治疗性疫苗是指在已感染病原微生物或已患有某些疾病的机体中，通过诱导特异性的免疫应答，达到治疗或防止疾病恶化的天然、人工合成或用基因重组技术制备的产品或制品。1995年前，医学界普遍认为，疫苗只作预防疾病用。随着免疫学研究的发展，人们发现了疫苗的新用途，即可以治疗一些难治性疾病。从此，疫苗兼有了预防与治疗的双重作用，治疗性疫苗属于特异性主动免疫疗法，其基本思想是通过构建具有治疗作用的疫苗用于病毒感染、肿瘤等疾病的治疗。治疗性疫苗必须经过分子设计和重新构建，以获得与原天然病毒蛋白结构类似，但又不同的新的免疫分子。

　　治疗性疫苗的作用机理：治疗性疫苗是在机体已经感染病毒之后再注射疫苗。此时机体已经具有病毒的抗原，但由于机体免疫反应的部分缺陷，不能发挥作用，治疗性疫苗通过不同途径把微生物抗原提呈给免疫系统，来弥补或激发机体的免疫反应（特别是细胞毒性 T 细胞的杀伤活性），从而达到清除病毒的治疗作用。但由于疾病的免疫病理机制复杂，还有很多问题需要人们做进一步的研究和探索。

　　治疗性疫苗与传统疫苗的区别：①使用对象不同，治疗性疫苗的使用对象为已经患病者，而传统疫苗的使用对象为未患病者，特别是易感动物。②使用目的不同，治疗性疫苗的目的是治疗疾病，而传统疫苗的目的是预防疾病。③受用者状态不同，治疗性疫苗的受用对象是患者，他们往往有不同程度的免疫缺陷或免疫耐受，而传统疫苗的受用者是健康人，他们的基本状况是正常的。④监测手段不同，传统疫苗接种后产生保护性抗体，可通过实验室进行监测，结果准确、可靠。而治疗性疫苗接种后疾病是否改善，则需要结合临床症状、体征及疾病相关的实验室指标进行综合测试，较为复杂，且其准确性尚有争议。⑤期望激发的免疫应答类型不同，传统疫苗接种后，期望产生的是保护性抗体，即激发体液免疫反应；而治疗性疫苗主要用于畜禽病毒感染，病毒一旦进入宿主细胞内，抗体即失去作用，因此，治疗性疫苗应以激发细胞免疫反应为主要目的，这是与传统疫苗最大的区别。

 学习思考

1. 什么是生物制品？
2. 生物制品应如何进行分类？
3. 生物制品有哪些用途？
4. 生物制品生产中常用的设备有哪些？

第二单元

生物制品生产的基本技术

学习指导

　　本单元主要讲解生物制品生产所需的基本操作技能，包括操作原理、操作方法及其应用等内容，通过学习，使学生明确生物制品生产所需要的基本操作技能，掌握其操作原理及方法，并能在生物制品生产过程中正确应用。

学习内容一　洗刷技术

　　在生物制品生产中，洗刷工作是非常重要的。培养用物品、设备、器具洗刷不干净，都会引入微生物和有毒物质，导致污染，引起菌（毒）种、细胞无法生长。因此，无论是新的或重新使用的生产用器具、设备及物品都必须认真清洗，达到不含任何残留物的要求。

　　生物制品的洗刷工作主要是指器皿的清洗工作，细分为初洗和精冲洗两大工序。初洗主要是用中性洗涤剂对各种器皿进行内外刷洗、清洁液酸洗、煮沸池碱洗、自来水内外冲洗等，清除器皿上的各种污物和杂质；精冲洗是在洁净环境下用工艺用水和注射用水反复对初洗后的器皿进行深度清洗，以保证供应器材的洁净度达到生物制品生产的要求。

　　通过精冲洗，烘干后的洁净器材，由负责包装的工作人员进行归类整理和质量检查，剔除破损和不合格的器皿，再按使用部门提交的供应计划要求进行包扎供应，以满足生产需要。

一、洗液

1. 强酸氧化剂洗液

　　强酸氧化剂洗液通常是指铬硫酸液。铬硫酸液是一种强酸氧化剂洗液，是用重铬酸钾（$K_2Cr_2O_7$）和浓硫酸（H_2SO_4）配成。铬硫酸液有很强的氧化能力，对玻璃仪器的侵蚀作用较小，在生产中使用较为普遍。

　　配制方法：取 1.5kg 重铬酸钾（钠），先用 1.5L 注射用水加热溶解，将 30L H_2SO_4 缓慢加入 $K_2Cr_2O_7$ 溶液中（千万不能将水或溶液加入 H_2SO_4 中），边加边搅拌，并注意不要溅出。混合均匀，待冷却后，装入洗液瓶备用。

　　洗液的正常颜色为褐黄色，说明氧化能力很强，当洗液用久后变为绿色，说明洗液已无氧化洗涤能力，需要重新配制或者向其中补充新的洗液（补加后呈黄绿色）。

2. 碱性洗液

　　碱性洗液用于洗涤有油污物的器皿，常采用长时间（24h 以上）浸泡法或者浸煮法。从碱性洗液中捞取仪器时，要戴乳胶手套，以免烧伤皮肤。常用的碱性洗液有：碳酸钠、碳酸氢钠、磷酸三钠、磷酸氢二钠等。

磷酸三钠饱和溶液（约20%）为生产中最常用的洗液之一。其水溶液显碱性，但碱性比较弱，对设备和清洗的器皿腐蚀性比较小，同时还可以去除热原性物质。其配制方法为：取定量磷酸三钠固体，用定量注射用水溶解即可。

3. 纯酸纯碱洗液

根据器皿污垢的性质，直接用酸或碱浸泡或浸煮器皿。常用的酸是硫酸，常用的碱为氢氧化钠。如：0.5mol/L氢氧化钠溶液在生产中比较常用，其制备方法为：20g氢氧化钠溶于1000ml水中即可配制1L 0.5mol/L的溶液。

二、洗刷方法

1. 玻璃器皿的洗刷

生物制品生产用的玻璃器皿要求比较严格，要用耐酸、耐热和透明度强的中性硬质玻璃，尤其是细胞培养用的细胞培养瓶要求更高，表面要平坦光滑，以利于细胞贴壁生长和观察。

(1) 旧细胞培养瓶的洗刷 一般要经过浸泡、刷洗、烘干三个步骤。

① 浸泡 细胞培养瓶使用后要立即用饮用水刷洗放到含有消毒剂的清洁液中浸泡过夜，以免变干后难以清洗。

② 刷洗 将浸泡后的细胞培养瓶用软毛刷反复刷洗，不要留死角，并注意不要破坏器皿表面的光洁度。用自来水冲洗3次，再用纯化水冲洗3次，最后用注射用水冲洗3次。

③ 烘干 彻底冲洗之后，将瓶子倒置在不锈钢篮子中烘干，冷却后用牛皮纸包好口，保存等待灭菌。

(2) 新细胞培养瓶的洗刷 新购置的细胞培养瓶含游离碱较多，应先用饮用水刷洗，再用2%的盐酸溶液或洗涤液浸泡数小时，然后用清水冲洗，再按照以上（1）的方式洗刷处理。

(3) 其他玻璃器皿的刷洗 先用自来水刷洗，然后用清洁液刷洗，再用磷酸三钠浸泡过夜，再用自来水刷洗，最后用纯化水和注射用水分别再冲洗3次，控干备用。

(4) 玻璃移液管的清洗 移液管使用后应立即放入含有消毒剂的清洗液圆筒中（免得干燥后难以冲洗干净），浸泡过夜，通过压缩空气取出棉花塞，将移液管放入清洗器中，尖朝上，用自来水通过清洗器的虹吸作用充分清洗移液管，再用纯化水反复冲洗3次，最后再用注射用水反复冲洗3次。将移液管放入移液管干燥机或烘箱中烘干，尖端朝上。用棉花塞住管口。按大小分类，储存于移液管筒中，等待灭菌。

(5) 带毒的玻璃器皿 需先浸泡于5%来苏尔液或1%盐酸溶液（依病毒种类而定）中1天以上或高压消毒，此后再按照旧的玻璃器皿的洗刷方式处理。

2. 橡胶制品清洗

橡胶制品主要是指胶塞以及硅胶管等，其表面含有硫化物等颗粒，需清洗除去。

(1) 新的橡胶制品的清洗 新的橡胶制品→饮用水冲洗→0.5mol/L NaOH煮沸15min→饮用水冲洗→0.5mol/L HCl煮沸15min→饮用水冲洗→注射用水冲洗→注射用水煮沸30min→控干（烤干）→备用。

（2）旧的橡胶制品的清洗　旧的橡胶制品→磷酸三钠浸泡→自来水冲洗→注射用水冲洗→注射用水煮沸 30min→控干（烤干）→备用。

（3）塑料制品的清洗　塑料制品的特点是质软、易出现划痕；耐腐蚀能力强，但不耐热。多数为一次性使用，但为了节约有的也可重复利用。

塑料制品的洗刷方法与玻璃制品相同。

三、洗刷后检查

① 表面无污物。

② 物品洗刷后用 pH 精密试纸检测外壁残留水珠的 pH 值，检测结果应与纯化水的 pH 值一致。

③ 玻璃器皿内壁无水珠。

④ 抽检合格率应在 90％以上，合格率低于 90％时应将抽检物品重新洗刷。

四、洗刷注意事项

① 任何方法都不应对玻璃器皿有损伤。在清洗玻璃器皿时一定要轻拿轻放，避免碰碎。

② 用过的器皿应立即浸泡，否则干燥后会增加洗涤困难。

③ 清洗处理后的装置要在洁净处挂起自然沥干，应避免管路死角存水。

④ 接触酸、碱等腐蚀性溶液时必须佩戴好耐酸碱手套、眼镜和围裙等个人防护用品。

⑤ 硫酸洗液每三个月更换一次，磷酸三钠清洗液必须当天配制、当天使用。

⑥ 接触过污染物的器皿，应先浸在消毒液内或蒸煮灭菌后再进行洗涤。

⑦ 强酸、强碱及其他氧化物和有挥发性的有毒物品，都不能倒在洗涤槽内，必须倒在废液缸内。

学习内容二　灭菌技术

生物制品都是无菌制剂，即采用无菌操作技术制备的不含任何微生物繁殖体和芽孢的制剂。因此，在生产中，防止微生物污染、内毒素污染是决定生物制品产品质量的关键。而灭菌技术也就成为从事生物制品生产的工作人员必须要掌握的基本技能之一。

灭菌技术是指应用物理和化学等方法杀灭或除去一切存活的微生物繁殖体或芽孢，使之达到无菌的技术。用于灭菌的化学药品称为灭菌剂。通过灭菌，不仅要杀灭或除去所有的微生物（包括芽孢），最大限度地保证生物制品的安全性，而且由于生物制品多数为热敏感性制品，在灭菌过程中也必须要保证制品的稳定性及其生物活性（有效性），因此选择适宜的灭菌方法对保证生物制品的质量具有非常重要的意义。

生物制品生产中常用的灭菌方法可分为物理灭菌法和化学灭菌法两大类。需要根据灭菌物品的性质和要求，选择合适的灭菌方法。

一、物理灭菌法

物理灭菌法是利用蛋白质与核酸具有遇热或射线不稳定的特征，采用加热、射线照射和过滤方法，杀灭或除去微生物。生产中常用的物理灭菌法包括干热灭菌、湿热灭菌、过滤除菌和辐射灭菌等。

1. 干热灭菌

干热灭菌是利用高温使蛋白质和核酸中的氢键被破坏，导致核酸破坏，蛋白质变性或凝固，酶失去活性，从而杀灭微生物的方法。

干热灭菌的方法常用的有：干热空气灭菌法、灼烧、焚烧等。

（1）干热空气灭菌法

① 干热空气灭菌法的工艺条件　如使用干热灭菌柜，可用于金属器具、设备部件的灭菌及除热原；使用隧道式灭菌烘箱，可用于安瓿或西林瓶的灭菌及除热原。灭菌工艺条件一般为 160～170℃，120min 以上或者 170～180℃，60min 以上。除热原的工艺条件一般为 250℃，45min 以上。

② 干热空气灭菌的注意事项

a. 烤箱内的物品间要有空隙，以免妨碍空气流通。

b. 物品不要靠近加热装置，以免包装纸被烤焦而起火。

c. 干热灭菌后切忌立即打开，以免温度骤变而使箱内的玻璃器皿破裂。

③ 干热空气灭菌的适用范围　干热灭菌热力的传播和穿透主要是靠空气对流和介质传导，因空气是一种不良的传热物质，其穿透力弱，且不太均匀，故所需的灭菌温度较高，时间较长，容易影响生物制品的理化性质。故而干热灭菌仅适用于耐高温却不易被蒸汽穿透，或者易被湿热破坏的物品的灭菌，如玻璃、金属设备、器具，不需湿气穿透的油脂类，耐高温的粉末化学药品等，但不适用于橡胶、塑料及大部分药品的灭菌。同时干热灭菌也可用于除热原。

（2）灼烧　灼烧是利用无菌操作台（通常在生物安全柜内或者是百级层流罩保护下）台面上的酒精灯或煤气灯的火焰对金属器皿及玻璃器皿口缘进行烧灼以保证无菌操作。

（3）焚烧　焚烧主要用于一些不能原位消毒处理的污物和废弃物，特别是带有活生物体的污染物和动物尸体的灭菌处理。

2. 湿热灭菌

湿热灭菌是指物质在灭菌器内利用高压蒸汽或其他热力学灭菌手段杀灭微生物的灭菌方法。

（1）灭菌原理　湿热灭菌的灭菌原理是蒸汽冷凝时释放大量的潜热，且具有极强的穿透力，在保证水蒸气有足够的温度和足够的持续灭菌时间后，微生物的蛋白质及核酸可发生不可逆的凝固性变性而导致其死亡。

（2）影响湿热灭菌灭菌效果的因素

① 灭菌物中微生物的种类和数量　不同种类、不同生长阶段的微生物耐热性相差很大，微生物数量不同，所需灭菌的温度与时间也不相同。

② 灭菌溶液的 pH　微生物在中性溶液中耐热性最大，在酸性溶液中耐热性最小。如 pH 6～8 时，微生物不易被杀灭，pH<6 时，微生物容易被杀灭。

③ 灭菌物的性质　溶液中若含有糖类、氨基酸等营养性物质，会对微生物有保护作用，并增强其耐热性。

④ 蒸汽的饱和度　蒸汽的饱和度越大，其穿透性越强，释放的潜热越多，因此要尽可能地使用饱和蒸汽进行灭菌。

（3）湿热灭菌方法　高压蒸汽灭菌是最常用的湿热灭菌方法，具有穿透力强、传导快、灭菌能力强的特点，为热力学灭菌中最有效及用途最广的方法之一。常用于玻璃器械，培养基（对热稳定的），胶栓（管道），布质的物品（无菌服、抹布等），可最终灭菌的药品及其他遇高温与湿热不发生变化或损坏的物品的灭菌。

不同灭菌物品所采用的灭菌温度和时间不同，具体的时间和温度需经验证后确定。通常在生产中，玻璃器械、胶栓（管道）、无菌服等采用121℃，灭菌60min；培养基等液体物品采用115～117℃，灭菌30～45min。

（4）湿热灭菌的注意事项

① 灭菌包装不宜过大，不宜过紧，物品间要有空隙，使蒸汽能容易对流渗透到灭菌物品内部。

② 灭菌前，包装盒的通气孔要打开，以利于蒸汽流通，灭菌后要及时关闭，以保持物品的无菌状态。

③ 灭菌后的物品（不包括液体）要尽量使其表面干燥，因潮湿的包装物表面易滋生微生物。可以放到60～70℃烤箱内烘干，再贮存备用。

3. 过滤除菌

过滤除菌是利用微孔滤膜过滤，使大于滤膜孔径的细菌等微生物颗粒被截留，从而除去流体（液体、气体）中微生物的工艺过程，包括液体和气体过滤除菌。药品生产中采用的除菌过滤膜的孔径一般不超过$0.22\mu m$。因该方法不会对产品质量产生不良影响，因此尤其适用于生物制品的灭菌。

过滤除菌常使用除菌级过滤器来进行，除菌级过滤器是指在工艺条件下每平方厘米有效过滤面积可以截留107 cfu的缺陷假单胞菌（ATCC 19146）的过滤器。除菌过滤器有不同的大小、形式（平板式、囊式、滤芯）和膜材，要根据需要进行选择。液体除菌过滤器的膜材通常有聚偏氟乙烯（PVDF）、聚砜、聚醚砜、尼龙、纤维素酯、聚四氟乙烯（PTEE）等；气体除菌过滤器的膜材必须为疏水材质，如聚四氟乙烯。在过滤除菌前后都需要进行膜的完整性测试。

4. 辐射灭菌

辐射灭菌是利用γ射线、X射线和粒子辐射处理产品，杀灭其中微生物的灭菌方法。目前的辐射灭菌方法多采用^{60}Co源放射出的γ射线，它具有能量高、穿透力强、无放射性污染和残留量、冷灭菌、适用范围广等特点。

辐射灭菌有以下优点：①常温常压下即可处理，特别适用于热敏感性的生物制品和药物的灭菌；②不会产生放射性污染，灭菌后的产品无残留毒性；③辐射穿透力强，灭菌彻底，产品可以先包装后灭菌；④工艺参数易于控制，适用于工业化大生产。

采用辐射灭菌时，要求产品采用致密的包装。不受辐射破坏的医疗器械、容器、生产辅助用品、原料药及成品等均可用此方法灭菌。

二、化学灭菌法

化学灭菌法系指用化学药品直接作用于微生物而将其杀灭的方法；灭菌剂可分为气体灭菌剂和液体灭菌剂。常用的化学灭菌剂有：过氧乙酸、戊二醛、环氧乙烷等。

1. 过氧乙酸

过氧乙酸的分子式为$C_2H_4O_3$，分子量为76.05，是一种广谱灭菌剂，对细菌繁殖体和芽孢、真菌、病毒等都有杀灭作用。但其缺点是易分解、不稳定。

（1）灭菌原理 过氧乙酸具有较强的氧化能力，可破坏蛋白质，同时使酶变性失活而使微生物死亡。

（2）适用范围 可用于玻璃、塑料、搪瓷、不锈钢制品的灭菌。低浓度溶液还可用于皮肤的消毒。

（3）使用方法 一般的使用方法有浸泡、喷洒、擦抹、熏蒸等。具体所需药物浓度与作用时间见表 2-1。

表 2-1 过氧乙酸使用方法与剂量

灭菌对象	处理方法	药物浓度	作用时间/min
皮肤	擦拭、浸泡(手)	0.2%～0.4%	1～2
服装	喷洒	0.1%～0.5%	30～60
	浸泡	0.04%	20
污染表面	喷洒、擦拭	0.2%～1.0%	30～60
污染空间	熏蒸	1～3g/m³	60～90

2. 戊二醛

戊二醛的分子式为 $C_5H_8O_2$，分子量为 100.12，是一种广谱灭菌剂，对病毒、真菌、细菌的芽孢均有杀灭作用，性能稳定。其缺点是有一定的毒性和刺激性。

（1）灭菌原理 戊二醛为烷化剂，可以使微生物蛋白质烷基化，使蛋白质凝固、酶不可逆失活。

（2）适用范围 常用于器具、仪器和工具等的灭菌，亦可用于防疫消毒。

（3）使用方法 戊二醛在酸性条件下不具有杀死芽孢的能力，只有在碱性条件下（加入碳酸氢钠或碳酸钠），才具有杀死芽孢的能力，常用其 2% 的溶液浸泡或擦拭。塑料、橡胶制品可吸收戊二醛，此类物品应用前需有解吸作用。

3. 环氧乙烷

环氧乙烷（EO）又名氧化乙烯，分子式为 C_2H_4O，分子量为 44.05，是一种广谱气体灭菌剂，可在常温下杀灭包括细菌的芽孢和真菌的孢子在内的所有微生物。但因其有毒且易燃、易爆，使用受到一定的限制。

（1）灭菌原理 环氧乙烷是小分子、不稳定三元环结构，具有很强的化学活泼性和穿透性。它可以与蛋白质上的羧基（—COOH）、氨基（—NH$_2$）、巯基（—SH）和羟基（—OH）以及 DNA、RNA 发生烷基化作用，还可以抑制生物酶的活性，从而阻碍微生物的正常新陈代谢，导致微生物死亡。

（2）灭菌工艺条件 采用环氧乙烷灭菌时，灭菌柜内的温度、湿度、灭菌气体浓度、灭菌时间是影响灭菌效果的重要因素。《中国药典》推荐可采用的灭菌条件为：温度 54℃±10℃，相对湿度 60%±10%，灭菌压力 $8×10^5$ Pa，灭菌时间 90min。

（3）适用范围 环氧乙烷灭菌主要应用于对那些不宜用其他方法灭菌的、热敏感的产品或部件。在制药行业中常用于对无菌生产的部件和用品（塑料瓶或管、橡胶塞、塑料塞和盖）的灭菌，也用于塑料或橡胶的给药器械的最终灭菌。含氯的物品及能吸附环氧乙烷的物品则不适用（环氧乙烷会和氯反应生成 2-氯乙醇，有毒）。

学习内容三　发酵技术

传统的发酵是指酵母作用于果汁或麦芽浸出液时产生气泡的现象，而随着发酵技术的不断发展，发酵的内涵也不断扩大。广义的发酵技术是指对微生物（或动植物细胞）进行大规模培养，以获得大量菌体（或动植物细胞）及代谢产物的技术。发酵技术在生物制品生产中的应用相当广泛，因为绝大多数的生物制品生产中都需要大量培养菌体和动物细胞。目前，发酵技术已经被公认为是未来工业革命浪潮的主流之一，成为制约生物制品生产的重要技术手段。现只介绍微生物的发酵，对于细胞的发酵，在细胞培养部分介绍。

在微生物发酵生产中，决定生产产量与质量的因素主要包括：发酵方法、菌种、培养基、发酵设备、空气和发酵过程控制等。发酵的生产过程主要包括：种子批的建立、种子扩大培养、发酵培养基的配制与灭菌、发酵设备的灭菌、接种、发酵培养等环节。

一、发酵方法

微生物的发酵方法按照培养方式可分为表面培养法（包括固体表面发酵和液体表面发酵）和深层培养法（包括振荡培养和深层搅拌通气培养）。其中在生物制品生产中常采用液体深层通气培养。液体深层通气培养按照发酵工艺流程又可分为分批发酵、补料分批发酵和连续发酵三种。目前，我国生物制品生产中对菌种的大规模培养常采用补料分批发酵的方式。

1. 分批发酵

培养基中接入菌种以后，除了空气的通入和排气外，没有物料的加入和取出，即一次性投料、一次性收获产品的发酵方式。

优点：操作简单、周期短、染菌机会少、生产过程和产品质量容易掌握。

缺点：产率低，不适于测定动力学数据。

2. 补料分批发酵

补料分批发酵是指分批培养过程中，间歇或连续地补加新鲜培养基的培养方法。

优点：可以控制抑制性底物的浓度，解除或减弱分解产物的阻遏，维持适当的菌体浓度，使发酵过程最佳化。

缺点：由于没有物料取出，产物的积累最终导致生产速率的下降；增加了染菌机会。

3. 连续发酵

连续发酵即培养基料液连续输入发酵罐，并同时放出含有产品的发酵液的培养方法。

优点：维持较低的基质浓度，有利于产物的形成；达到稳态后，整个过程中菌的浓度、产物的浓度、限制性基质的浓度都是恒定的，有利于自动化控制；利于提高设备利用率和单位时间的产量，节省发酵罐的非生产时间。

缺点：易引起菌种变异，染菌机会增加。

二、培养基

培养基是指由人工按照一定比例配制的，用于微生物生长、繁殖和积累代谢产物的含有多种营养物质的混合物。培养基所包含的营养物质包括碳源（糖类、脂肪、有机酸、醇等），氮源（玉米浆、牛肉膏、蛋白胨、氨水、硫酸铵等），无机盐类（磷、硫、镁、钾、钠、钙等），微量元素（铁、铜、锌、钴、钼、锰等），生长因子（氨基酸、维生素、嘌呤、嘧啶等）和水等。培养基是发酵生产的基础，其质量的好坏成为决定发酵质量的重要因素。

1. 培养基的类型

微生物培养基的种类很多，分类依据不同，类别也不同。

（1）按物质组成分类

① 天然培养基　含有成分、含量难以准确确定的天然有机物，如蛋白胨、牛肉膏、酵母浸膏、玉米浆和麦芽浸膏等。

② 半合成培养基　由部分天然有机物和部分已知化学成分的化合物组成的培养基。

③ 合成培养基　全部由已知化学成分的化合物组成。

（2）按物理性状分类　可分为液体培养基、半固体培养基和固体培养基等。

（3）按生产流程和用途分类　依据在生产中的用途，可将其分为斜面培养基、种子培养基和发酵培养基。同时，生产中还有某些特殊用途的培养基，如用于无菌试验用的培养基、用于微生物菌种保藏的培养基及用于微生物分类鉴定的鉴别培养基等。

① 斜面培养基　用于微生物细胞复苏及生长繁殖，要求供给细胞生长繁殖所需的各类营养物质。其富含有机氮源，少含糖分，还有少量生长因子和微量元素等，如细菌、酵母等的斜面培养基。

② 种子培养基　用于大量繁殖发酵所需活力强、健壮种子的培养基。要求其营养成分易被吸收利用；营养丰富、全面；氮源、维生素的比例应较高，碳源比例应较低。同时还要考虑与发酵培养基的协调问题。

③ 发酵培养基　用来提供菌体生长繁殖和合成大量目的发酵产物的培养基，以产物合成为最终目的。要求其营养丰富、完整，碳氮比适当，要含有产物合成所需要的特定元素、前体和促进剂等。同时因其用量大，还要考虑成本问题。

2. 培养基的灭菌

小量的培养基可以将其加到适当容器中，置于高压蒸汽灭菌锅（柜）中灭菌。发酵培养基的灭菌方法主要有湿热灭菌和过滤除菌两种方式。目前，在生产中，绝大多数培养基都采用湿热灭菌，而过滤除菌只适用于加热即被破坏的物质（如糖溶液、尿素溶液和血清）以及某些特殊流加成分及细胞培养基的灭菌。

（1）培养基湿热灭菌方法　目前工业上培养基的湿热灭菌方法有两种：连续灭菌和分批灭菌。

① 连续灭菌　连续灭菌也叫连消，是指培养基在发酵罐外经过一套灭菌设备连续加热灭菌，冷却后送入空消后的发酵罐的灭菌方法。其温度一般以 $126 \sim 132\,^{\circ}\!\mathrm{C}$ 为宜，总蒸汽压力要求达到 $0.044 \sim 0.049\mathrm{MPa}$ 以上。其灭菌过程包括加热、维持和冷却。

以连消塔-喷淋冷却连续灭菌流程为例（图2-1）。连续灭菌时，料液在配料罐中配料后，由连消泵送入连消塔底端，料液在 $20 \sim 30\mathrm{s}$ 内被直接蒸汽立即加热到灭菌温度 $126 \sim 132\,^{\circ}\!\mathrm{C}$，由顶部流出，进入维持罐维持保温 $5 \sim 7\mathrm{min}$，罐压保持在 $0.4\mathrm{MPa}$，然后进入冷凝管冷却，一般冷却到 $40 \sim 50\,^{\circ}\!\mathrm{C}$ 后送入已空消好的发酵罐内。

连续灭菌的优点是：a. 高温瞬时灭菌，减少营养成分的破坏，提高了原料利用率；b. 总的灭菌时间减少，提高了发酵罐的利用率；c. 蒸汽负荷均匀，操作方便；d. 适宜于自

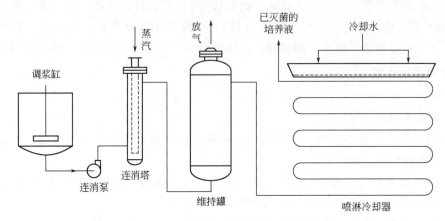

图 2-1　连消塔-喷淋冷却连续灭菌流程

动化操作,降低了劳动强度。连续灭菌不适用于含固体颗粒或泡沫较多的培养基的灭菌,通常在大规模的发酵工厂中作培养基灭菌用。

②　分批灭菌　分批灭菌也称间歇灭菌、实罐灭菌,是指将配制好的培养基通入到发酵罐或者其他容器中,对培养基和发酵罐(容器)一起灭菌的方法。这种方法的优点是:不需要其他的附属设备,操作简便,是较为常用的灭菌方式,适用于中小型发酵的灭菌。但其缺点是加热和冷却的时间比较长,会损失一定的营养成分,并且使发酵罐的非生产时间延长,设备利用率较低。

具体操作方法为:将配制好的培养基通入到发酵罐中,搅拌打散其中的团块。从夹层或盘管进入高压蒸汽进行间接加热,使料液温度升高至 $80 \sim 90^{\circ}\mathrm{C}$。关闭夹层(盘管)蒸汽,从三路(取样管、进气管、进料管)向发酵罐内通入高压蒸汽,同时开启排气阀。当温度升到 $121^{\circ}\mathrm{C}$ 时(表压 $0.1 \sim 0.15\mathrm{MPa}$),保温 30min。保温结束后,依次关闭各排气、进气阀门。待罐压低于过滤器空气压力时,开启空气进气阀引入无菌空气进行保压,目的是使容器保持正压,防止形成真空而吸入带菌的空气。然后在夹套或蛇管中通入冷却水,将培养基温度降至培养所需温度,以进行下一步的发酵培养。分批灭菌示意如图 2-2 所示。

(2)培养基过滤除菌　由于糖溶液、尿素溶液、血清及各种细胞培养基遇高温后成分会受到破坏,因此不能采用湿热灭菌的方式灭菌,只能采用除菌级过滤器(滤膜孔径为 $0.22\mu\mathrm{m}$)过滤除菌的方式进行灭菌。为了节约生产成本,生产企业常将培养基中耐热的部分用高压蒸汽灭菌的方式灭菌、冷却,然后将培养基中不耐热的部分过滤除菌,再将二者无菌混合。

3. 培养基的制备

在生物制品生产中,虽然有的培养基有其特殊的制备方法,但总体来说,培养基的制备过程基本相同,通常包括原料的溶解及定容、灭菌和保存两步。

(1)原料的溶解及定容　按照培养基的配方计算出所需各种原料的用量。准确称(量)取并按照培养基制备的标准操作规程中规定的顺序逐一溶解于注射用水中或纯水中,加水定容至所需用量(注意预留出灭菌冷凝蒸馏水的量)。

原则上,配制好的培养基不允许有附聚的颗粒物及未溶物存在,否则会严重影响灭菌效果。通常生物制品生产中因采用的原料级别较高,都不会存在这样的问题,也不需要进行过滤。

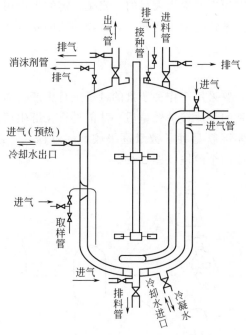

图 2-2　分批灭菌（实罐灭菌）示意

与实验室不同，发酵培养基的 pH 通常由配方设计时确定，配料后测定验证，必要时做调整。

（2）灭菌和保存　采用湿热灭菌或过滤除菌的方式灭菌。根据生产上的不同要求，确定保存的条件和时间，以不超出有效期为标准（需要进行验证），超过有效期的需要重新灭菌。

三、菌种

1. 三级种子批的建立

生物制品生产中涉及的菌种包括细菌疫苗生产用菌种、微生态活菌制品生产用菌种、体内诊断制品生产用菌种、重组产品生产用工程菌等。一旦确定某一菌种作为生产用菌种，就要建立三级种子批系统。原始种子批应验明其记录、历史、来源和生物学特性，原始种子批经复苏、传代、扩增后冻存为主种子批；主种子批经复苏、传代、扩增后冻存为工作种子批，工作种子批用于生产。在生产过程中必须按照国家规定的各级种子批允许传代的代次传代，且对菌种的管理要符合《中国药典》（2020 年版）中《生物制品生产检定用菌毒种管理规程》的规定。三级种子批的建立过程如图 2-3 所示。

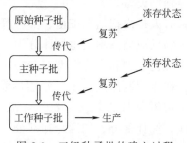

图 2-3　三级种子批的建立过程

三级种子批的建立可以为生产提供大量的、安全稳定的生产用菌种，以避免或减少菌种的污染及因菌种传代过多而导致的遗传变异，对生物制品的安全性、稳定性、可控性都是非常重要的。

2. 种子扩大培养

生物制品发酵生产中，要采用工作种子批的种子进行生产。而工作种子批的种子，必须要经过扩大培养，达到接种的最适接种数量后，才能进行发酵生产。

菌种的扩大培养过程实际就是种子数量逐级放大的过程，通常包括实验室种子制备阶段、生产车间种子制备阶段两个阶段（图2-4）。

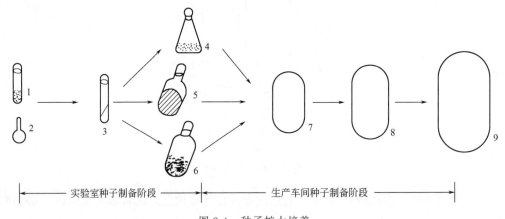

图 2-4　种子扩大培养

1—砂土孢子；2—冷冻干燥孢子；3—斜面孢子；4—摇瓶液体培养（菌丝体）；
5—茄子瓶斜面培养；6—固体培养基培养；7,8—种子罐培养；9—发酵罐

种子扩大培养的步骤：在实验室种子制备阶段，冻存的工作种子首先在斜面培养基中进行复苏培养，然后接种至克氏瓶固体培养基或摇瓶培养基中进行传代，扩大培养；进入生产车间种子制备阶段，接种至一级种子罐传代，进一步扩大培养，视情况确定扩大级数，完成生产用种子的制备；最后种子转种至发酵罐进行发酵生产。

通常，生产中使用对数生长期末期的菌种接种到发酵罐中，因其活力强、菌体浓度相对较高，不但可以缩短发酵迟滞期、缩短发酵周期、提高设备利用率，还可以减少染菌的机会。

四、发酵设备

发酵所涉及的主要设备是发酵罐，发酵过程中还需要无菌空气系统、培养基配制和灭菌系统、补料系统、管道、阀门等辅助设备。

发酵罐也称为生物反应器。有人提出把培养细菌、酵母等微生物的容器称为发酵罐，而把培养动植物细胞的容器称为生物反应器，本文也按此分类。

发酵罐的类型与发酵类型、工艺类型和产物类型有关，主要有机械搅拌通风发酵罐、气升式发酵罐及自吸式发酵罐等。在生物制品生产中，常用的发酵罐为机械搅拌通风发酵罐，因其为最常用的发酵罐，占了发酵罐总数的 $70\%\sim80\%$，故又常称之为通用式发酵罐。通用式发酵罐的基本结构包括罐体、搅拌部分、加温冷却部分、通气部分、进出液部分、检测和控制部分、管线和接头部分等，为微生物的液体深层培养提供了可控的生产环境。

发酵罐的灭菌方式有两种，一种为实罐灭菌，一种为空罐灭菌。实罐灭菌是指将配制好的培养基通入到发酵罐或者其他容器中，对培养基和发酵罐（容器）一起灭菌的方式，也称为实消。其灭菌方式同培养基的分批灭菌（间歇灭菌）。空罐灭菌是指培养基没有通入到发酵罐之前就对发酵罐进行高压蒸汽灭菌的灭菌方式。其操作方法基本同实罐灭菌，一般维持罐压 0.15～0.2MPa，罐温 125～130℃，保持 30～45min；要求总蒸汽压力不低于 0.3～0.35MPa，使用气压不低于 0.25～0.3MPa。

五、无菌空气

绝大多数发酵过程是需氧的，发酵全程必须不断地向发酵液中通入氧气，生产中采用通入无菌空气的方式提供。发酵对无菌空气的要求是：无菌、无灰尘、无杂质、无水、无油、正压等。获取无菌空气的方法有多种，如辐射灭菌、化学灭菌、静电除菌、过滤除菌等，工业生产中采用最多的是过滤除菌。过滤除菌就是使空气通过经高温灭菌的介质过滤层，将空气中的微生物等颗粒阻截在介质层中，从而达到除菌的目的。目前常用的过滤介质有棉花、活性炭、超细玻璃纤维、石棉滤纸、PVA 烧结材料过滤介质及烧结金属过滤介质等。

1. 空气过滤除菌的原理

当空气中的微粒随气流通过滤层时，由于滤层纤维的层层阻碍，迫使气流在通过滤层纤维时无数次改变气流的速度和方向，以绕过纤维继续前进，通过滤层纤维对气流中的微粒产生的惯性冲击、阻拦、重力沉降、布朗扩散、静电吸引等作用而把微粒截留在纤维表面上，从而实现过滤的目的。

2. 空气过滤除菌的过程

把空气吸气口吸入的空气先经过粗过滤器，以除去大颗粒和微生物，然后进入空气压缩机进行压缩，从空气压缩机出来的空气（一般压力在 0.2MPa 以上，温度为 120～160℃）先冷却至适当温度（20～25℃），通过油水分离器将空气中被冷凝成雾状的水雾和油雾粒子除去，再加热至 30～35℃，最后通过总空气过滤器和分过滤器（有的不用分过滤器）除菌，从而获得洁净度、压力、温度和流量都符合工艺要求的灭菌空气。一般地，空气净化采取如图 2-5 所示的工艺流程。

六、发酵过程控制

发酵过程中的控制参数有物理参数（如温度、压力、搅拌速度、空气流量、黏度、浊度等）、化学参数（如 pH、基质浓度、溶解氧浓度、氧化还原电位、产物浓度等）和生物参数（如菌丝形态、菌体浓度等）等。发酵过程的检测多数为在线检测，通过传感器检测出相应的信号，再通过变送器将其转化为标准的电信号传递给计算机，计算机通过控制软件的操作程序控制调节机构对各个需要控制的参数进行及时调控，从而实现发酵过程的在线控制。这里只介绍几种最重要的控制参数：温度、pH、溶解氧、泡沫等。

1. 温度

微生物的生长、维持和产物合成都是在一系列酶的催化作用下进行的，因此，温度对发酵的影响主要体现在对酶活性的影响上。不同的微生物最适的生长温度和最适的产物合成温度都是不同的，因此，要根据发酵的不同阶段对温度的不同需求进行调节，使其达到最适温

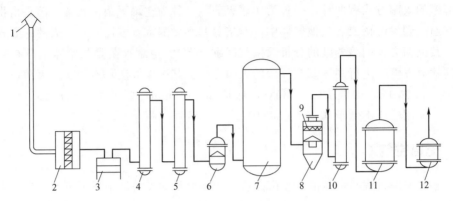

图 2-5 空气净化工艺流程

1—空气吸气口；2—粗过滤器；3—空气压缩机；4——级空气冷却器；
5—二级空气冷却器；6—分水器；7—空气储罐；8—旋风分离器；
9—丝网过滤器；10—空气加热器；11—总空气过滤器；12—分过滤器

度范围。如重组乙型肝炎疫苗生产中对重组酵母的发酵，在不同的发酵阶段，控制不同的发酵温度：发酵前期为 27℃、中期为 33℃、后期为 25℃，才能达到最佳的发酵效果。

发酵液的温度变化受生物热、搅拌热、蒸发热和辐射热的影响，用公式表示为：$Q_{发酵} = Q_{生物} + Q_{搅拌} - Q_{蒸发} - Q_{辐射}$。

工业生产上，在发酵过程中通常不需要加热，因为发酵中释放了大量的发酵热，发酵液的温度往往高于发酵的最适温度，因此需要进行冷却。通常是在发酵罐的夹层或蛇形管中通入冷却水来进行温度调节的。

2. pH

发酵液的 pH 对微生物的生长具有明显影响，pH 也对发酵过程中各种酶的活性有影响。不同的发酵微生物都有各自的最适生长 pH，如细菌的最适生长 pH 为 7.0~8.0，酵母菌的最适生长 pH 为 3.8~6.0，控制一定的 pH 值，不仅能保证微生物的生长，而且能防止杂菌污染。

产物合成阶段的最适 pH 值和微生物生长阶段的最适 pH 值往往不一定相同，这不仅与菌种特性有关，还取决于产物的化学特性。

发酵过程中，控制发酵液的 pH 值是控制生产的指标之一，pH 值过高、过低都会影响微生物的生长繁殖以及代谢产物的积累。对于 pH 的控制，首先要考虑和确定发酵培养基的基础配方，使它们有一个适当的配比，使发酵过程中的 pH 变化在合适的范围内；其次可以通过补料［补加生理酸性物质 $(NH_4)_2SO_4$ 和生理碱性物质氨水］的方式来控制，如当发酵液的 pH 和氨氮含量都低时，补加氨水，就可达到调节 pH 和补充氨氮的目的；反之当 pH 较高、氨氮含量又低时，就补加 $(NH_4)_2SO_4$。当补料不能调节 pH 时，可以直接补加酸或碱来控制。

3. 溶解氧

由于微生物只能利用溶解在水中的氧，故而溶解氧是需氧发酵控制的最重要的参数之一。氧在水中的溶解度很低，必须通过不断地通气和搅拌，才能满足微生物对氧的需求。溶解氧会影响微生物的生长、合成产物的性质及产量，因此必须考查发酵的临界氧浓度和最适氧浓度，并且使发酵过程始终保持在最适溶解氧浓度下。可以通过调节搅拌转速或通气速率来控制供氧，同时控制发酵中微生物的浓度以达到最适的菌体浓度，从而保证供氧和需氧的平衡。

4. 泡沫

在多数微生物的发酵中，由于培养基中有蛋白质等起泡性物质的存在，在通气条件下，培养液中会形成泡沫。泡沫会带来许多不利的影响，如发酵罐的装料系数减少、氧传递系数减小等。泡沫过多时，会造成大量逃液，发酵液从排气管路或轴封逃出而增加染菌机会，严重时会导致代谢异常或菌体自溶。所以，控制泡沫乃是保证正常发酵的基本条件。

泡沫的控制可以通过调整培养基中的成分（如少加或缓加易起泡的原材料）、改变某些物理化学参数（如 pH、温度、通气的搅拌）、改变发酵工艺（如采用分次投料）以减少泡沫形成的机会来实现。但这些方法的效果有一定的限度。采用机械消泡和化学消沫剂消泡相结合的方法来消除泡沫，是公认的比较好的方法。

最简单的机械消泡是利用发酵罐内的耙式消泡桨转动产生的剪切力打碎泡沫。化学消泡时常加入消泡剂（常为表面活性剂）使泡沫破裂。常用的消泡剂主要有天然油脂类、高碳醇、脂肪酸和酯类、聚醚类、硅酮类 5 大类，其中以天然油脂类（如豆油）和聚醚类（如泡敌）最为常用。

在发酵过程中，最大的危险就是染菌。一旦染菌，轻则降低了产量，严重的更会使整个生产都会报废。在发酵过程中，防止染菌可以从以下几个方面进行控制：使用无污染的纯粹种子；使用的培养基和设备须无菌；需氧培养中使用的空气必须无菌；培养过程中加入的物料应经过灭菌；设备应严密，发酵罐维持正压环境；发酵过程中的所有操作都要进行无菌操作等。

学习内容四　病毒培养技术

病毒培养在生物制品生产中应用得非常广泛，如制备病毒性疫苗（减毒活疫苗、灭活疫苗、亚单位疫苗、基因工程疫苗等）、用病毒抗原制备免疫血清（抗体）以及制备干扰素的病毒诱生剂（如新城疫病毒、仙台病毒）等。因此，大量培养病毒是生物制品生产中的关键一环，病毒培养技术就成为生产所需要具备的基本操作技术之一。

由于病毒不具有细胞结构，其基本结构只是由蛋白质和核酸组成，不含核糖体和完整的酶系统，因此它必须寄生在细胞内，借助宿主细胞为其提供原料与能量，才能够复制和增殖。在生产中，须将其接种到活细胞中，通过培养细胞来间接培养病毒，使其在细胞中大量增殖。因此，实验动物、鸡胚以及体外培养的器官和细胞就成为人工增殖病毒的基本工具。

常用的病毒培养方法有动物接种培养、鸡胚接种培养和细胞培养法等。动物接种培养、鸡胚接种培养是培养病毒最早应用的方法，但自从 20 世纪 50 年代病毒的细胞培养法出现以后，前两种方法已降到次要地位，主要用于部分病毒的分离鉴定、免疫血清的制备以及病毒致病性、免疫性、发病机制和药物药效检测等方面。

一、动物接种培养

这是最原始的病毒培养方法，主要用于分离鉴定病毒或通过传代增殖或减弱病毒毒力制备免疫血清。

1. 动物的选择

要选择对所培养的病毒最敏感的实验动物的品种和品系，常用的有小白鼠、大白鼠、豚鼠、仓鼠、地鼠、家兔、羊、猴、马等。同时，为了避免动物自身携带的病毒污染，《中国药典》（2020年版）"凡例"中也作出了相应的规定：生产用菌、毒种需用动物传代时，应使用SPF（无特定病原体）级动物。检定用动物，应符合"生物制品生产与检定用实验动物质量控制"的相关要求，并规定日龄和体重范围；除另有规定外，均应用清洁级或清洁级以上的动物，小鼠至少应来自封闭群动物或近交系动物；生产用马匹应符合《中国药典》（2020年版）中"人用马免疫血清制品总论"相关要求等。

2. 病毒接种

接种的途径有皮下注射、皮内注射、静脉注射、肌内注射、腹腔注射和脑内注射等，可根据病毒的易感部位来选择适当的接种途径和剂量。

3. 病毒的培养与收获

接种后每日观察动物的发病情况，如动物死亡，则取病变组织制成病毒悬液，继续接种动物以进一步传代，从而使病毒大量繁殖。如将狂犬病病毒接种到鼠、兔、羊脑内培养后收取脑组织制成狂犬病病毒悬液。

二、鸡胚接种培养

鸡胚是正在发育中的活体，其组织分化程度低、细胞活性强，多种动物病毒（如流感病毒、腮腺炎病毒、疱疹病毒及脑炎病毒等）都能在鸡胚中增殖和传代。该培养方法常用于病毒的分离、鉴定，抗原和疫苗的制备以及病毒性质的研究等。

1. 鸡胚的选择

生产中常选用来源于健康SPF鸡群的9～11日龄的活鸡胚。

2. 病毒接种

病毒的鸡胚接种方式有：尿囊腔接种法、卵黄囊接种法、绒毛尿囊膜接种法和羊膜腔接种法，可根据病毒的特性选择适宜的接种方式及剂量（图2-6）。

3. 病毒的培养

病毒接种后用无菌的蜡液熔封，放入孵箱中继续培育一定时间，培养条件一般为：温度38～39℃、相对湿度60%～70%。

4. 收获病毒

收毒前，将鸡胚气室朝上放置于4℃冰箱过夜，收缩血管，防止出血。根据接种途径的不同，收获相应的材料。如绒毛尿囊膜接种，收获接种部位为绒毛尿囊膜；尿囊腔接种，收获尿囊液；卵黄囊接种，收获卵黄囊或胚体；羊膜腔接种，收获羊水。

鸡胚接种培养操作时要注意防止污染，选择适宜的接种途径和培养条件，并且每天要认真观察，及时收获病毒。

三、细胞培养法

用病毒感染活细胞来进行病毒培养的方式称为病毒的细胞培养法。细胞培养法适用于绝

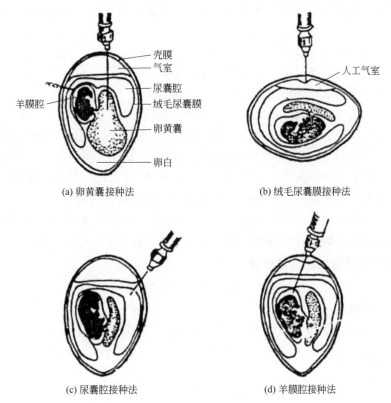

(a) 卵黄囊接种法　　　　　　　　(b) 绒毛尿囊膜接种法

壳膜
气室
尿囊腔
绒毛尿囊膜
卵黄囊
卵白
羊膜腔

人工气室

(c) 尿囊腔接种法　　　　　　　　(d) 羊膜腔接种法

图 2-6　鸡胚接种法

大多数病毒的生长。它是目前生产中最常用的病毒培养方式之一。

1. 细胞的选择

要选择对病毒最敏感的细胞作为病毒培养的基质，对培养细胞的要求要符合《中国药典》（2020 年版）中"生物制品生产检定用动物细胞基质制备及质量控制"的规定。生物制品生产中用于病毒培养的细胞有原代细胞（如培养麻疹病毒的原代鸡胚细胞）、二倍体细胞（如 MRC-5、2BS 细胞）和传代细胞（Vero 细胞）。

2. 病毒接种

病毒接种的方式有单层细胞感染、病毒与单细胞悬液混合接种、含病毒细胞传代扩增、含病毒细胞与单细胞悬液混合接种四种方式，其中前两种比较常用。

(1) 单层细胞感染　先将细胞培养成单层，然后接种病毒的方式。

(2) 病毒与单细胞悬液混合接种　先制备单层细胞，然后消化，制成细胞悬液，再接种病毒。

(3) 含病毒细胞传代扩增　将已经被病毒感染的单层细胞传代，扩大培养。

(4) 含病毒细胞与单细胞悬液混合接种　将已经被病毒感染的单层细胞悬液和未被病毒感染的单层细胞悬液混合，然后再进行扩大培养。

3. 病毒的培养与收获

在适宜的条件下培养细胞，观察病毒增殖情况，及时收获病毒。

多数病毒感染细胞后可引起该细胞发生形态变化，称之为细胞病变（CPE），这是病毒培养细胞中病毒增殖的指标。其形态变化大体可分为四种情况：①细胞圆缩，最后从附着的瓶壁上脱落（如痘病毒、单纯疱疹病毒等）；②细胞溶解（如脊髓灰质炎病毒）；③形成融合细胞（如麻疹病毒、腮腺炎病毒、流感病毒等）；④形成包涵体（如疱疹病毒、麻疹病毒等）。可以根据CPE的程度（有4个等级，分别为＋、＋＋、＋＋＋、＋＋＋＋）推断病毒繁殖的水平，以便于在病毒增殖到最高点时收获病毒。

例如，脊髓灰质炎活疫苗生产时，在猴肾单层细胞感染病毒开始出现病变（细胞变圆）后24h会达到完全病变（CPE为＋＋＋＋），病毒增殖量达到最高峰，而病毒滴度的高峰点在CPE＋＋＋＋后4h，这样收获病毒的时间就可以定在CPE出现＋＋＋＋或稍前为宜。

对于病变不明显的病毒制品，往往没有直观的CPE可依据，只能根据以往测定的细胞感染后病毒在细胞中累积的抗原达到最大程度的培养时限收获病毒。

对于释放型病毒，收获细胞培养液即可；对于细胞内病毒，必须破碎细胞使病毒释放出来。可以通过反复冻融的方式使细胞破碎，离心去除细胞碎片而获得病毒。

4. 病毒的细胞培养法的操作步骤

以释放型病毒为例，病毒的细胞培养法操作步骤如下。

（1）单层细胞感染

① 镜下认真观察生长至单层的Vero细胞的形态，并确定无污染。

② 开启工作种子，按$0.01\sim0.1$MOI（感染复数）或终浓度为每毫升$4.5\sim5.5$lg LD_{50}的量接种。

③ 小心混匀后，置$33\sim35$℃培养$24\sim48$h。

④ 弃旧的生长液，更换病毒维持液，置$33\sim35$℃继续培养96h。

⑤ 选择无污染的细胞培养物，无菌收获上清液。

（2）病毒与单细胞悬液混合接种

① 镜下认真观察生长至单层的Vero细胞的形态，并确定无污染。

② 制备单细胞悬液，同一细胞批合并至一个或几个容器中，计数。

③ 开启工作种子，按$0.01\sim0.1$MOI或终浓度为每毫升$4.5\sim5.5$lg LD_{50}的量接种至单细胞悬液中，混匀。

④ 按1∶4分种率接种细胞培养瓶，置37℃培养至单层。

⑤ 弃旧的生长液，更换病毒维持液，置$33\sim35$℃继续培养96h。

⑥ 选择无污染的细胞培养物，无菌收获上清液。

（3）含病毒细胞传代扩增

① 取无污染、细胞生长良好的前述感染病毒后的单层细胞。

② 弃旧的生长液，细胞表面用PBS溶液洗涤后，加入消化液作用适宜时间，弃消化液，加入细胞生长液制备成单细胞悬液。

③ 按1∶4分种率接种细胞培养瓶，置37℃培养至单层。

④ 弃旧的生长液，更换病毒维持液，置$33\sim35$℃继续培养96h。

⑤ 选择无污染的细胞培养物，无菌收获上清液。

（4）含病毒细胞与单细胞悬液混合接种

① 取无污染、细胞生长良好的前述感染病毒后的单层细胞及适量未感染病毒的单层细胞。

② 弃旧的生长液，细胞表面用PBS溶液洗涤后，加入消化液作用适宜时间，弃消化

液，加入细胞生长液制备成单细胞悬液。

③ 合并两种细胞并按 1：4 分种率接种细胞培养瓶，置 37℃ 培养至单层。

④ 弃旧的生长液，更换病毒维持液，置 33～35℃ 继续培养 96h。

⑤ 选择无污染的细胞培养物，无菌收获上清液。

学习内容五　细胞培养技术

细胞培养技术在生物制品生产中被广泛应用，如病毒性疫苗的制备。细胞是病毒性疫苗的生产基质，病毒必须要寄生于细胞内才能复制、增殖；而单克隆抗体的生产是通过大量培养杂交瘤细胞来实现的；在其他基因工程药物的生产中，如重组人促红细胞生成素注射液，也是通过培养 CHO 细胞来进行的。因此，细胞培养技术是生物制品生产中非常关键的技术之一。细胞培养技术涵盖的内容很多，这里只介绍在研究生产生物制品中运用到的细胞培养的有关技术。

一、细胞培养的基本概念

细胞培养是一种体外培养技术。体外培养是指将活体结构成分（如活体组织、活体细胞及活体器官等）甚至活的个体从体内或其寄生体内取出，置于类似于体内生存环境的体外环境中使其生长和发育的方法，包括器官培养、组织培养和细胞培养。

细胞培养是指将活细胞（尤其是分散的细胞）在体外进行培养的方法。其培养物为单个细胞或细胞群，培养后的细胞不再形成组织。

二、细胞的类型

1. 根据是否贴附在支持物上生长分类

可分为贴附型细胞和悬浮型细胞两大类。

（1）贴附型细胞　在培养时能贴附在支持物表面生长的细胞。大多数培养细胞呈贴附型生长，依赖于贴附才能生长的细胞称为贴附型细胞。

（2）悬浮型细胞　在培养时不贴附于支持物上，而呈悬浮状态生长的细胞，如某些癌细胞和白细胞。

2. 根据培养细胞的生命周期分类

可分为三种类型，即原代细胞、二倍体细胞和传代细胞。

（1）原代细胞　原代细胞指从体内取出的组织，接种培养后的第 1 次培养物，即用胰蛋白酶将人胚（或动物）的组织分散成单细胞，加一定培养液，37℃ 孵育 1～2 天后逐渐在培养瓶底部长成单层细胞。如原代鸡胚细胞可作为麻疹减毒活疫苗病毒培养的生产基质。

（2）二倍体细胞　原代细胞只能传 2～3 代，细胞就会退化，少数细胞能继续传下来，且保持染色体数为二倍体，称为二倍体细胞。二倍体细胞需满足以下三个特点才能称为是二倍体细胞：①具有正常二倍体（$2n$）染色体的数目，核型正常；②在培养条件下，不能无限期分裂繁殖，为有限生命；③没有肿瘤原。如人胚肺二倍体细胞株 KMB17 和 2BS，是我国 20 世纪 70 年代建立的，可传 50 代或更多的代数，可作为多种病毒培养基质。

（3）传代细胞 细胞株在传代过程中发生转化（永生性或恶质性），使细胞变成了可在体外无限传代的异倍体细胞。其特点是可无限传代；染色体组型为异倍体；组织分化性消失。如 Vero 细胞，即非洲绿猴肾细胞，是一种贴壁依赖型成纤维细胞，可持续地进行培养，已被世界卫生组织批准广泛用于疫苗生产以及多种病毒的增殖。

三、细胞培养用液

培养用液是维护组织细胞生存、生长及进行细胞培养各项操作过程中所需的基本溶液，主要包括生理平衡盐溶液、细胞培养液、杂用液（其他培养用液）三大类。细胞培养液又分为天然培养液与合成培养液。

1. 生理平衡盐溶液

（1）基本作用 主要是由无机盐、葡萄糖组成，可维持渗透压和适宜 pH 值，供给无机离子元素和一些养分。

（2）常用种类 常用的有 Hank's 平衡盐溶液、Earle's 平衡盐溶液和 PBS 平衡盐溶液。这三种生理平衡盐溶液的特点与作用范围如表 2-2 所示。

表 2-2 三种生理平衡盐溶液的特点与作用范围

盐溶液	$NaHCO_3$ 含量	缓冲能力	pH 变动	适用范围
Hank's	小	较弱	小	适用于原代细胞培养或代谢缓慢的细胞培养
Earle's	大	较强	较大	适用于多种细胞培养
PBS	无或小	较强	小	可作为细胞洗液或稀释液

2. 细胞培养液

细胞培养液是培养细胞用的营养液，是以生理平衡盐溶液为基础，补加细胞生长所需的氨基酸、单糖、维生素、无机离子与微量元素、促生长因子及激素等营养成分而成。

（1）按照细胞培养液的成分分类 可分为合成培养液和天然培养液两类。

① 合成培养液 是用已知化学成分的营养物质组合而成，适用于多种细胞培养的需要。其主要成分是氨基酸、维生素、碳水化合物、无机盐和其他一些辅助物质。常用的有以下四种：

a. 199 培养液 适用细胞范围广，多用作病毒培养液。

b. MEM、DMEM 多数细胞都适用。

c. F_{12} 培养液 多用于单个细胞培养和无血清培养液的基础液。

d. RPMI-1640 培养液 适用于人的白血病细胞悬浮培养、外周血白细胞的培养等。

② 天然培养液

a. 乳白蛋白水解物 适用细胞范围广，可作为生长液或维持液。

b. 牛血清 对细胞培养是不可缺少的重要物质，含有激素、生长因子、结合蛋白、贴壁因子等，能促进细胞的生长和增殖，以胎牛血清质量最好。

（2）按照细胞培养液的用途分类 可分为生长液和维持液。

① 生长液 是培养细胞生长、分裂、增殖的细胞培养液，除无蛋白培养液外，都必须有血清。血清用量因细胞、基础培养液及血清质量的不同而不同。常用于细胞传代、细胞制备等。

② 维持液　是仅用于维持细胞正常代谢，不支持细胞分裂的细胞培养液，一般需维持 1 周以上。原则上是生长液中减少或不含血清，常用于病毒繁殖阶段。

由于细胞培养液是细胞赖以生存的环境，制备过程要操作严格，避免混入杂质；使用的成分应精心选择，必须用质量最优的试剂，容器要仔细清洗和消毒。制备好的细胞培养液要标注上名称、配制日期，妥善贮存。

3. 杂用液

(1) 消化液　常用的消化液有胰蛋白酶和乙二胺四乙酸二钠（EDTA-2Na）。

① 胰蛋白酶　主要作用是使细胞间的蛋白质水解，使细胞分散。在 pH 8.0、温度 37℃ 时作用最强。Ca^{2+}、Mg^{2+} 的存在和血清、蛋白质的存在会降低其活力，故要使用不含 Ca^{2+}、Mg^{2+} 的溶液配制，可加入血清，终止其对细胞的消化作用。

② 乙二胺四乙酸二钠　EDTA-2Na 是一种二价阳离子的螯合剂，通过螯合，去除液体中的 Ca^{2+}、Mg^{2+}，从而破坏细胞的连接，使细胞解离。其毒性小，价格低廉，对细胞的解离作用较强，用于传代细胞（特别是贴壁特别牢固的细胞）的消化。EDTA-2Na 的作用不能被血清所终止，消化后要彻底清洗，否则会造成消化过度而损伤细胞。

也可以将胰蛋白酶和 EDTA-2Na 联合起来使用，分散细胞的效果会更好。

(2) pH 调节液　合成培养基大都呈弱酸性，而细胞生长最适 pH 为 7.2～7.4，故需要调节溶液的 pH。常用的 pH 调节液为 $NaHCO_3$。但为了营养成分的稳定和延长贮存时间，在配制细胞培养液时通常都不预先加入，而是使用前再加入。$NaHCO_3$ 需单独配制，高压灭菌。

(3) 抗生素溶液　为了防止制备及细胞培养中由于操作不当所造成的细胞污染，可以在细胞培养液中加入适量的抗生素。对抗生素的使用要符合《中国药典》（2020 年版）中"凡例"的规定。

① 除另有规定外，不得使用青霉素或其他 β-内酰胺类抗生素。

② 生产过程中，应尽可能避免使用抗生素，必须使用时，应选择安全性风险相对较低的抗生素，使用抗生素的种类不得超过 1 种，且产品的后续工艺应保证可有效去除制品中的抗生素，去除工艺应经验证。

③ 成品中严禁使用抗生素作为抑菌剂。

④ 生产过程中使用抗生素时，成品检定中应检测抗生素的残留量，并规定残留量限值。

4. 细胞培养用液的灭菌

配制液体所需用具均需进行灭菌处理。灭菌的方式有高压蒸汽灭菌和过滤除菌。

(1) 高压蒸汽灭菌

① 配制液体所用注射用水，须用干热灭菌的容器盛装，经 121℃ 蒸汽灭菌 60min，晾凉待用。

② 严格按照液体配方，将精确称量的试剂在灭菌容器内用全量灭菌注射用水溶解，待其完全溶解后再用灭菌注射用水补至全量，灭菌注射用水加至全量＋5％蒸发量。

③ 采用专用瓶塞，或由内到外依次为：双层灭菌铝箔或灭菌硫酸纸、双层灭菌牛皮纸、一层瓶口布，扎牢，117℃ 蒸汽灭菌 40min。

(2) 过滤除菌　应用孔径不大于 $0.22\mu m$ 的灭菌滤器（灭菌滤膜或灭菌滤柱）。一次性灭菌滤器应在其有效期内使用；非一次性灭菌滤器在安装完毕后，应经 117℃ 蒸汽灭菌

40min，晾凉后使用。

四、细胞培养的类型

1. 根据细胞的生长方式分类

细胞培养可分为贴壁培养和悬浮培养两大类。

(1) 贴壁培养　指细胞贴附在一定的固相表面进行的培养。

① 生长特性　贴壁依赖型细胞在培养时要贴附于培养器皿（瓶）壁上，细胞一经贴壁就迅速铺展，然后开始有丝分裂，并很快进入对数生长期。一般数天后就铺满培养器皿（瓶）表面，并形成致密的细胞单层。

② 贴壁培养的优点

a. 容易更换培养液，细胞紧密黏附于固相表面，可直接倾去旧培养液，清洗后直接加入新培养液。

b. 容易采用灌注培养，从而达到提高细胞密度的目的。因细胞固定于表面，不需过滤系统。

c. 当细胞贴壁于生长基质时，很多细胞将更有效地表达一种产品。

d. 同一设备可采用不同的培养液/细胞的比例。

e. 适用于所有类型的细胞。

③ 贴壁培养的缺点　与悬浮培养相比，贴壁培养的缺点有 3 个。

a. 扩大培养比较困难，投资大。

b. 占地面积大。

c. 不能有效监测细胞的生长。

(2) 悬浮培养　悬浮培养就是指培养装置在外力（振荡、旋转、搅拌）作用下，使细胞在培养基中一直处于悬浮状态进行生长。在悬浮培养中，类淋巴细胞研究得最多。贴壁生长的肿瘤细胞需在悬浮培养中适应一段时间后，才能在悬浮状态下增殖。

2. 按照培养细胞的类型分类

细胞培养可分为原代培养和传代培养。

(1) 细胞的原代培养　从机体剖取的组织细胞在培养瓶内培养，不经传代，称为细胞的原代培养。细胞原代培养的方法很多，现只介绍单层细胞培养。

组织块经适宜的方法分散后，单细胞贴附于培养瓶壁上，长出一层新生细胞，即为单层细胞培养。其操作方法如下。

① 细胞分散　即将组织块中细胞间的联系破坏，使细胞分散，制备成细胞悬液的过程。细胞分散的方法很多，主要有以下三种。

a. 化学分散法　是使用胰蛋白酶或者胶原酶进行消化的方法。使用时要注意消化剂作用的温度和时间，要灵活控制，适度消化。

b. 机械分散法　将组织块切碎、加压、过筛，分散细胞，成为单个细胞成团块的混合体。这种方法分散细胞，机械损伤较多，但不需外加化学药物，可不受其影响。

c. 吸管吹打分散法　消化剂作用一段时间后，组织团块已经比较疏松，此时去除消化剂，再用吸管吹打的方法分散细胞，常和化学分散法联合使用。吹打时注意控制吹打力度，不能过大或者过小，以免损伤细胞或者分散不彻底。

② 细胞培养 将制备好的细胞悬液接种于细胞培养瓶中进行培养。注意接种的细胞数目要适当，一般类上皮细胞为 $(1\sim3)\times10^5$ 个/ml 或 $(1\sim2)\times10^5$ 个/cm² 培养面积，37℃培养至长成单层。此单层细胞即为原代细胞。

将长成单层的原代细胞再通过消化剂进行分散，使其从细胞培养瓶壁上脱落下来，吹打，使细胞进一步分散，制备成单细胞悬液，再以 1∶2～1∶4 的比例分种到细胞培养瓶中，加入生长液进行培养，3～7 天后可以长成单层细胞，称为二代细胞培养。有时可传至第三代，其与原代细胞具有同样的形态和使用价值。

(2) 细胞的传代培养 当原代细胞培养成功以后，随着培养时间的延长和细胞的不断分裂，一则细胞之间相互接触而发生接触性抑制，生长速度减慢甚至停止；二则细胞会因营养物不足和代谢产物积累而不利于其生长或发生中毒。此时就需要将培养物分割成小的部分，重新接种到另外的培养器皿（瓶）内，再进行培养，此即为传代培养。对单层细胞而言，80%汇合或刚汇合的细胞是较理想的传代阶段。

传代培养主要包括细胞分散和细胞培养两个过程，其方法大体和细胞的原代培养相同。但二倍体细胞和传代细胞传代代次的计算不太一致。如按照 1∶4 的比例分种进行传代培养，对于传代细胞来说，每进行一次传代操作即为传一代，即传了 1 代；而对于二倍体细胞来说，以细胞群体倍增作为寿命计算单位，则细胞传了 2 代（培养面积或数目增加了 4 倍）。

五、生产中细胞的大规模培养

生物制品生产中需要对细胞进行大规模的培养，以获得足够用的细胞基质，用于病毒的增殖或者产物的合成。生产中对细胞的相关要求要符合《中国药典》（2020 年版）中"生物制品生产检定用动物细胞基质制备及质量控制"的规定。

1. 三级细胞库的建立

用于生物制品生产的细胞系/株均须通过全面检定，具有细胞系/株的来源、培养历史等资料，并经国务院药品监督管理部门批准。神经系统来源的细胞不得用于生物制品的生产。

在细胞的生产使用过程中，要建立细胞库，其目的是为生物制品的生产提供已标定好的、细胞质量相同的、能持续稳定传代的细胞种子。细胞库为三级管理，即原始细胞库、主细胞库及工作细胞库。如为引进的细胞，可采用主细胞库和工作细胞库组成的二级细胞库管理。原代细胞没有细胞库。

原始细胞库应验明其记录、历史、来源和生物学特性，原始细胞库经复苏、传代扩增后冻存为主细胞库；主种子批经复苏、传代扩增后冻存为工作细胞库，工作细胞库用于生产。在生产过程中必须按照国家规定的各级细胞库允许传代的代次传代，且对细胞的管理要符合"生物制品生产检定用动物细胞基质制备及质量控制"的规定。三级细胞库的建立过程如图 2-7 所示。

在细胞库建立的过程中，涉及细胞的复苏、传代、冻存等基本操作，其操作的步骤如下。

(1) 细胞复苏

① 融化

a. 检查目录以确定所需解冻安瓿的位置。

b. 将进行复苏细胞操作时所需的物品准备齐全，标记细胞培养瓶。

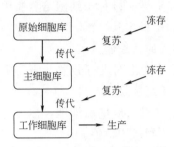

图 2-7　三级细胞库的建立过程

c. 从液氮罐中取出安瓿，确定为所需安瓿后，迅速置 37℃温水中速融。

d. 安瓿内含物解冻后，进一步检查安瓿标记以确证为所需的细胞。经 75％酒精彻底擦拭消毒安瓿后，以无菌方式开启安瓿。

② 接种

a. 将安瓿内含物用移液管移至细胞培养瓶中。

b. 缓慢地加复苏液至细胞悬液中，逐渐稀释细胞和冻存剂，边加边摇。

c. 将细胞培养瓶置 37℃±0.5℃培养。

③ 换液

a. 以 70％酒精擦拭试验所需的试剂及材料容器的外壁。

b. 仔细检查细胞培养物是否有污染或衰退迹象。

c. 将细胞培养物放于无菌工作区。

d. 吸除复苏液。

e. 加入同体积已预热至 37℃的新鲜生长液。

f. 将细胞培养物置于 37℃±0.5℃继续培养。

（2）细胞传代

① 挑选生长状态佳、无污染的单层细胞，弃旧的生长液，加少量消化液，轻轻洗涤细胞表面，弃消化液。

② 细胞培养瓶内加适量消化液，置 37℃±0.5℃孵育，直至细胞变圆隆起，倾斜培养瓶，单层细胞就会从培养瓶表面滑落。

③ 加入生长液（0.1～0.2ml/cm²），用吸管反复吹打单层培养细胞表面，以分散细胞，最后，将吸管的尖端放于培养瓶底角，上下吹打细胞几次。充分上下吹打，以分散细胞，使之处于单细胞悬浮状态。

④ 将单细胞悬液分种至细胞培养瓶中，补加生长液至所需液量。

⑤ 盖紧细胞培养瓶的瓶塞，置 37℃±0.5℃培养。

（3）细胞冻存

① 挑选生长状态佳、无污染的单层细胞，将各瓶细胞培养的上清液样品混合后进行细菌、真菌及支原体检查，弃余下旧的生长液，加少量消化液，轻轻洗涤细胞表面，弃消化液。

② 细胞培养瓶内加适量消化液，置 37℃±0.5℃孵育，直至细胞变圆隆起，倾斜培养瓶，单层细胞就会从培养瓶表面滑落。

③ 加入收集液（0.1～0.2ml/cm²），用吸管反复吹打单层培养细胞表面，以分散细胞，

最后，将吸管的尖端放于培养瓶底角，上下吹打细胞几次。充分上下吹打，以分散细胞，使之处于单细胞悬浮状态。

④ 以 1500r/min 离心 5min，弃收集液。

⑤ 细胞沉淀用冻存液重悬，制备细胞浓度约为每毫升含 3.5×10^6 个活细胞的细胞悬液。

⑥ 将细胞悬液分装至事先标记好的安瓿中，每支 1.0ml，封口。

⑦ 将安瓿装入冻存盒，置 $-80℃$ 以下过夜。

⑧ 次日转至液氮中保存。

2. 细胞的大规模培养

细胞的大规模培养是指在人工条件下，在细胞生物反应器中高密度、大量培养细胞，用于生产生物制品的技术。目前可大规模培养的动物细胞有鸡胚、猪肾、猴肾、地鼠肾等多种原代细胞及人二倍体细胞、CHO（中华仓鼠卵巢）细胞、BHK-21（仓鼠肾细胞）、Vero 细胞等，并应用此项技术成功生产了狂犬病疫苗、甲型肝炎疫苗、乙型肝炎疫苗、红细胞生成素、单克隆抗体等产品。细胞大规模培养常用的方法有悬浮细胞培养、转瓶细胞培养、细胞工厂、微载体细胞培养及中空纤维细胞培养等。

（1）悬浮细胞培养 悬浮培养是指细胞在培养液中呈悬浮状态进行生长繁殖，能连续培养和连续收获的培养技术。悬浮培养是在微生物发酵的基础上发展起来的，多采用发酵管式的细胞培养反应器。由于动物细胞没有细胞壁保护，且不能耐受剧烈的搅拌和通气，因此，在许多方面又与经典的发酵有所不同，如扩大培养比较容易，占地面积小；培养过程简单，细胞增殖快。其缺点是只有少数细胞适合悬浮培养。

（2）转瓶培养系统 培养贴壁依赖型细胞最初采用转瓶系统培养（图 2-8）。转瓶培养一般用于小量培养到大规模培养的过渡阶段，或作为生物反应器接种细胞准备的一条途径。细胞接种在旋转的圆筒形培养器——转瓶中，培养过程中转瓶不断旋转，使细胞交替接触培养液和空气，从而提供较好的传质和传热条件。转瓶培养具有结构简单、投资少、技术成熟、重复性好、放大只需简单地增加转瓶数量等优点。但也有其缺点，表现

图 2-8 转瓶机转瓶培养

为劳动强度大、占地空间大、单位体积提供细胞生长的表面积小、细胞生长密度低、培养时监测和控制环境条件受到限制等。现在使用的转瓶培养系统包括二氧化碳培养箱和转瓶机两类。

（3）细胞工厂　细胞工厂是一种设计精巧的细胞培养装置，它由一种长方形培养皿样的培养小室组成，这些培养小室通过两条垂直的管道（供应管）分别在两个相邻角处互相连接（图 2-9）。

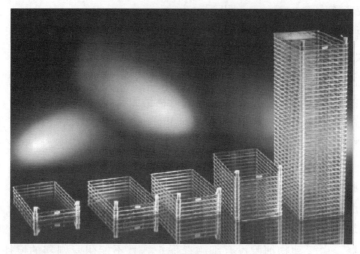

图 2-9　细胞工厂

（4）微载体细胞培养　微载体细胞培养就是加入微载体，使其悬浮在生长液中，这样不能悬浮的细胞就可以贴附在微载体表面上进行生长繁殖。这种培养方式兼顾了单层培养和悬浮培养的优点。

微载体细胞培养的培养容器为特制的生物反应器，微载体和浓细胞悬液等一起加入反应器中，先静置培养利于细胞贴附，然后搅拌培养。

（5）中空纤维细胞培养　中空纤维细胞培养模拟细胞在体内生长的三维状态，利用反应器内中空纤维的布置，提供给细胞近似于生理条件的体外生长微环境，使细胞不断生长。

其优点为：①占地空间少；②细胞产量高，细胞密度可达 10^9 数量级；③生产成本低，且细胞培养维持时间长，适用于长期分泌的细胞。

学习内容六　分离纯化技术

生物制品的生产中，在保证制品安全性的前提下，生产生物制品的关键就是既要设法得到尽可能多的目的物纯品，又要尽最大可能保持其生物活性。由于生物活性物质具有含量低、易变性等特点，因此，生物制品的分离与纯化就显得非常关键。分离纯化技术就是将生物制品的有效成分从发酵液、酶反应液或动植物细胞培养液中提取出来，精制成高纯度的、符合规定要求的生物制品的技术。

生物制品的有效成分多为蛋白质和多糖等生物活性大分子，因此，在生产中常用的分离纯化方法主要有细胞破碎技术、沉淀技术、离心技术、过滤技术和色谱分离技术等。

一、细胞破碎技术

细胞破碎技术是指利用外力破坏细胞壁和细胞膜，使细胞内容物包括目的产物成分释放出来的技术，是分离纯化细胞内合成的非分泌型生物药物的基础。

细胞破碎方法大致可分为机械破碎法和非机械破碎法两大类。常用的机械破碎法包括高压匀浆破碎法、高速搅拌珠磨破碎法、超声波破碎法等；非机械破碎法包括渗透压冲击破碎法、反复冻融破碎法、酶溶破碎法和化学破碎法等。

1. 高压匀浆破碎法

高压匀浆破碎法是利用高压迫使细胞悬液通过针形阀，由于突然减压和高速冲击撞击环使细胞破碎的技术，是大规模破碎细胞的常用方法。

常用的设备是高压匀浆器，它由高压泵和排出阀组成。细胞悬液进入泵体后，在高压下迫使其在排出阀的小孔中高速冲出，并射向撞击环，由于突然减压和高速冲击，使细胞破碎。

增大压力和增加破碎次数都可以提高破碎率，但当压力增大到一定程度后，对匀浆器的磨损较大，重复破碎产生的高温易使蛋白质变性。在工业生产中，通常采用的压力为 $55\sim70\text{MPa}$。高压匀浆器常带有冷却系统使细胞破碎产物及时冷却。

高压匀浆破碎法适用于酵母和大多数细胞的破碎。对于易造成堵塞的团状或丝状真菌以及一些易损伤匀浆阀、质地坚硬的亚细胞器一般不适用。

2. 高速搅拌珠磨破碎法

高速搅拌珠磨破碎法是将细胞悬浮液与玻璃小珠一起高速搅拌，带动玻璃小珠撞击细胞，利用玻璃小珠与细胞之间的互相剪切、碰撞，使细胞破碎。在工业规模的破碎中，常采用高速搅拌珠磨机进行。

此方法适用于绝大多数微生物细胞的破碎，特别是对于有大量菌丝体的微生物和一些有亚细胞器（质地坚硬）的微生物细胞。

3. 超声波破碎法

超声波破碎法是利用超声波振荡器发射的 $15\sim25\text{kHz}$ 的超声波探头处理细胞悬浮液。由于超声波的冲击和振荡，在溶液中产生空化作用，空化泡的急剧膨胀、压缩和内向爆破产生冲击弹性波，将声能转化为机械能，使细胞破碎。

该方法操作方便，破碎率高，但存在的最大问题是在超声过程中产生的大量热量会使生物活性物质变性、失活。因此，在生产中往往采用间断破碎的方式，即经短时间超声波破碎，冷却降温，再进行破碎，经多次反复，达到破碎目的。

此方法适用于球状或近球状细胞的破碎，对丝状菌的破碎效果较差。

4. 渗透压冲击破碎法

渗透压冲击破碎法是一种较温和的破碎方法。其破碎细胞的原理是：将细胞放在高渗透压的溶液中（如一定浓度的甘油或蔗糖溶液），由于渗透压的作用，细胞内水分便向外渗出，细胞发生收缩，当达到平衡后，将介质快速稀释，或将细胞转入水或缓冲液中，由于渗透压的突然变化，胞外的水迅速渗入胞内，引起细胞快速膨胀而破裂。

5. 反复冻融破碎法

反复冻融破碎法一般是将细胞放在低温下快速冷冻，冻结后，取出在室温下融化，然后再冷冻，反复进行，通常需三次以上，从而达到破碎细胞的作用。由于冷冻一方面能使细胞膜的疏水键结构断裂，增加细胞的亲水性能；另一方面，细胞含有大量水分，在快速冷冻时，细胞内的水很快结晶，易形成大量晶核，体积增大，将细胞胀破，从而达到破碎细胞的目的。此法主要适用于大肠杆菌和细胞壁较薄的细菌，特别适用于位于胞间质的酶的释放。

6. 酶溶破碎法

酶溶破碎法是利用酶分解细胞壁上特殊的化学连接键，使细胞壁受到破坏，细胞破碎，细胞内容物流出的方法。如溶菌酶可以专一地分解细胞壁上糖蛋白分子的 β-1,4-糖苷键，使细胞壁破碎。

通常在酶溶前要进行辐射、改变渗透压、反复冻融等处理，增强对酶的敏感性，以增强细胞破碎的效果。

7. 化学破碎法

用相应化学试剂处理可以溶解细胞部分的细胞壁成分，从而释放细胞内容物。如用碱处理细胞，可溶解除细胞壁以外的大部分组分；用乙醇、尿素、异丙醇等有机溶剂可削弱疏水分子间的相互作用；革兰阴性菌在 EDTA（一种螯合剂）的作用下可失去 Mg^{2+} 和 Ca^{2+}，使细胞具有通透性。

在生产中，通常将机械破碎法和非机械破碎法结合起来使用，如可先采用非机械破碎法处理细胞，降低细胞壁的机械强度，再用机械破碎法处理，可增大细胞的破碎率。

二、沉淀技术

通过加入某种试剂或改变溶液的条件，使生物活性物质以沉淀的形式从溶液中沉降析出的技术称为沉淀技术。此技术虽然分辨率较低，但操作简单，成本低，且分离量大，常用于生物制品的粗分离。

在生物制品生产中，常用的沉淀技术主要有：盐析法、有机溶剂沉淀法、等电点沉淀法和选择性变性沉淀法等。

1. 盐析法

在水溶液中加入一定量的中性盐使生物活性物质在水溶液中的溶解度降低，进而沉淀析出的方法称为盐析法。除了蛋白质和酶以外，多肽、多糖和核酸等都可以用盐析法进行沉淀分离，如 $20\%\sim40\%$ 饱和度的硫酸铵可以使许多病毒沉淀，43% 饱和度的硫酸铵可以使 DNA 和 rRNA 沉淀，而 tRNA 保留在上清液中。

（1）原理及特点

① 原理　蛋白质之所以能在水中以稳定的胶体形式存在，是由于蛋白质表面的水化膜和蛋白质同种电荷的排斥作用，而中性盐在水溶液中形成离子对，部分中和了蛋白质的电性，同时中性盐的亲水性比蛋白质大，使蛋白质脱去了水化膜。这样中性盐就恰好可以中和蛋白质表面的电荷以及破坏蛋白质表面的水化膜，使蛋白质分子彼此聚集而沉淀下来（图 2-10）。

② 特点　分辨率较低且需要除盐，但操作简单，成本低，且分离量大，较少变性，适合于生物活性物质的粗提纯。

（2）盐析法的影响因素

① 无机盐的种类　一般高价离子的盐析作用较强，阴离子比阳离子的盐析作用好，尤

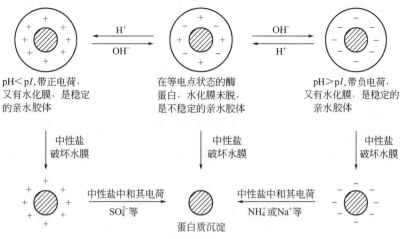

图 2-10　盐析法原理

其是高价阴离子。生产中，硫酸铵、硫酸钠、氯化钠、磷酸钠、磷酸钾等都可以用来进行盐析，但最常用的是硫酸铵。因为它除了具有价廉、一般不会引起蛋白质变性等优点外，还有一个最突出的优点，就是溶解度大，尤其是在低温时仍有相当高的溶解度（0℃时，硫酸铵的溶解度为 70.6g/100ml 水），这对于在低温下进行盐析操作（酶和各种蛋白质通常都是在低温下稳定）是非常有利的。但硫酸铵对金属设备有一定的腐蚀性，在较高的 pH 溶液中（pH＞8.0）会释放氨，应用时应充分考虑。

　　② 溶质（蛋白质等）的种类　蛋白质种类不同，其盐析沉淀所需要的无机盐的量也不同。

　　③ 溶质（蛋白质等）的浓度　一般来说，蛋白质浓度小，需要盐的饱和度就大，其共沉淀作用小，分离纯化效果较好，但回收率低；蛋白质浓度大，需要盐的饱和度就小，但会和其他蛋白质产生共沉淀作用，使分辨率降低。通常认为比较适中的蛋白质浓度是 25～30mg/ml。

　　④ pH 值　蛋白质所带净电荷为零时，它的溶解度最小。因此当溶液的 pH 值达到蛋白质的等电点时，蛋白质的溶解度最低，最易从溶液中析出。因此在盐析时，如果要沉淀某一成分，应将溶液的 pH 值调整到该成分的等电点，如果希望某一成分保留在溶液中不析出，则应使溶液的 pH 值偏离该成分的等电点。

　　⑤ 温度　大多数情况下，在无盐或低盐的溶液中，多数物质的溶解度会随温度的升高而增加。但对于蛋白质、酶和多肽等生物大分子，在高盐浓度下，温度升高，其溶解度反而减小。通常盐析操作在室温下进行即可，但对于对温度敏感的生物活性物质，常在 0～4℃下操作，以避免活力丧失。

　　（3）盐析法操作　盐析时，将盐加入溶液中有两种方式：直接加固体中性盐或者加盐的饱和溶液。前者常用于工业生产，后者多用于实验室或小规模生产中。加入中性盐时要注意缓慢多次加入，充分搅拌，以避免局部浓度过高引起生物活性物质的变性失活。盐析后应放置 30min 以上，然后进行固-液分离，一般低浓度硫酸铵可采用离心分离，高浓度硫酸铵常用过滤的方法。然后对目的物进行脱盐处理，常用的办法有透析、凝胶过滤及超滤等。在整个操作过程中，加入盐的纯度和剂量、加入方法、搅拌的速度、温度及 pH 等参数应严格控制。

中性盐的加入量常用"饱和度"来表示，可通过表 2-3 很方便地查找出将 1L 饱和度为 S_1 的溶液提高到饱和度为 S_2 时所需添加固体硫酸铵的量（g）。

表 2-3　调整硫酸铵溶液饱和度的计算表（25℃）

硫酸铵的初浓度,饱和度/%	在25℃时硫酸铵的终浓度,饱和度/%																
	10	20	25	30	33	35	40	45	50	55	60	65	70	75	80	90	100
	每1000ml溶液加固体硫酸铵的质量/g																
0	56	114	144	176	196	209	243	277	313	351	390	430	472	516	561	662	767
10		57	86	118	137	150	183	216	251	288	326	365	406	449	494	592	694
20			29	59	78	91	123	155	189	225	262	300	340	382	424	520	619
25				30	49	61	93	125	158	193	230	267	307	348	390	485	583
30					19	30	62	94	127	162	198	235	273	314	356	449	546
33						12	43	74	107	142	177	214	252	292	333	426	522
35							31	63	94	129	164	200	238	278	319	411	506
40								31	63	97	132	168	205	245	285	375	469
45									32	65	99	134	171	210	250	339	431
50										33	66	101	137	176	214	302	392
55											33	67	103	141	179	264	353
60												34	69	105	143	227	314
65													34	70	107	190	275
70														35	72	153	237
75															36	115	198
80																77	157
90																	79

2. 有机溶剂沉淀法

往水溶液中加入一定量的亲水性的有机溶剂，可降低生物活性物质的溶解度，进而使其沉淀析出的方法称为有机溶剂沉淀法，多用于蛋白质（酶）、核酸、多糖等生物活性物质的分离纯化，如目前血液制品的生产中多采用低温乙醇沉淀法分离提纯人血白蛋白和免疫球蛋白等血浆蛋白成分。

（1）原理及特点

① 原理　往水溶液中加入亲水有机溶剂后，一方面降低了介质的介电常数，使溶质分子之间的库仑引力增加，彼此更易吸引而聚集形成沉淀；另一方面，由于有机溶剂的亲水性更强，会从蛋白质分子周围的水化层中夺走水分子，破坏蛋白质分子的水化膜，因而发生沉淀。

② 特点　有机溶剂沉淀法的分辨率高于盐析法，且乙醇等有机溶剂的沸点低，易挥发除去并可以回收。但有机溶剂与水互溶后会释放热量，易使蛋白质等生物活性物质变性失活，故操作必须在低温下进行，且需要耗用的有机溶剂量大，成本较高。此外，有机溶剂一般易燃、易爆，需要防护措施。

（2）有机溶剂沉淀法的影响因素

① 有机溶剂的种类　常用的有机溶剂有乙醇、丙酮和甲醇等。其中乙醇是最常用的

沉淀剂，因为它具有沉淀作用强、沸点适中、无毒等优点，常用于蛋白质、核酸、多糖等生物大分子的沉淀。丙酮虽然介电常数小，沉淀作用更强，但因其毒性大，应用受到限制。

② pH 值　等电点时，蛋白质的溶解度最低，因此有机溶剂沉淀时，应选择 pH 值在蛋白质等电点的附近。有少数生物活性物质在等电点附近不稳定，影响其活性，因此还要考虑目的物的稳定性，要选择在其稳定的 pH 范围内。还有一点要特别注意，要尽量避免目的物与杂质带有相反的电荷，以防加剧共沉淀现象的发生。

③ 温度　有机溶剂与水混合时，会放出大量的热量，从而易使蛋白质变性失活。另外，温度还会影响有机溶剂对蛋白质的沉淀能力，一般温度越低，沉淀越完全。因此，在使用有机溶剂沉淀法时，应在低温下进行。

④ 中性盐浓度　较低浓度的中性盐的存在有利于沉淀作用，减少蛋白质变性。一般在有机溶剂沉淀时，中性盐浓度以 0.01～0.05mol/L 为好，既能使沉淀迅速形成，又能对蛋白质或酶起一定的保护作用，防止变性。

⑤ 样品浓度　样品浓度较小时，有机溶剂的投入量和损耗较大，回收率低，但共沉淀作用小；样品浓度较大时，可以节省溶剂的用量，但会增加共沉淀作用，降低分辨率。因此，一般认为蛋白质的初浓度以 0.5%～2% 为好，黏多糖则以 1%～2% 较合适。

⑥ 某些金属离子的助沉淀作用　一些金属离子如 Zn^{2+}、Ca^{2+} 等可与某些呈阴离子状态的生物活性物质形成复合物，使溶解度大大降低但不影响其生物活性，有利于沉淀的形成，并可降低溶剂的用量。

(3) 有机溶剂沉淀法操作　操作前先要选择合适的有机溶剂，将待分离溶液和有机溶剂分别进行预冷，一般蛋白质溶液冷却到 0℃ 左右，有机溶剂预冷到 -10℃ 以下。然后注意调控样品的浓度、温度、pH 和中性盐的浓度，使之达到最佳的参数控制范围。由于高温度的有机溶剂易引起蛋白质变性失活，因此必须在低温下进行，同时加入有机溶剂时应注意少量多次加入，并应搅拌均匀以避免局部浓度过大使目的物变性。作用一定时间后过滤或离心，即可分离得到固体目的物沉淀。沉淀应立即用水或缓冲液溶解，以降低有机溶剂的浓度，同时进行下一步的分离。如果不能立即溶解，则应尽可能地抽真空，以减少其中有机溶剂的含量，以免影响目的物的生物活性。

3. 等电点沉淀法

对于两性物质，当溶液的 pH 达到其等电点 pI 时，该物质的溶解度最低。不同的两性物质，pI 不同，可依次改变溶液的 pH，将不同的物质分别沉淀析出，达到分离纯化的目的，这样的分离纯化方法称为等电点沉淀法。

此方法只适用于水化程度不大、在 pI 时溶解度很低的两性物质，如酪蛋白。对于亲水性很强的两性物质，在 pI 及 pI 附近仍有相当的溶解度，用该法沉淀不完全，且许多生物分子的 pI 很接近，因此很少单独使用，往往与盐析法、有机溶剂沉淀法或其他沉淀方法结合使用。但使用时必须注意溶液的 pH 首先要不影响目的物的稳定性。

此方法主要用于在分离纯化过程中的除杂，而不用于沉淀目的物。如在工业生产胰岛素时，先调 pH 至 8.0 去除碱性杂蛋白，再调 pH 至 3.0 去除酸性杂蛋白。粗提液经这样处理后纯度会大大提高，有利于后面的操作。

4. 选择性变性沉淀法

选择性变性沉淀法是利用蛋白质、酶与核酸等生物大分子与非目的生物大分子在物理、化学性质等方面的差异，选择一定的条件使杂蛋白等非目的物变性沉淀而得到分离提纯的方法。常用的有热变性沉淀法和酸碱变性沉淀法等。

(1) 热变性沉淀法   这种变性沉淀法的关键是温度。不同生物大分子对热的稳定性不同，加热升高温度，会使一些热稳定性较差的生物大分子发生变性而沉淀，而热稳定性强的生物大分子则稳定存于溶液中。此方法简便，不需消耗任何试剂，但分离效率较低，通常用于生物大分子的初期分离纯化。

(2) 酸碱变性沉淀法   用酸或碱调整溶液的酸碱度，当达到一定的 pH 值时，目的物不变性，而杂质却由于超出其稳定的 pH 值范围而变性沉淀，或处于其等电点使杂质的溶解度下降而析出，从而达到目的物与杂质分离的目的。

三、离心技术

离心技术是利用离心机高速旋转时产生的离心力以及物质的沉降系数、扩散系数或浮力密度的差异，使悬浮的混合颗粒发生沉降或漂浮，从而与溶液分离或者与悬浮液中的其他颗粒分离的技术。这里的悬浮颗粒往往是指悬浮状态的细胞、细胞器、病毒和生物大分子等。在离心过程中，决定离心力大小的因素有：转速、转头（离心）半径以及悬浮颗粒在高速旋转中所受到的力（如重力、浮力、摩擦力）等，常用相对离心力表示。悬浮颗粒的沉降（分离）速度取决于：相对离心力、固-液相对密度的差别（相对密度小于液相的颗粒悬浮在上面，相对密度大于液相的颗粒则沉淀下来）、悬浮颗粒的大小与形状、沉降介质的黏度等。

在生物制品生产中，常采用离心技术进行目的物的固-液分离以及生物活性物质的纯化。

1. 离心机

离心机是利用离心机转子高速旋转产生的强大的离心力，迫使液体中的悬浮微粒克服扩散作用而加快其沉降速度，从而把样品中具有不同沉降系数和浮力密度的物质分离开。

根据离心机的用途可以将其分为制备型离心机、分析型离心机和制备分析两用型离心机；根据离心机的结构可以将其分为台式离心机、立式离心机、沉降式离心机、转头式离心机、电动式离心机等；根据离心机的转速可以将其分为低速离心机、高速离心机和超速离心机。

(1) 低速离心机   最大转速可达 6000r/min，分离形式是固-液分离，常用于收集易沉淀的大颗粒物质，如细胞等。

(2) 高速离心机   最大转速可达 20000～25000r/min，带有冷冻系统，离心室的温度可达 0～4℃（以防止离心机高速运转产生的热量使生物活性物质变性失活），分离形式是固-液分离，常用于细胞碎片、大细胞器、生物大分子等的离心沉降。

(3) 超速离心机   最大转速可达 50000～80000r/min，甚至更高，带有冷冻系统和真空系统，分离形式是差速离心和密度梯度离心，常用于亚细胞器、病毒、核酸、蛋白质、多糖等的分离纯化。

2. 常用的离心技术

在生物制品生产中，常用的离心技术主要有差速离心、速率区带离心和等密度梯度离心等。

（1）差速离心 差速离心是利用不同的悬浮颗粒在离心力场中沉降速度的差别，在同一离心条件下，通过逐次增加相对离心力（增大离心转速），使大小、密度不同的颗粒分步沉淀。

如图 2-11 所示，分离混悬液中绿、红、蓝、黑四种颗粒，其沉降系数依次减小。首先用一个较低的离心转速进行离心，分出沉淀（沉降系数最大的绿颗粒）和上清液（含红、蓝、黑三种颗粒）；再将上清液用一个较高的离心转速进行离心，分出沉淀（红颗粒）和上清液（含蓝、黑两种颗粒），如此往复，提高离心转速，就可以将混悬液中的四种颗粒分离开。

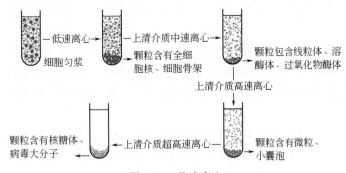

图 2-11 差速离心

此方法虽可以达到分级分离的目的，但分辨率较低，常用于沉降系数相差较大的混合样品的分离或其他分离手段之前的粗制品提取。如从已破碎的细胞匀浆中分离各种细胞器，其细胞器沉降的顺序依次为：细胞核、线粒体、溶酶体与过氧化物酶体、内质网与高尔基体，最后为核蛋白体（见图 2-11）。

（2）速率区带离心 速率区带离心是将样品加在密度梯度介质中，根据被分离的颗粒沉降速度的不同，在一定的离心力作用下，沉降速度不同的颗粒会在不同的密度梯度层内形成不同的区带，从而得以分离。

如图 2-12 所示，离心前，在离心管内先装好已配制好的一定密度梯度介质的溶液，待分离的样品液加在密度梯度介质的液面上。离心时，由于离心力的作用，各颗粒离开原样品层，按不同的沉降速度向管底沉降。沉降系数越大，向下沉降的速度越快。故而离心一定时间后，不同沉降系数的颗粒逐渐分开，形成一系列界面清楚的不连续区带，沉降系数较小的

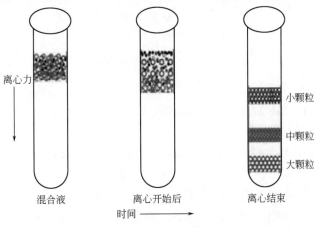

图 2-12 速率区带离心

颗粒在比较靠上面位置的区带中，而沉降系数较大的颗粒所呈现的区带位置就比较低。整个离心必须在沉降系数最大的大颗粒到达管底前结束。

此方法的特点包括三方面：

① 样液的密度<梯度最小密度，待分离颗粒的最小密度≥梯度最大密度。

② 样品要加于密度梯度介质顶部。

③ 要严格控制离心时间，离心时间不能过短（不同颗粒没有完全分离），也不能过长（颗粒会全部沉淀而无法分离）。

由于此方法是一种不完全沉降，受各组分颗粒大小的影响较大，故适于分离大小不同而密度相近的组分。该方法需要在离心前配制密度梯度介质，常用的有蔗糖、聚蔗糖及 SiO_2 胶溶液等。

(3) 等密度梯度离心　等密度梯度离心是将样品加在密度梯度介质中，根据被分离的颗粒浮力密度的不同，在一定的离心力作用下，颗粒向下沉降或向上浮起，一直沿梯度移动到与它们密度恰好相等的位置上（即等密度点），形成区带，从而使样品得以分离的方法。

如图 2-13 所示，离心前，在离心管内先装好已配制好的一定密度梯度介质的溶液，样品加在密度梯度介质液面上，也可以加在密度梯度介质液下面，还可以预先与密度梯度介质溶液混合均匀后装入离心管。离心时，若颗粒的浮力密度小于梯度介质的密度，则颗粒上浮；若颗粒的浮力密度大于梯度介质的密度，则颗粒沉降。最后，样品的不同颗粒会移动到与它们的密度相等的等密度点的梯度位置上停止移动，形成不同的纯组分区带。体系达到平衡后，再延长离心时间和提高转速都不会改变区带的形状和位置，但提高转速可以缩短达到离心平衡的时间。

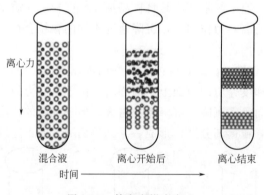

图 2-13　等密度梯度离心

此方法的特点包括三方面：

① 密度梯度范围包括样品中所有组分的密度。

② 加样位置不固定。

③ 离心平衡后，区带形状、位置不受离心时间和转速的影响。

此方法适用于分离大小相近而密度相差较大的组分，如分离 DNA 与 RNA 的混合物、核蛋白体亚单位、线粒体、溶酶体及过氧化物酶体等。该方法需要在离心前配制密度梯度介质，常用的有氯化铯（CsCl）、溴化钾（KBr）溶液等。

以上介绍的三种离心方法的比较见表 2-4。

表 2-4 三种离心方法的比较

离心技术	分离依据	密度梯度介质	介质与样品密度	加样位置	离心时间
差速离心	沉降系数不同	不需要			延长离心时间,影响离心效果
速率区带离心	沉降系数不同	需要	样液的密度＜梯度最小密度,待分离颗粒的最小密度≥梯度最大密度	顶部	需严格控制
等密度梯度离心	浮力密度不同	需要	密度梯度范围包括样品中所有组分的密度	不固定	离心平衡后,延长离心时间,不影响离心效果

3. 密度梯度介质

(1) 密度梯度介质的作用

① 提供良好的分离环境,增加分离层次,提高分辨率。

② 防止温差及振动等不良因素造成的对流或扰动,影响离心过程和离心结果。

(2) 密度梯度介质的基本要求

① 自身密度大,溶解度大,可达到要求的密度梯度范围。

② 理化性质稳定,不与待分离的组分发生反应。

③ 便于除去或回收。

④ 价格便宜,纯度大。

(3) 常用的密度梯度介质

① 蔗糖 水溶性大,性质稳定,渗透压较高,其最高密度可达 1.33g/ml,价格低,容易制备。常用于细胞器、病毒、RNA 分离的密度梯度材料。但由于有较大的渗透压,不宜用于细胞的分离。

② 聚蔗糖 商品名为 Ficoll,其渗透压低,但黏度高,主要用于分离细胞。

③ 氯化铯 水溶性大,最高密度可达 1.91g/ml,但价格较贵,常用于 DNA、质粒、病毒和脂蛋白的分离。

④ 溴化钾 密度可达 1.37g/ml,可用于脂蛋白的分离。

⑤ SiO_2 胶 商品名为 Percoll,是一种包被聚乙烯吡咯烷酮(PVP)的 SiO_2 胶,其渗透压低,对生物材料的影响小且颗粒稳定,黏度高,可用于细胞和病毒等的分离。

4. 离心操作

(1) 离心前的准备 按照要求处理好待离心的样品(如去除大的不溶性颗粒,加入缓冲液、保护剂等),根据需要制备相应的密度梯度介质,注意密度梯度要符合选择的离心方法的要求,如采用等密度梯度离心时,密度梯度范围要包括样品中所有组分的密度,梯度介质溶液 pH 值的选择要有利于样品的稳定。

(2) 加样 根据不同的离心方法选择合适的加样方式,如速率区带离心需在顶部加样,等密度梯度离心可以在中部加样或者混合加样。同时注意加样的样品量,对于密度梯度离心来说,样品不宜过多,最好不超过梯度总体积的 5%。

(3) 离心 要严格按照离心机的标准操作规程进行操作,如离心样品管必须严格配平,要控制好离心温度,以避免生物活性物质的变性失活等。为了达到较好的离心效果,还需要控制好离心的转速和离心的时间。差速离心的离心时间是指某种颗粒完全沉降到离心管底的时间，速率区带离心的离心时间是指形成界限分明的区带的时间，等密度梯度离心的离心时间则是指颗粒完全到达其等密度点的时间。

（4）区带回收　收集区带的方法有许多种，如可以用注射器和滴管由离心管上部将区带吸出；用针将离心管底部刺穿，使区带滴出；用针刺穿离心管区带部分的管壁，把样品区带抽出；将细管插入离心管底部，泵入超过密度梯度介质最大密度的重液，将样品和密度梯度介质压出，再收集。

四、过滤技术

过滤技术是指以某种多孔物质作为介质，借助于过滤介质的筛分性质，在外力的作用下，流体（液体或气体）通过介质的孔道，将流体中大小不同的组分进行分离、提纯、富集的技术。

和其他分离技术相比，过滤技术具有以下特点：①应用广泛；②工艺简单，为典型的物理分离过程，无须外加化学试剂和添加剂，产品不受污染；③无需加热，常在常温下进行，适用于热敏性生物活性物质；④设备简单，操作容易，占地少，有利于自动化生产；⑤不涉及相的变化，处理效率高，节能；⑥生产过程卫生、清洁、环保。

1. 过滤技术的分类

过滤技术按照其发展历程常可分为常规过滤和膜过滤两大类。

（1）常规过滤　常规过滤就是传统意义上的过滤，是指将固-液混悬液通过多孔的介质，使固体粒子被介质截留，液体经介质孔道流出，从而实现固-液分离的方法。过滤推动力可以是重力、压力差或惯性离心力。在生产中应用最多的是以压力差为推动力的过滤，如发酵结束后可以使用板框压滤机进行固-液分离，根据目的物存在的位置选择保留滤液或者是固体沉淀。

（2）膜过滤　常规过滤不能进行分子（离子）水平的分离，要想实现分子（离子）水平的过滤分离，则要采用膜过滤的方式。膜过滤是以选择性膜为分离介质，通过在膜两边施加一个推动力（如浓度差、压力差或电位差等），使待分离组分选择性地透过膜，以达到分离提纯的目的（图 2-14）。

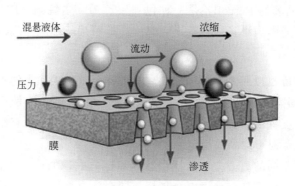

图 2-14　膜过滤原理

膜过滤按照过滤介质的孔径和所能截留的物质大小，又可分为微滤、超滤、纳滤、反渗透、透析等多种形式，如图 2-15 所示为不同过滤技术的范围。

① 微滤（MF）　以多孔细小薄膜为过滤介质，压力差为推动力，截留颗粒的直径为

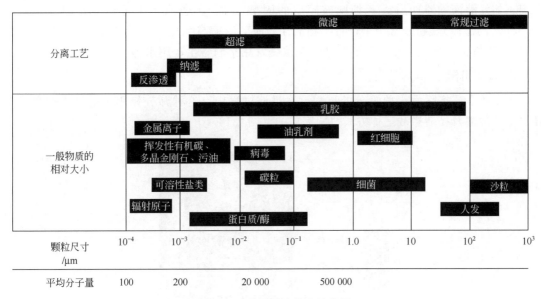

图 2-15 不同过滤技术的范围

$0.01\sim1\mu m$。微滤膜允许大分子和溶解性固体（无机盐）等通过，但会截留悬浮物、细菌及大分子量胶体等物质。

② 超滤（UF） 分离介质同上，压力差为推动力，截留颗粒的直径为 $0.001\sim0.01\mu m$。超滤允许小分子物质和溶解性固体（无机盐）等通过，同时截留下胶体、酶、蛋白质、微生物及大分子有机物，用于表示超滤膜孔径大小的切割分子量一般为1000～500000。

③ 纳滤（NF） 以压力差为推动力，纳滤膜的孔径为纳米级，介于反渗透膜（RO）和超滤膜（UF）之间，截留颗粒的直径为 0.1～1nm、分子量为 1000 左右的物质，可以使一价盐和小分子物质通过。

④ 反渗透（RO） 以压力差为推动力，截留颗粒直径小于 $0.001\mu m$（1nm），原则上水是唯一能通过膜的物质，所有溶解和悬浮的物质都会被截留（由于分离时要克服渗透压的作用，故称为反渗透）。

⑤ 透析 采用半透膜为滤膜，在浓度差的作用下，溶液中的小分子通过半透膜扩散到水中，而溶液中的大分子不能通过，从而去除小分子。

各种过滤技术的比较见表 2-5。

表 2-5 各种过滤技术的比较

过滤技术	分离范围	分离动力	分离介质	用途
常规过滤	$>1\mu m$	压力差	天然介质	固-液相分离
微滤	$0.01\sim1\mu m$	压力差	人工微滤膜	固-气、液-气、固-液相分离
透析	$0.001\sim0.01\mu m$	浓度差	半透膜	分离分子量悬殊的物质
超滤	$0.001\sim0.01\mu m$	压力差	人工超滤膜	分离大、小分子
反渗透	$<0.001\mu m$	压力差	人工反渗透膜	水与小分子物质的分离

过滤技术可以用来进行固-液分离，也可以进行固-气和液-气两相的分离。

在生物制品生产中，过滤技术应用非常广泛，如常规过滤常用来进行生物活性物质的粗分离（如发酵液预处理后或者细胞破碎后的固-液分离），微滤用来进行药物的除菌过滤（0.22μm 的滤膜），超滤常用来进行生物活性物质的浓缩与纯化（也可以用来进行盐析后的脱盐），透析常用来进行盐析后的除盐，反渗透常用来制备生产用水等。

2. 过滤机制

过滤的本质实际是一种筛分的过程。在过滤过程中，这种筛分作用主要是通过直接拦截、惯性冲撞及扩散拦截三种方式协同完成的（图 2-16）。

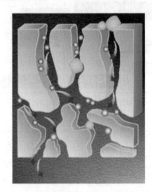

直接拦截
惯性冲撞
扩散拦截

图 2-16   过滤机制

（1）直接拦截   由于过滤介质本身具有一定的孔径，物质在一定压力下通过过滤介质时，大于或等于过滤介质孔径的颗粒不能穿过，从而被直接拦截。

（2）惯性冲撞   流体携带的颗粒由于质量和线速度而具有直线运动的惯性，当流经过滤介质时，流体必须沿弯曲通道前行，这样流体就会改变运动方向，而惯性会使颗粒依旧直行，这样颗粒就会撞击到过滤介质表面，因二者表面所带的电荷不同及范德华力等作用使颗粒被过滤介质所吸附。这种作用对颗粒尺寸小于过滤介质孔径的颗粒很有效。

（3）扩散拦截   当流体流经过滤介质的弯曲通道时，微小粒子的布朗运动会增加颗粒碰撞过滤介质的机会，从而被吸附而截留，这种作用对细小颗粒（<0.1~0.3μm）非常有效。

3. 过滤介质

通常，过滤介质按照其作用方式可分为两类：表面过滤介质和深度过滤介质。表面过滤介质的所有滤孔都在同一个平面上，只能依靠直接拦截捕获颗粒。这种过滤介质对小于其孔径的颗粒没有拦截作用，过滤效果受到限制。深度过滤介质是指过滤介质具有一定的深度，介质的滤过通道是"弯曲通道"的形式，滤孔贯穿于整个介质厚度，颗粒可以在表面被拦截，也可以在介质深处被捕获，因此提高了过滤效率。

过滤介质按照其制备的材料可以分为以下四种：

① 织物介质   如棉滤布、玻璃丝网、金属丝网等。

② 多孔固体介质   多孔陶瓷、塑料细末等。

③ 粒状介质   细砂、木炭、硅藻土等。

④ 高分子多孔膜   微滤膜、超滤膜等。

近年来，高分子多孔膜的制造与应用有很大的发展，应用于更微小的颗粒的过滤，以获得高度澄清的液体。适用于滤去 0.01~1μm 颗粒的膜称为微滤膜，可用于澄清液体、细胞收集和除菌等操作（图 2-17）；适用于滤去 0.001~0.01μm 颗粒的膜称为超滤膜，可用于病毒颗粒、蛋白质或多糖的分离、浓缩及盐析后的除盐、去除热原等（图 2-18）。微滤膜和超

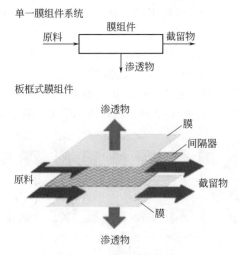

图 2-17 微滤膜的构造

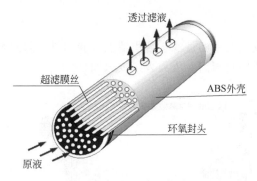

图 2-18 超滤膜的构造

滤膜广泛应用于生物制品的生产过程中。

4. 过滤方式

过滤的基本方式分为单向流过滤和切向流过滤。

(1) 单向流过滤 单向流过滤也称死端过滤,是指在压力的作用下,过滤液从膜高压的一侧垂直于膜流向膜低压的一侧,小于过滤介质孔径的颗粒可以穿过滤膜,大于过滤介质孔径的颗粒不能穿过,则被截留的过滤方式(图 2-19),如常规过滤、大部分的微滤(包括除菌过滤)都采用这样的过滤形式。由于其液体的流动方向与过滤方向一致,因此随着过滤的

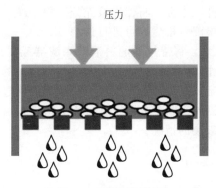

图 2-19 单向流过滤

进行，截留的大颗粒会逐渐堆积在滤膜表面，造成滤膜孔径被堵塞而使流速逐渐降低。因此单向流过滤只能处理小体积的料液。

（2）切向流过滤　切向流过滤是指液体流动方向与过滤方向呈垂直方向的过滤形式。液体流动过程中会在过滤介质表面产生剪切力，减少了大颗粒的堆积，保证了稳定的过滤速度，常用于较大规模的料液过滤（图2-20）。切向流超滤系统主要应用于生物制品的浓缩、提纯、透析（脱盐和脱醇等），置换缓冲液，培养液和缓冲液除热原等。

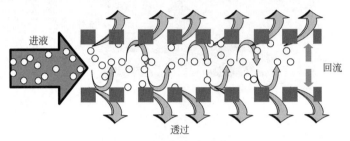

图 2-20　切向流过滤

5. 过滤操作

（1）过滤系统的组成　典型的过滤系统由滤器或膜组件、输送泵、料液/浓缩液/透过储液罐、输送管线及相应的控制阀门、压力表组成（图2-21）。

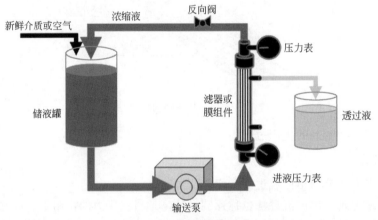

图 2-21　过滤系统的组成

（2）具体操作过程

① 操作前的准备　按照要求处理好待过滤的料液，连接好过滤系统。若采用膜过滤的方法，必须清洗滤器或膜组件至中性，将保养液充分去除干净。然后检测膜的完整性，通常采用起泡点试验来检测，待检测合格后方可进行过滤。

② 过滤过程　开启输送泵，将待过滤的料液泵入滤器或膜组件中进行过滤。过滤过程中要严格按照过滤的标准操作规程进行操作，尤其要注意过滤的操作压力和流速，进液压力和回流压力要符合滤器的规定，以免压力过大使滤膜破裂而使过滤失败。

③ 过滤结束　过滤结束后要清洗过滤系统的各个组件，同时，还要检查膜的完整性，以排除在过滤过程中膜受损破裂的情况。

五、色谱分离技术

色谱分离技术也称为层析技术，是指根据待分离的混合物各组分的理化性质的差异，使其与流动相和固定相之间的相互作用（吸附、溶解、结合等）不同，从而彼此分离的技术。色谱分离技术是一种物理分离的方法，在生物制品生产过程中使用较多，主要用来进行生物活性物质的纯化。

1. 色谱分离系统的组成

色谱分离系统由固定相和流动相两部分组成，这两部分对色谱分离的效果起着非常关键的作用。

（1）固定相 固定相通常是表面积较大且多孔的固体物质（如吸附剂、凝胶、离子交换剂等），也可以是固定于固体物质上的液体物质（如固定在硅胶或纤维素上的溶液），能与待分离的物质进行可逆的吸附、溶解、交换等作用。

（2）流动相 流动相是推动待分离的物质在固定相上沿着一定的方向移动的物质，它是流动的，可以是液体，也可以是气体或超临界流体。

2. 色谱分离的原理

当待分离的混合物流经固定相时，由于各组分物理化学性质的差异（如溶解度、吸附力、分子大小、带电情况、亲和力及特异的生物学反应等），与两相发生相互作用（如吸附、溶解、结合等）的能力也不同，与固定相相互作用力较弱的组分，随流动相移动时受到的阻滞作用小，向前移动的速度快。反之，与固定相相互作用较强的组分，向前移动速度慢，从而使各组分以不同的速度向前移动。分别收集流出液，可得到样品中所含的各单一组分，从而达到将各组分分离的目的。

3. 色谱分离技术的分类

（1）按流动相所处的状态分类 可以分为液相色谱和气相色谱。根据固定相的状态，液相色谱又分为液-固色谱和液-液色谱，而气相色谱也可分为气-固色谱和气-液色谱。

（2）按固定相基质的不同分类

① 纸色谱 以滤纸作为固定相基质。

② 薄层色谱 将适当黏度的固定相均匀涂铺在薄板上，在薄板上进行色谱。

③ 柱色谱 将固定相装于色谱柱中，在柱中进行色谱，最为常用。

（3）按色谱技术分离的不同原理分类 可以分为吸附色谱、分配色谱、凝胶色谱、离子交换色谱、反相色谱、疏水色谱及亲和色谱等多种类型。

① 凝胶色谱 凝胶色谱又称为凝胶过滤色谱、凝胶排阻色谱、分子筛，是以多孔性的凝胶颗粒为固定相，根据待分离组分的分子大小不同、流穿凝胶颗粒时的迁移速率不同而分离的色谱技术（图2-22）。

凝胶色谱是依据分子大小这一物理性质进行分离纯化的。凝胶色谱的固定相是惰性珠状凝胶颗粒，其内部呈立体网状孔穴结构，当样品（含有不同分子大小的组分）进入凝胶色谱柱后，各个组分就向固定相的孔穴内扩散。比凝胶颗粒孔穴孔径大的分子不能扩散到凝胶内部，被完全排阻在孔外，只能在凝胶颗粒之间的间隙随流动相向下流动，其经历的流程短，流动速度快，首先流出；较小的组分因其可以完全进入凝胶颗粒内部，经历的流程长，流动速度慢，因此最后流出；而分子大小介于二者之间的部分在流动中有一部分进入凝胶颗粒内部，流出的时间介于二者之间。这样，分子越大的组分越先流出，分子越小的组分越后流出，最终，各组分按分子从大到小的顺序依次流出，达到分离的目的。

常用的凝胶主要有葡聚糖凝胶（Sephadex G）、琼脂糖凝胶（Sepharose）和聚丙烯酰胺

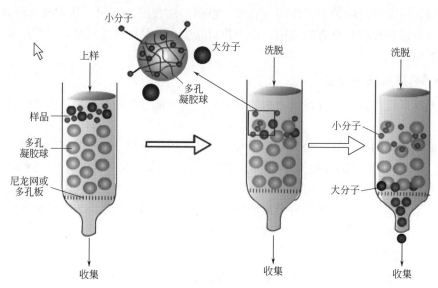

图 2-22 凝胶色谱

凝胶（Bio-Gel P）等。

凝胶的化学性质稳定，不带电，吸附力弱，不影响待分离物质的生物活性，加上凝胶色谱操作简便、凝胶柱可反复使用等特点，被广泛应用于脱盐、去除热原、浓缩等生产中。

② 离子交换色谱　离子交换色谱以离子交换剂为固定相，是根据待分离组分的带电性质不同、与固定相的结合能力（静电力）不同而进行分离的色谱技术。

离子交换剂是由惰性的高分子聚合物载体、电荷基团和平衡离子组成。电荷基团与高分子聚合物载体共价结合，形成带电的、可进行离子交换的基团，平衡离子是结合于电荷基团上的相反离子，它能与溶液组分中其他的带相同电荷的基团发生可逆的交换反应，如下式所示：

$$R^-X^+ + Y^+ \rightleftharpoons R^-Y^+ + X^+$$

式中，R^- 为阳离子交换剂的电荷基团与载体共价结合形成的离子交换基团；X^+ 为平衡离子；Y^+ 为溶液组分中其他的带相同电荷的可交换基团。

平衡离子为带正电荷的离子交换剂，能与带正电的基团发生交换作用，称为阳离子交换剂；平衡离子为带负电荷的离子交换剂，能与带负电的基团发生交换作用，称为阴离子交换剂。

常见的离子交换剂有离子交换树脂、离子交换纤维素和葡聚糖凝胶离子交换剂等。

如图 2-23 所示，离子交换色谱的基本过程是（以阴离子交换剂分离蛋白质为例）：阴离子交换剂的电荷基团带正电，装柱平衡后，与缓冲溶液中的带负电的平衡离子结合。待分离溶液中有带正电的蛋白质和带负电的蛋白质。加样后，带负电的蛋白质与平衡离子进行可逆的置换反应，而结合到离子交换剂上。而带正电的蛋白质和中性基团则不能与离子交换剂结合，随流动相流出而被去除。

将带负电的蛋白质洗脱下来的方式有两种：一是调节洗脱液的 pH，使带负电的蛋白质在此 pH 下不带电或者带相反的正电荷而被洗脱下来；二是用高浓度的同性离子将带负电的蛋白质取代下来。

最后再用初始缓冲液平衡阴离子交换剂，使其再生。

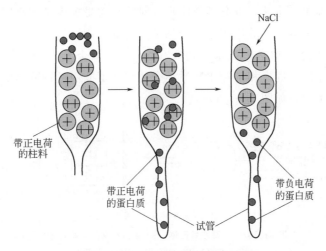

图 2-23 离子交换色谱的基本过程

离子交换色谱可以同时分离多种离子化合物，具有灵敏度高、重复性好、选择性好、分离速度快等优点，是当前最常用的色谱分离方法之一。

③ 亲和色谱　许多生物活性物质都有与某种物质发生特异性可逆结合的特性，如酶与辅酶或酶与底物、抗原与抗体、凝集素与受体、维生素与结合蛋白、生物素和亲和素、激素和受体蛋白以及核酸与互补链等。

亲和色谱就是以特异性结合的两个配体之一作为固定相，利用分子之间特异性的亲和力，对另一配体进行分离的色谱技术。

亲和色谱的基本过程如图 2-24 所示。首先选择与待分离的生物大分子（S）有特异性的亲和力的物质作为配体（L），并将配体共价结合在不溶性载体上。当样品溶液通过亲和色谱柱的时候，待分离的生物大分子（S）就与配体（L）发生特异性结合，留在固定相上；其他杂质不能与配体（L）结合，随洗脱液流出；再通过适当的洗脱液将固定相上的生物大分子（S）洗脱下来，就得到了纯化的生物大分子（S）。

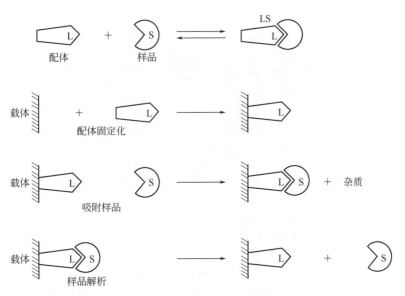

图 2-24 亲和色谱的基本过程

亲和色谱过程简单、迅速，且分离效率高，对分离含量极少又不稳定的活性物质尤为有效。但配体的选择不太容易，故应用范围受到了一定的限制。

④ 疏水色谱　疏水色谱是以疏水性物质（如烃类、苯基等）为固定相，通过蛋白质等生物大分子的疏水基团与固定相的疏水物质结合的强弱不同而进行分离的技术。

疏水色谱的基本原理如图 2-25 所示。

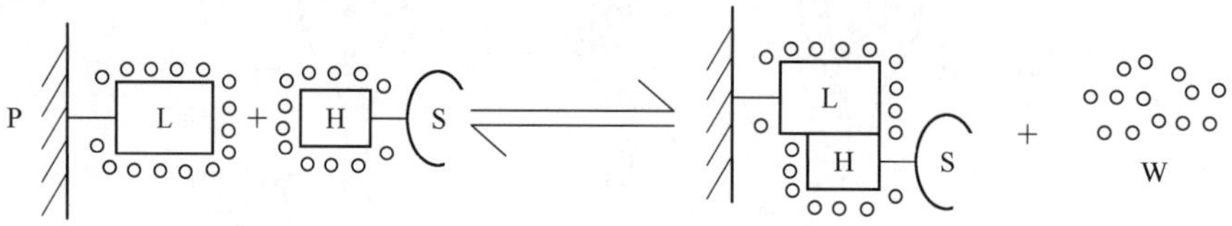

图 2-25　疏水色谱的基本原理
P—固相支持物；L—疏水性配体；S—蛋白质或多肽等生物大分子；
H—疏水补丁；W—溶液中的水分子

蛋白质等生物大分子的表面有一些疏水性基团，称为疏水补丁。疏水补丁可以与疏水性色谱介质发生疏水性相互作用而结合。不同的分子，疏水性不同，它们与疏水性色谱介质之间的结合力强弱就不同。高盐浓度可以增强二者的疏水作用，而低盐浓度可以减弱这种疏水作用。因此，在高盐浓度下将待分离的样品吸附在疏水性色谱介质上，再通过低盐浓度的洗脱液将其洗脱下来，从而达到分离的目的。疏水色谱多用于蛋白质的纯化和分离。

4. 色谱分离技术的操作

现以柱色谱技术为例。柱色谱技术在生物制品领域具有广泛的应用，如采用凝胶过滤色谱在疫苗生产中对有效抗原进行精制；采用凝胶过滤色谱和离子交换色谱等方法在血液制品生产中进行血液制品的综合开发；采用亲和色谱、疏水色谱及离子交换色谱法进行单克隆抗体的制备等。

(1) 柱色谱的基本装置　柱色谱的基本装置由磁力搅拌器、蠕动泵、色谱柱、紫外检测器、自动部分收集器等组成（图 2-26）。

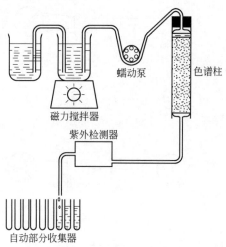

图 2-26　柱色谱的基本装置

(2) 柱色谱的操作　柱色谱的操作包括装柱、加样、洗脱、收集等步骤。

① 装柱　装柱就是将色谱用的基质处理后加入色谱柱，要求装柱要致密、均匀，不能干柱、分层、有气泡，柱面要平坦等，否则要重新装柱。装柱的质量是影响柱色谱分离效果的关键因素之一。

装柱前，要根据进行色谱分离的物质和分离的目的选择合适的色谱柱及基质（如凝胶、树脂、吸附剂等），并按照色谱分离要求处理好后进行装柱。

装柱有两种方式：湿法装柱和干法装柱。

a. 湿法装柱　关闭色谱柱下方的活塞，将溶胀后的基质充分搅拌，倒入事先装有少量溶剂的色谱柱中，打开活塞，随着溶剂的流出，基质自然沉降。待基质达到所需高度后再加入溶剂，进行加压走柱，以使加入的基质均匀。湿法装柱的优点是均匀、无气泡；但缺点是所需溶剂的体积较大。

b. 干法装柱　干法装柱与湿法装柱刚好相反，它是将干燥的基质从色谱柱上端直接加入到空的色谱柱中，轻轻敲打色谱柱两侧，至基质界面不再下降。继续加入基质至合适高度，用泵从色谱柱下端抽气减压，使基质致密、均匀，最后用洗脱液走柱，保持洗脱液液面高于基质界面 2～3cm 即可。干法装柱的优点是装柱较方便，速度快；缺点是装入洗脱剂后，由于溶剂和固定相之间的吸附放热，易产生气泡，影响分离效果。

② 加样　加样量的多少会直接影响分离的效果，通常加样量越少，分离效果越好，但过少的样品量会造成设备和器材的浪费，降低工作效率，增加分离成本。最适加样量可通过试验决定。

加样的方法也有湿法加样和干法加样两种。

a. 湿法加样是用少量溶剂（最好是展开剂）将样品溶解，用针筒或下口较大的滴管沿色谱柱内壁均匀加到色谱床表面，再用少量洗脱液洗柱床表面 1～2 次。加样时要缓慢小心，尽量避免冲击基质，以保持基质表面平坦。

b. 干法加样是将样品用少量低沸点、极性大的溶剂溶解，再加入少量基质混匀，再用旋转蒸发仪去除溶剂，将得到的样品粉末均匀平铺在基质的表面。这种方法适用于溶解性较差的样品的加样。

③ 洗脱　选择合适的洗脱剂将组分洗脱下来。洗脱的方式可分为简单洗脱、分步洗脱和梯度洗脱三种。

a. 简单洗脱　指始终采用同一种洗脱剂洗脱直至色谱分离结束，适用于各组分在洗脱剂中分配系数均较大、对固定相的亲和力差异不大、洗脱时间间隔不长的组分的分离。

b. 分步洗脱　分别使用几种洗脱剂（按照洗脱能力递增的顺序排列）进行逐级洗脱，适用于组成简单、性质差异较大的组分的分离。

c. 梯度洗脱　当混合物的组分复杂且性质差异较小时，一般采用梯度洗脱。它的洗脱能力是逐步、连续增加的，梯度可以指浓度、极性、离子强度或 pH 值等。最常用的是浓度梯度。

整个洗脱过程中要始终保持一定的操作压力，同时注意控制洗脱液的流速，流速要适宜且尽量保持恒定。

④ 收集　多采用部分收集器来收集纯化后的样品。部分收集器有计时和计滴两种，前者每管收集的数量随流速的变化而变化，后者能很好地控制收集的数量。

学习内容七　包装技术

由于生物制品系活性物质，其活性易受光、热、空气、水分和微生物的破坏，因此，良好的包装显得尤为重要。药品的包装系指用适当的材料或容器，利用包装技术对药物制剂的半成品或成品进行分（灌）、封、装、贴签等操作，为药品提供品质保护、签订商标与说明的一种加工过程的总称。包装具有保护药品（阻隔和缓冲作用）、方便使用及商品宣传等作用。

药品的包装分内包装与外包装。内包装系指直接与药品接触的包装，如容器（包括安瓿、西林瓶、注射剂瓶等，多数材质为玻璃，极少数为塑料）、封口材料（如胶塞、铝盖）等。内包装能保证药品在生产、运输、贮藏及使用过程中的质量，并便于医疗使用。外包装系指内包装以外的包装，按由里向外分为中包装和大包装。中包装为数个或数十个的内包装集中于一个容器或材料内包装而成，多用纸盒、塑料袋或金属容器等，以防止水、湿气、光、热、微生物、冲击等因素对药品的影响，同时也便于装箱和计数。大包装是指包装药物的外部包装，即将已完成内包装或中包装的药品装入箱、袋、桶、罐等容器中，或结束无容器状态进行标记、封印等操作技术及施行的状况，以便药品的运输和贮存。

在生产中，包装操作根据所使用到的包装材料的不同，分为分装与外包装两个工序，其中，涉及到内包装材料的包装操作称为分装，而涉及到外包装材料的操作称为外包装。

生物制品多为注射剂，故主要以生物制品的注射剂为例来介绍生物制品的包装技术，而生物制品的胶囊剂、片剂、散剂、滴眼剂、栓剂及其他剂型不包含在内。

一、分装技术

生物制品注射剂的分装是将半成品按照国家批准的规格要求分装于安瓿、西林瓶等最终容器中，用于包装或冻干后再包装的过程。

1. 分装要求

分装过程必须满足《中国药典》（2020年版）中"生物制品分包装和贮运管理"对分装的有关要求。

① 分装设备、除菌过滤系统和无菌分装工艺应经验证；除菌过滤系统在每次使用前应进行完整性测试。

② 分装前应加强核对，防止错批或混批。分装规格或制品颜色相同而品名不同的制品不得在同室同时分装。

③ 分装过程应严格按照无菌操作的要求进行，应进行全过程的微生物和悬浮粒子动态监测并符合要求。

④ 除另有规定外，制品应尽量采用原容器直接分装。同一容器的制品，应根据验证结果，规定灌装时限，灌装时长超过24h，应具有充分的风险评估论证和依据的支持。

⑤ 液体制品分装后应立即密封，冻干制品分装后应立即进入冻干工艺过程。除另有规定外，应采用减压法或其他适宜的方法进行容器密闭性检查。用减压法时，应避免将安瓿泡入溶液中。经熔封的制品应逐瓶进行容器密封性检查，其他包装容器的密封性应进行抽样检查。

⑥ 活疫苗及其他对温度敏感的制品，在分装过程中制品的温度应根据相关验证试验和稳定性考察结果确定，最高不得超过 25℃。除另有规定外，分装后的制品应尽快移入 2～8℃环境贮存。

⑦ 混悬状制品或含有吸附剂的制品，在分装过程中应保持混合均匀。

2. 分装步骤

分装过程一般可分为内包材的清洗和灭菌、药液灌装和封口三个步骤。绝大多数生物制品为非最终灭菌产品，它们对温度均较为敏感，生产工序采用无菌生产工艺，其制品分装后一般不再进行灭菌，因此，整个过程要严格无菌。药液灌装和封口在灌封室中进行，操作区域必须在 A 级洁净区进行，其他背景区域的洁净度为 B 级。为避免污染，灌装结束后要立即进行封口，也称为灌封。

(1) 内包材的清洗和灭菌

① 玻璃容器的清洗和灭菌　灌装药液的容器一般都是新的玻璃容器，故清洗的目的是去除玻璃容器表面的尘埃、微量游离碱，通常采用全自动洗瓶机来进行。为了增加清洗效果，也可使用超声波全自动清洗机进行清洗。

清洗过程包括粗洗和精洗。粗洗指玻璃容器经纯化水浸泡后用超声波预处理，通过超声波产生的"空化"作用，使附着在其内外壁的异物脱落。精洗是指将针管插入瓶内进行内壁水、气交替冲洗，同时外壁接受喷淋，通过水、气压力精洗，吹干，最终完成玻璃容器的清洗。

在整个超声波洗瓶过程中，应注意不断将污水排出，并补充新鲜洁净的注射用水，严格执行操作规程。

玻璃容器清洗后，一般需在 270～350℃干热灭菌 10min，以彻底破坏热原质。大生产中多采用隧道式烘箱，其主要由红外线发射装置和玻璃容器传送装置组成，温度为 270～350℃，有利于玻璃容器的烘干、灭菌连续化。

不同的玻璃容器，其灭菌的温度和时间也不同，如西林瓶厚度大于安瓿，因此灭菌的温度、时间高于安瓿，所以灭菌西林瓶的隧道式烘箱灭菌区的长度要长于安瓿的。

② 药用胶塞的清洗和灭菌　药液分装后要立即封口。除安瓿采用拉丝封口外，西林瓶和注射剂瓶等均采用加盖瓶塞封口。

药用胶塞的种类通常有丁基胶塞和硅橡胶塞等，以丁基胶塞最为常用。丁基胶塞是药用氯化丁基橡胶塞或药用溴化丁基橡胶塞的简称。生产丁基胶塞的原料——卤化丁基橡胶是一种含有反应活性氯原子或溴原子的弹性异丁烯-异戊二烯共聚物，在生产时再加入硫化剂、填充剂等几种材料，经切胶、密炼、混炼、预成形、硫化、清洗、硅化、干燥等一系列工序后制成，因此胶塞表面会附着硫化剂、填充剂等物质，进入药液会引起药液出现异物或变浑浊，必须清洗干净。

药用胶塞的清洗和灭菌通常在胶塞清洗机中完成：将领来的胶塞采用真空吸料方式吸入胶塞清洗机，然后按照设定好的程序开始清洗。具体工序为：自来水清洗→纯化水清洗→注射用水精洗→硅化真空排水→预真空消毒→管道消毒→高温灭菌→真空排水→热空气干燥→冷却。在这个过程中，为增强胶塞的清洗效果，也可以在前面纯化水清洗时同时进行超声波处理。

如采用的为免洗胶塞，可用脉动真空灭菌柜进行高压蒸汽灭菌，即在 121℃灭菌 30min。

③ 铝盖的清洗和灭菌   铝盖用洗涤剂洗涤→去离子水冲洗→121℃，1h 干燥灭菌或用 75％酒精搅动清洗 30min，取出放入烘箱中，121℃烘干备用。

（2）药液灌装   药液灌装就是通过一定的计量装置将过滤无菌后的药液，定量地灌注到经过清洗、干燥及灭菌处理的玻璃容器中的过程。

药液灌装要准确，药液不沾瓶壁，不受污染。注入容器的量要比标示量稍多，以抵偿在给药时由于瓶壁黏附和注射器及针头的残留而造成的损失，保证用药剂量的准确。

瓶装制品的实际装量规定为：分装 100ml 者补加 4.0ml；分装 50ml 者补加 1.0ml；分装 20ml 者补加 0.60ml；分装 10ml 者补加 0.50ml；分装 5ml 者补加 0.30ml；分装 2ml 者补加 0.15ml；分装 1ml 者补加 0.10ml；分装 0.5ml 者补加 0.10ml。

工业生产中，药液灌装通常由全自动灌装机来完成。药液灌装的过程为：送瓶→灌注针头下降→灌注药液→灌注针头上升→送瓶进入封口工序，同时灌注器吸入药液，如此反复。

（3）封口   药液灌装后要立即封口，封口的方式根据玻璃容器的不同而不同。安瓿采用拉丝封口，而西林瓶、注射剂瓶则需加塞后轧无菌铝盖进行封口。

① 拉丝封口   其封口过程为：a. 安瓿到达封口工位，被压瓶滚轮压住不能移动，但安瓿可绕自身轴线转动；b. 高温火焰均匀加热，使安瓿瓶颈处于熔融状态；c. 拉丝钳钳住安瓿头部并上移拉成丝头，使安瓿封口；d. 当拉丝钳上升到一定位置时，钳口再次启闭 2 次，拉断并甩掉玻璃丝头，完成封口。封口要求圆整光滑，无焦头、鼓泡、封口不严等现象。

② 加塞后轧铝盖封口   西林瓶、注射剂瓶等在灌装之后应马上进行加塞封口。在工业生产中，采用机械加塞的方式，常使用的设备为全自动灌装加塞机，灌装、加塞在一台设备上完成。

加塞的过程以 XKGS 系列液体灌装加塞机为例：药液灌注后，药瓶由传送装置传入加塞工位的托瓶座，托瓶座转动，有规律地上升，使灌药后的瓶子一起上升，将被压塞轮吸住的胶塞（通过电磁振荡理瓶斗进行整理，然后沿轨道进入压塞轮，并被其吸住，随压塞轮同步转动）套入瓶口，加塞完毕后瓶子随托瓶座下降，随传送装置传至出瓶口。

加塞后的药瓶要传入轧盖室进行轧盖处理，这样密封性比较好，可增强制品的稳定性。轧铝盖采用轧盖机进行，进瓶机将盖好塞的药瓶输送至转盘，以便进行上盖和轧盖；采用电磁振荡的方式，使料斗中杂乱的铝盖进行有序排列，从而进入导轨进行上盖；通过轧盖头进行轧盖，通过转盘将封好口的瓶子送入出瓶盘出瓶。

分装后的生物制品在灯检前须进行破漏检查，以剔除封口不严的制品。破漏检查一般应用减压检漏的方法：将制品倒置或横放于密闭容器内，抽真空，制品瓶有破漏时，药液会从漏气处被抽出，变成空瓶，此方法简便实用。也可用其他适宜的方法进行检漏。

对于须进行冻干的制品，药液灌注西林瓶后需要半加塞，然后放入冻干机中进行冻干和压塞，最后轧铝盖。

封口后的药品取样送检，其余送 2~8℃库贮存，待检定合格后进入外包装工序。

生物制品的分装，要经过洗、烘、灌、封等多道工序，将这些工序连接起来，组成联动机组，形成洗、烘、灌、封全自动生产联动线，使生产能力和产品质量都得到了极大提高。

二、冻干技术

生物制品的很多剂型为冻干制剂，为灌装后采用冻干技术制备而成，以提高产品的质量，延长制品的保质期。冻干，即真空冷冻干燥，又称升华干燥、冻结干燥，也就是将含水物质预先冻结成固态，而后在适宜的温度和真空度下，使其中的水分从固态直接升华变成气态，以除去其中水分而干燥物质的技术。

由于冻干技术具有干燥温度低、能保持原物料的外观形状、冻干制品具有多孔结构（因而有理想的速溶性和快速复水性）、冷冻干燥脱水彻底（一般低于 $2\%\sim5\%$）、质量轻、产品保存期长等特点，因此，它是用来干燥热敏性物料和需要保持生物活性物质的一种有效方法。冻干技术的缺点是投资大、维护费用高，因而产品成本高。

1. 冻干的原理

物质有固、液、气三态，物质的状态与其温度和压力有关。图 2-27 中 OA、OB、OC 三条曲线分别表示冰和水、水和水蒸气、冰和水蒸气两相共存时，其压力和温度之间的关系，分别称为融化曲线、蒸发曲线和升华曲线。此三条曲线将图面分为 Ⅰ、Ⅱ、Ⅲ 三个区域，分别称为固相区、液相区和气相区。曲线 OB 的顶端有一点 B，其温度为 374℃，称为临界点。若水蒸气的温度高于其临界温度 374℃时，无论怎样加大压力，水蒸气也不能变成水。三曲线的交点 O，为固、液、气三相共存的状态，称为三相点，其温度为 0.01℃、压力为 610Pa。在三相点以下，不存在液相。若将冰面的压力保持在低于 610Pa 以下，且给冰加热，冰就会不经液相直接变成气相，这一过程称升华。

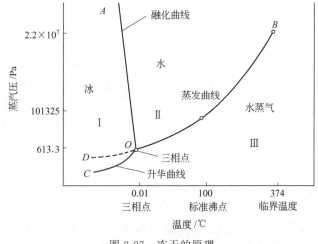

图 2-27　冻干的原理

真空冷冻干燥是先将湿料冻结到共晶点温度以下，使水分变成固态的冰，然后在较高的真空度下，使冰直接升华为水蒸气，再用真空系统中的水汽凝结器将水蒸气冷凝，从而获得干燥制品的技术。

2. 冻干的一般过程

溶液中的水，大部分是以分子的形式存在于溶液中，为自由水（约占 90%），少部分以分子的形式吸附在固体物质晶格间隙中或以氢键的方式结合在一些极性基团上，为结合水（约占 10%）。冻干就是在低温、真空环境中除去物质中的自由水和一部分结合水的过程。冻干过程分为预冻、升华（第一阶段干燥）、解析干燥（第二阶段干燥）三个阶段。每一个阶段都有相应的要求，不同的物料要求各不相同，对制品的浓度、灌装厚度以及容器的形状、容量、口径和热传导的要求也不同，各阶段工艺设计及控制手段的差异直接关系到冻干产品的质量。冻干过程如图 2-28 所示。

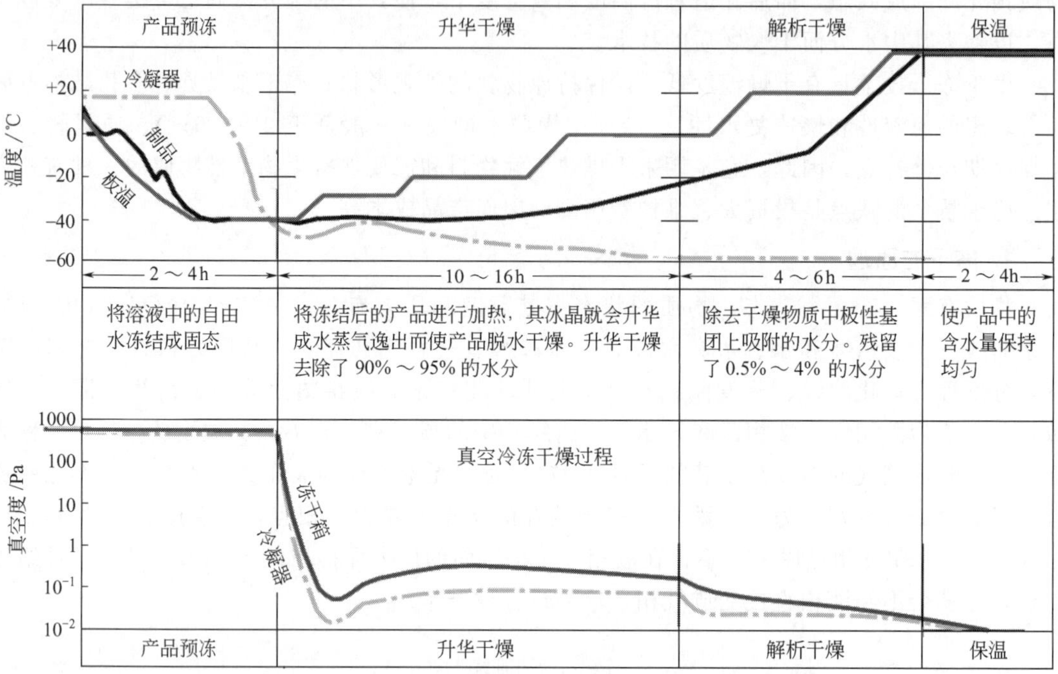

图 2-28 冻干过程

(1) 预冻阶段 预冻首先要把原料进行冻结，使物料温度迅速降低至其共晶点（其内部不同成分同时冻结的温度）之下（一般低 10～20℃），将溶液中的自由水固化，为下一阶段的升华做好准备。预冻是冷冻干燥的第一步，若预冻时没有冻好，产品冻结不实，在进入第一阶段升华干燥时，产品可能出现"沸腾"现象而引起喷瓶或冻干后制品表面凹凸不平，影响外观；但如果预冻时温度过低，则不仅浪费了能源和时间，还会降低某些产品的生物活性或其中微生物的存活率。

预冻方法有两种：箱内预冻法和箱外预冻法。

① 箱内预冻法是直接把产品放置在冻干机内的多层搁板上，由冻干机的冷冻机来进行冷冻，大量的小瓶和安瓿进行冻干时，为了进箱和出箱方便，一般把小瓶或安瓿分放在若干金属盘内，再装进箱子。为了改善热传递，有些金属盘制成可抽活底式，进箱时把底抽走，让小瓶直接与冻干箱的金属板接触；对于不可抽底的盘子，要求盘底平整，以获得产品的均一性。

② 箱外预冻法可分为两种。有些小型冻干机没有进行预冻产品的装置，只能利用低温冰箱或酒精加干冰来进行预冻。另一种是用专用的旋冻器，它可把大瓶的产品边旋转边冷冻成壳状结构，然后再进入冻干箱内。

(2) 升华阶段 升华干燥是冷冻干燥的主要过程，其目的是将物料中的冰通过升华而逸出，以除去制品中的大量自由水及少量结合水。产品在升华干燥时要吸收热量，1g 冰全部变成水蒸气大约需要吸收 670cal（1cal＝4.184J）左右的热量，因此升华阶段必须对产品进行加热。将冻结后的产品置于密闭的真空容器中，当冻干箱内的真空度降至 10Pa（可根据制品要求而定）以下时，开始给制品加热，其冰晶就会升华成水蒸气从制品表面逸出而使产品脱水干燥，溢出的水蒸气进入真空冷凝器（水分捕集器，即冷阱）中凝结成冰。整个过程中，冻干箱内的真空度应控制在 $10\sim30\text{Pa}$，因其最有利于热量的传递，利于升华的进行。当全部冰晶除去时，升华干燥就完成了，此时约除去全部水分的 90%。

升华干燥是决定剂型质量的主要因素，一般冻干药品剂型的质量问题主要发生在升华干燥阶段，所以产品升华干燥时应注意下列因素：

① 产品冰层部分的温度应低于产品的共熔点（完全冻结的制品，当温度升高到某一点时，开始出现冰晶熔化时的温度）或崩解温度（在干燥过程中变形或坍塌的温度）。

② 产品干燥部分的温度必须低于药品允许的最高温度（不烧焦或变性）。

③ 升华界面的温度应低于制品的崩解温度。

（3）解析干燥　冻干制品中的残留水分对药品的影响很大，残留水分过多，生物活性物质容易失活，大大降低了稳定性。解析干燥的目的是进一步去除制品中残余的结合水，使其达到 $0.5\%\sim4\%$，最终得到干燥物料。一般药品水分的含量以低于或接近于 2% 较为理想。

这一部分水分是通过范德华力、氢键等弱分子力吸附在药品上的结合水，要除去这部分水，需要克服分子间的力，所以需要更多的能量。可以把制品温度加热到其允许的最高温度以下（产品的允许温度视产品的品种而定，一般为 $25\sim40℃$。病毒性产品为 $25℃$，细菌性产品为 $30℃$，血清、抗生素等可高达 $40℃$），维持一定的时间（由制品的特点而定），使残余水分含量达到预定值，整个冻干过程结束。

在这一阶段，温度要选择能允许的最高温度；真空度的控制尽可能提高，以利于残留水分的逸出。

3. 冻干保护剂

蛋白质在冷冻时由于冰晶的挤压和在干燥时由于水分子的流失，均会受到应力；细胞在冷冻时，因细胞外溶质浓度的升高而改变了的渗透压亦能使细胞膜受到相应的应力。这些应力会破坏蛋白质的结构或使细胞膜破损，从而使生物制品失去活性。

冻干保护剂是一类能防止蛋白质和活细胞在冷冻干燥时受到破坏的物质。因其用途的不同，冻干保护剂可分为冷冻保护剂和干燥保护剂两类。前者可使制品在冷冻时不形成晶体，保持无定型状态，从而保护活性物质免受晶体所形成的应力而变性失活，如牛血清白蛋白、聚乙二醇等；后者可保护蛋白质在干燥时不因失水而改变其二级或三级结构，避免发生变性而沉淀，如葡萄糖、麦芽糊精、山梨醇加明胶等。有许多糖类化合物如蔗糖、麦芽糖、海藻糖和葡聚糖等，既是冷冻保护剂又是干燥保护剂。

4. 冻干制品的保存处理

已干燥的产品是一种疏松的多孔物质，有很大的内表面积，如果暴露于空气中，就会吸收空气中的水分而潮解，增加产品的残余水分含量。其次，空气中的氧、二氧化碳与产品接触，一些活性成分就会很快与氧结合产生不可逆的氧化作用。此外，空气中如含有杂菌，还会污染产品。因此，产品干燥后的后处理不容忽视。

对于生物制品，冻干结束后要向箱内充入干燥无菌的空气和氮气，然后在无菌室内将容器封口，或在干燥结束时，在冻干箱内真空加塞。

5. 冻干要求

① 应根据制品的不同特性，制定并选择相适应的冻干工艺和参数，冻干过程应有自动扫描记录。不论任何制品，冻干全过程都要做到严格的无菌操作。

② 真空封口者，应在成品检定中测定真空度。充氮封口者，应充足氮量，氮气标示纯

度应不低于 99.99%。

③ 分装后的制品要按批号填写分装、冻干卡片，注明制品名称、批号、亚批号、规格、分装日期等，并应立即填写分装和冻干记录，并有分装、冻干、熔封、加塞、加铝盖等主要工序中直接操作人员及复核人员的签名。

三、外包装技术

1. 外包装要求

外包装过程必须满足《中国药典》（2020 年版）中"生物制品分包装和贮运管理"对包装的有关要求。

① 已分装或冻干后制品，经质量管理部门审核并确认后，方可进行包装。

② 包装前，应按质量管理部门开出的包装通知单载明的相关内容（如品名、批号、有效期等）准备瓶签或印字戳。瓶签上字迹应清楚。

③ 包装过程中应仔细核对相关信息，防止错误和混淆。在包装过程中，如发现制品的外观异常、容器破漏或有异物者应剔除。

④ 瓶签应与容器贴实，不易脱落，瓶签内容不得用粘贴或剪贴的方式进行修改或补充。直接印字的制品字迹应清楚。

⑤ 不同制品及同一制品不同规格，其瓶签应用不同颜色或式样，以便于识别。

⑥ 每个最小包装盒内均应附有说明书。

⑦ 外包装箱标签内容应直接印在包装箱上。批号的号码和有效期应采用适宜的方法直接打印在包装箱上，字迹应清楚，不易脱落和模糊。

⑧ 制品包装全部完成后，应及时清场并填写清场记录，同时应对包装材料和制品数量进行物料平衡计算；完成包装的成品应及时交送成品库。

2. 外包装操作

外包装过程主要分为以下步骤：灯检、贴标、喷码、装箱、打包、入库。

（1）灯检 分装后的生物制品在包装前必须进行透视检查，通常采用灯检的方式，目的就是剔除颜色和澄明度异常、有异物或有摇不散的凝块、有结晶析出、封口不严、有黑头或裂纹、装量不足、装量明显超量、轧盖不严或是异形等在外观上存在质量问题的制品。

① 灯检的方法

a. 操作人员将待检品盛满放于周转盘里，坐在灯检箱前，适当调整自己的位置以便于操作。将装有待检品的盛具放于适当的位置，取下插板的周转盘放在灯检箱旁边（为了装灯检合格产品用），关闭室内照明灯，开灯检箱日光灯。

b. 操作过程中，操作人员必须认真负责，思想集中，保持安静。

c. 由班长和品质保证人员（QA）按规定抽查，不合格时，由操作人员返工进行重新检查。

d. 将不合格品分类存放。合格品放入周转盘内，待合格品满盘后插上插板，在标签上标明数量和灯检号，放置于合格区。

e. 灯检结束后，由另一人核对本批灯检合格数量并填写标签，将灯检合格品转入 2～8℃库存放。

f. 将检出并分类的不合格品及时计数，填写灯检批生产记录。经确认的不合格品应在

QA 的监督下及时销毁，西林瓶应启开塑料盖。填写不合格品销毁记录。

g. 关闭灯检箱电源，清场。

② 灯检注意事项

a. 光源　采用日光灯，无色供试品溶液，检查时的光照度应为 1000～1500lx；有色供试品溶液，光照度应为 2000～3000lx；冻干粉针剂供试品，为便于观察，在一般生产区光照度下进行，用目检视。要求每次灯检前先用照度仪检测光照度，将照度仪的光感部位如同供试品一样放置，光照度应符合要求。

b. 人员视力　透视人员的视力应每半年检查一次，近距离和远距离视力测验，均为 4.9 或 4.9 以上，矫正视力应在 5.0 或 5.0 以上。色盲测试应无色盲。

c. 温度　根据不同制品控制灯检室的环境温度。疫苗制品的保存应在 2～8℃库内避光，严禁冻结。生产操作时温度应控制在 25℃以下，操作时间不得超过 2h（包括缓霜时间）。

d. 灯检时限　检查时每次拿药品后如瓶身外壁有污痕，须擦净。2 支灯检时限为 20s。灯检人员灯检 2h 需休息 10～20min，以缓解眼疲劳。

（2）贴标　将标签贴到灯检合格的药品瓶上的过程，即为贴标过程。药品的标签是指药品包装上印有或者贴有的内容，分为内标签和外标签。药品的内标签指直接接触药品的包装的标签，至少应当标注药品的通用名称、规格、产品批号、有效期等内容。药品的外标签指内标签以外的其他包装的标签，应当注明药品的通用名称、成分、性状、适应证或者功能主治、规格、用法用量、不良反应、禁忌证、注意事项、贮藏、生产日期、产品批号、有效期、批准文号、生产企业等内容。适应证或者功能主治、用法用量、不良反应、禁忌证、注意事项等，不能全部注明的，应当标出主要内容并注明"详见说明书"字样。

药品标签中的有效期的具体标注格式为"有效期至××××年××月"或者"有效期至××××年××月××日"，也可以用数字和其他符号表示为"有效期至××××.××.××"或者"有效期至××××/××/××"等。预防用生物制品有效期的标注按照国家药品监督管理部门批准的注册标准执行，治疗用生物制品有效期的标注自分装日期计算，其他药品有效期的标注自生产日期计算。

贴标操作常使用全自动贴标机完成，以 ZH-200 立式不干胶贴标机为例，自动贴标的过程为：将需要贴标的瓶子放在专用转盘上，由专用转盘将瓶子送到输送带上，瓶子经过调距装置成等距离排列，进入光电传感区，由电动机控制的卷筒贴标纸得到信号后自动送标，正确无误地将自动剥离的标纸贴到瓶身上。另一组光电传感器及时地限制后一张标纸的送出。在连续不断的进瓶过程中，标纸逐张正确地贴到瓶身上，经过滚轮压平后，自动输出，完成整个贴标工艺过程。其工艺流程为：进瓶→分瓶→校正→贴标→出瓶→成品。

（3）打码、喷码　包装时，会根据不同需要在瓶身、包装盒、外包装纸箱上打印相应的制品信息（如在小包装盒上要打印药品包装日期，包含三行内容：生产日期、有效期、生产批号；外包装箱标签内容必须直接印在包装箱上），通常使用的设备为全自动打码机或喷码机。全自动打码机价格便宜，使用色带打码，打码清晰，无油墨污染，在纸盒、标签上打印非常合适，但不能在瓶装上打印。而喷码机通过喷嘴使非常微小的油墨滴喷出，落在被喷印物的表面上形成喷印图案，喷码过程与被标识产品无接触，喷印速度快、字迹清晰持久、自动化程度高，但价格贵，目前主要应用在大规模生产的瓶装打印上。

（4）装箱　在装箱前，有需要进行电子监管码监管的制品，需要进行扫码，将药品信息记录到电子监管系统中，然后再进行装箱。

装箱的过程主要是将贴好标的药品瓶装入塑托，然后连同说明书一同装入小包装盒内，再将数个小包装盒装入中包装盒，最后将数个中包装盒装入大包装箱。

药品的每一个最小销售单元的包装必须按照规定印有或贴有标签并附有说明书，药品说明书为指导医生和患者合理用药的法规性文件，如预防用生物制品说明书包括以下内容：药品名称、成分和性状、接种对象、作用与用途、规格、免疫程序和剂量、不良反应、禁忌证、注意事项、贮藏、包装、有效期、执行标准、批准文号、生产企业等。

（5）打包 装箱后要用捆扎带将箱子捆扎起来，起固定和加固包装的作用。不论用手工还是打包机捆扎，操作过程都相同。先将捆扎带绕于箱子上，再用工具或机器将带拉紧，然后将带的两端重叠连接。小纸箱绕一道，或平行绕两道，也可绕成十字形的两道，较重、较大的包装件或货物，沿宽度方向绕2～3道，必要时再沿长度方向绕一道；重型包装件可绕成"♯"字形，4道或更多。目前，生产中常使用全自动打包机完成打包，能使捆扎带紧贴于被捆扎包件表面，保证在运输、贮存中不因捆扎不牢而散落，同时整齐美观。

（6）入库 包装后的生物制品入库待检，检定合格后入成品库。

学习内容八   生物安全防护技术

生物制品的生产采用天然的或人工改造的微生物（细菌、病毒等）或动物及人源组织、体液为起始原料，这些生物活性材料，有相当多的部分具有一定的危险性，如不按照规定进行特定操作和处理，将对接触者有一定的感染危险性，甚至危及生命健康，还可能污染环境，严重的可以造成重大的灾难性事故，特别是由于病原微生物或者条件致病微生物的处理不当而发生的获得性感染最为常见。由于微生物具有一定的隐蔽性、传染性和发病潜伏期，因此，其对人体的损害往往比较严重，社会危害性也较大。因此，在生物制品的生产过程中，生物安全防护是非常重要的。

一、微生物的感染途径

Pikc等对实验室相关感染的统计分析数据表明：已知原因的实验室感染只占全部感染的18%（如被锐器意外地刺伤或割伤、被感染的实验动物咬伤、皮肤和黏膜污染等）；不明原因的实验室感染高达82%。对不明原因的实验室感染的研究表明，大多数可能是由于病原微生物形成的感染性生物气溶胶在空气中扩散，实验室内的工作人员吸入了污染的空气而感染发病。

气溶胶是指悬浮于气体介质中，粒径为$0.001\sim100\mu m$的固态或液态微小粒子形成的相对稳定的分散体系。若其分散相为致病微生物，则称其为感染性生物气溶胶。由于其粒径非常小，常常难以察觉，同时气溶胶粒子越小，进入的部位就越深，因此感染性生物气溶胶成为生物制品生产人员感染微生物的最主要途径之一。

可能产生生物气溶胶的生产操作主要包括：①打开装有冻干物的安瓿；②收集微生物培养物；③热的接种环放在菌液或菌苔上；④液体从吸管掉落到工作台面上；⑤从吸管中将最后一滴液体吹出；⑥用移液管反复吹吸混合；⑦磨口瓶子打开瓶塞时；⑧快速地脱实验服等。因此，在进行这样的操作时，一定要进行安全操作，防止微生物感染的发生。

二、生物安全防护措施

生物制品生产区分为有毒区和无毒区，在有毒区的一切物品，包括空气、水体和所有的表面（设备）等均被视为污染有危害的。但无论传染性和致病性多强的病原微生物，只要切断其传播途径，不让它和操作人员接触，感染就不会发生。因此，生物安全防护可以从以下几个角度进行考虑。

1. 设置屏障

设置某些屏障，将病原微生物和外界分隔开，不让其和易感因素接触，即可阻断其感染。如为了避免有毒区活的生物体不向外逃逸扩散，在建造该生产区域时，必须设置气闸和缓冲区，使该区与其相邻的区域保持相对的负压，把病原微生物包围在一定的空间范围内，使之避免暴露在开放的环境中。生产第一类及第二类强毒的操作间还要安装Ⅱ级及以上级别的生物安全柜，微生物操作在生物安全柜中进行。同时，接触病原微生物的空气和水还要经过高效过滤或灭活处理后再进行排放，这样就可以起到安全防护的作用。

2. 消毒灭菌

对生产车间和隔离区，在进行活体微生物的操作过程中和操作结束后，对有可能污染的区域和物品，必须要进行消毒灭菌处理，特别是对生产后的废液、设备与器具等务必严格处理。在生产区设有高压灭菌锅和化学清洁装置，便于对生产所涉及的物品进行原位消毒处理。对于一些不能原位消毒处理的污物和废弃物，特别是带有活生物体的污染物，必须要放在特制的密封袋中，装入密闭容器中直接送到焚烧炉内进行焚烧处理，以防有害因子污染扩散和交叉污染。

3. 个人防护

为了防止操作中的疏漏对操作人员造成的危险，还要按要求使用防护装备来做好个人防护。

个人防护装备是指用于防止工作人员受到物理、化学和生物等有害因子伤害的器材和用品，包括眼镜（安全镜、护目镜）；口罩、面罩、防毒面具；帽子；防护衣（实验服、隔离衣、连体衣、围裙）；手套；鞋套；听力保护器等。所涉及的防护部位包括眼睛、头面部、躯体、手、足、耳（听力）和呼吸道等。

生物制品生产车间对操作者个人的防护要求包括以下四方面：

① 操作人员在实验时应穿工作服，在工作服外加罩衫或穿防护服。

② 戴帽子、口罩和手套，如可能发生感染性材料的溢出或溅出，宜戴两副手套。工作完全结束后方可除去手套。

③ 必要时佩戴护目镜。

④ 完成实验后，工作服必须脱下，留在实验室并定期进行消毒洗涤。

生产结束后，脱卸个人防护装备的顺序为外层手套→护目镜→隔离衣→口罩和防护帽→鞋套→内层手套。

4. 常用的生物安全操作

严格的生物安全操作是进行生物安全防护的重要手段之一。世界卫生组织在《实验室生物安全手册》中对常用的生物安全操作进行了相关的介绍，也适用于生产企业操作人员进行相关操作。

（1）移液管和移液辅助器的使用

① 应使用移液辅助器，严禁用口吸取。

② 所有移液管应带有棉塞，以减少移液器具的污染。

③ 不能向含有感染性物质的溶液中吹入气体。

④ 感染性物质不能使用移液管反复吹吸混合。

⑤ 不能将液体从移液管内用力吹出。

⑥ 刻度对应移液管不需要排出最后一滴液体，因此最好使用这种移液管。

⑦ 污染的移液管应完全浸泡在盛有消毒液的防碎容器中适当时间后再进行处理。

⑧ 盛放废弃移液管的容器不能放在外面，应当放在生物安全柜内。

⑨ 在打开隔膜封口的瓶子时，应使用可以使用移液管的工具，避免使用注射针头和注射器。

⑩ 为了避免感染性物质从移液管中滴出而扩散，在工作台面应当放置一块浸有消毒液的布或吸有消毒液的纸，使用后将其按感染性废弃物处理。

（2）生物安全柜的使用

① 生物安全柜运行正常时才能使用。

② 生物安全柜在使用中不能打开玻璃观察挡板。

③ 安全柜内应尽量少放置器材或标本，不能影响后部压力排风系统的气流循环。

④ 安全柜内不能使用明火，否则燃烧产生的热量会干扰气流并可能损坏过滤器。允许使用微型电加热器，但最好使用一次性无菌接种环。

⑤ 所有工作必须在工作台面的中后部进行，并能够通过玻璃观察挡板看到。

⑥ 操作者不应反复移出和伸进手臂，以免干扰气流。尽量减少操作者身后的人员活动。

⑦ 不要使实验记录本、移液管以及其他物品阻挡空气格栅，因为这将干扰气体流动，引起物品的潜在污染和操作者的暴露。

⑧ 工作完成后以及每天下班前，应使用消毒剂对生物安全柜的表面进行擦拭。

⑨ 在安全柜内的工作开始前和结束后，安全柜的风机应至少运行 5min。

⑩ 在生物安全柜内操作时，不能进行文字工作。

（3）避免感染性物质的注入

① 通过认真练习和仔细操作，可以避免破损玻璃器皿的刺伤所引起的接种感染。应尽可能用塑料制品代替玻璃制品。

② 锐器损伤（如通过皮下注射针头、巴斯德玻璃吸管以及破碎的玻璃）可能引起意外，注入感染性物质。以下两点可以减少针刺损伤：a. 减少注射器和针头的使用；b. 在必须使用注射器和针头时，采用锐器安全装置。

③ 不要重新给用过的注射器针头戴护套。一次性物品应丢弃在防／耐穿透的带盖容器中。

④ 应当用巴斯德塑料吸管代替玻璃吸管。

（4）血清的分离

① 操作时应戴手套以及眼睛和黏膜的保护装置。

② 规范的实验操作技术可以避免或尽量减少喷溅和气溶胶的产生。血液和血清应小心吸取，而不能倾倒。严禁用口吸液。

③ 移液管使用后应完全浸入适当的消毒液中。移液管应在消毒液中浸泡适当的时间，然后再丢弃或灭菌清洗后重复使用。

④ 带有血凝块等的废弃标本管，在加盖后应当放在适当的防漏容器内高压灭菌和/或焚烧。

⑤ 应备有适当的消毒剂来清洗喷溅和溢出的标本。

(5) 离心机的使用

① 盛放标本的容器应当由厚壁玻璃制成，或为塑料制品，使用前应检查是否破损。

② 用于离心的试管和标本容器应当始终牢固盖紧（最好使用螺旋盖）。

③ 离心桶的装载、平衡、密封和打开必须在生物安全柜内进行。

④ 离心桶和十字轴应按重量配对，并在装载离心管后正确平衡。

⑤ 空离心桶应当用蒸馏水或乙醇来平衡。

⑥ 对于危险度3级和4级的微生物，必须使用可封口的离心桶（安全杯）。

⑦ 当使用固定角离心转子时，必须注意不能将离心管装得过满，否则会导致漏液。

⑧ 应每天检查转子部位的腔壁是否被污染或弄脏。如污染明显，应重新评估操作规范。

⑨ 应当每天检查离心转子和离心桶是否有腐蚀或细微裂痕。

⑩ 每次使用后，要清除离心桶、转子和离心机腔的污染。

(6) 匀浆器、摇床、搅拌器和超声处理器的使用

① 实验室不能使用家用匀浆器，因为它们可能泄漏或释放气溶胶。使用实验室专用的搅拌器和消化器更为安全。

② 盖子、杯子或瓶子应当保持正常状态，没有裂缝或变形。盖子应能封盖严密，衬垫也应处于正常状态。

③ 在使用匀浆器、摇床和超声处理器时，容器内会产生压力，含有感染性物质的气溶胶就可能从盖子和容器间隙逸出。由于玻璃可能破碎而释放出感染性物质并伤害操作者，建议使用塑料容器，尤其是聚四氟乙烯容器。

④ 使用匀浆器、摇床和超声处理器时，应该用一个结实透明的塑料箱覆盖设备，并在用完后消毒。可能的话，这些仪器可在生物安全柜内覆盖塑料罩进行操作。

⑤ 操作结束后，应在生物安全柜内打开容器。

(7) 冰箱与冰柜的维护和使用

① 冰箱、低温冰箱和冰柜应当定期除霜和清洁，应清理出所有在贮存过程中破碎的安瓿和试管等物品。清理时应戴厚的橡胶手套并进行面部防护，清理后要对其内表面进行消毒。

② 贮存在冰箱内的所有容器应当清楚地标明内装物品的科学名称、贮存日期和贮存者的姓名。未标明的或废旧物品应当高压灭菌并丢弃。

③ 应当保存一份冻存物品的清单。

④ 除非有防爆措施，否则冰箱内不能放置易燃溶液。

(8) 装有冻干感染性物质安瓿的开启 应该小心地打开装有冻干物的安瓿。安瓿应该在生物安全柜内打开，建议如下：

① 首先清除安瓿外表面的污染。

② 若管内有棉花或纤维塞，可以在管上靠近棉花或纤维塞的中部锉一痕迹。

③ 用酒精棉将安瓿包起来以保护双手，然后手持安瓿从标记的锉痕处打开。

④ 将顶部小心移去并按污染材料处理。

⑤ 如果塞子仍然在安瓿上，需用消毒镊子除去。

⑥ 缓慢向安瓿中加入液体来重悬冻干物，避免出现泡沫。

(9) 装有感染性物质安瓿的贮存 装有感染性物质的安瓿不能浸入液氮中，因为这样会造成有裂痕或密封不严的安瓿在取出时破碎或爆炸。如果需要低温保存，安瓿应当贮存在液氮上面的气相中。此外，感染性物质应贮存在低温冰箱或干冰中。当从冷藏处取出安瓿时，实验室工作人员应当进行眼睛和手的防护。以这种方式贮存的安瓿在取出时应对其外表面进行消毒。

知识窗

1. 分离纯化方法的设计

生物制品的基本成分性质不一，既有蛋白质、多肽和氨基酸类，又有多糖及脂类。对于不同的生物制品，因其结构和理化性质（如分子大小、形状、溶解度和带电性质等）不同，所选用的分离纯化方法也不相同。

（1）目的物的生产数量及生产质量要求　目的物的数量不同，分离纯化的规模和工艺就会不同。生产质量要求不同，其分离纯化的方法也会不同。

（2）目的物的特性以及与其所在的待分离体系的理化性质的差异　了解目的物的特性，如可耐受的温度、变性剂、存在的状态等内容，可以在分离纯化过程中注意避免接触使其变性的各种因素，保护目的物的活性尽可能不降低。一般可采取选择合适的缓冲剂，加入必要的稳定剂，尽可能在 $2\sim8℃$ 条件下操作等措施。

了解目的物和与其所在的待分离体系的理化性质的差异，就可以根据这个差异选择适合的分离纯化方法进行分离。如：分离分子大小不同的物质，可以采用凝胶色谱（分子筛）、超滤、差速离心等方法；分离吸附性不同的物质，可采用吸附色谱等方法；分离所带电荷不同的物质，可以采用离子交换色谱、电泳方法；分离溶解度不同的分子，可采用等电点沉淀法、盐析法、有机溶剂沉淀法等方法；分离与某种物质具有特异性结合能力的物质，可以采用亲和色谱的方法等。

（3）比较同类（相似）目的物分离纯化的工艺，可以借鉴前人的经验，使自己设计的方案更加合理。

（4）进行设计方案的可行性分析　目的物的分离纯化是生物制品生产的核心操作，由于生物活性物质很多，故而分离纯化的方案也有很多种，没有一种适合于所有目的物分离纯化的方案。但总的来说，生物活性物质分离纯化的主要工艺步骤仍可归纳为预处理、粗提和精制三步。其纯化工艺见表2-6。

表 2-6　生物制品一般纯化工艺流程

工艺流程	处理对象	料液状况	处理目的	供选用的方法
预处理	粗提物	低浓度,高复杂性,有聚合物,有蛋白酶	尽快去除蛋白酶和聚合物	①盐析沉淀 ②过滤/超滤 ③离子交换色谱 ④亲和色谱
粗提	较稳定的提取物	低浓度,高复杂性,无聚合物,无蛋白酶	降低复杂性,提高浓度	①疏水色谱 ②离子交换色谱 ③亲和色谱 ④超速离心
精制	部分纯化的蛋白质	相对高浓度,较低的复杂性	除去某些难以去除的残留杂质	联合使用高分辨率的纯化技术,优选最佳分离条件(如超速离心的梯度、转速、时间;色谱分离的温度、流速、洗脱梯度、进料量等)

2. 生物制品生产用菌（毒）种的生物安全分类

以《人间传染的病原微生物名录》为基础，根据病原微生物的传染性、感染后对个体或者群体的危害程度，将生物制品生产用菌（毒）种分为以下四类：

　　第一类病原微生物，是指能够引起人类或者动物非常严重疾病的微生物，以及我国尚未发现或者已经宣布消灭的微生物。

　　第二类病原微生物，是指能够引起人类或者动物严重的疾病，比较容易直接或者间接在人与人、人与动物、动物与动物间传播的微生物。

　　第三类病原微生物，是指能够引起人类或者动物疾病，但一般情况下，对人、动物或者环境不构成严重危害，传播风险有限，实验室感染后很少引起严重疾病，并且具备有效治疗和预防措施的微生物。

　　第四类病原微生物，是指在通常情况下不会引起人类或者动物疾病的微生物。

　　生物制品生产用菌（毒）种中，多数属于第四类病原微生物；包括百日咳杆菌（吸附百日咳疫苗生产用菌种）、狂犬病病毒（固定毒）（狂犬病疫苗生产用菌种）等在内的 25 种菌（毒）种为第三类病原微生物；结核杆菌（结核菌素纯蛋白衍生物生产用菌种）、森林脑炎病毒森张株（森林脑炎灭活疫苗生产用毒种）、出血热病毒（肾综合征出血热双价疫苗生产用毒种）为第二类病原微生物。

　　第一类、第二类病原微生物操作时感染机会较多，感染后发病可能性大，症状较为严重，可能会危及生命，对人群危害较大。

 学习思考

　　1. 生物制品生产中常用的生产技术有哪些？

　　2. 玻璃器皿如何进行洗刷？

　　3. 生物制品生产中常用的灭菌方法有哪些？

　　4. 常用的病毒培养方法有哪些？

　　5. 细胞的大规模培养方法有哪些？

　　6. 常用的分离纯化方法有哪些？

　　7. 冷冻干燥的原理与过程是什么？

　　8. 生物安全防护措施有哪些？

第三单元

生物制品的生产工艺

🔖 **学习指导**

　　生物制品是以微生物、细胞、动物或人源组织和体液等为原料，应用传统技术或现代生物技术制成，用于人类疾病预防、治疗和诊断的免疫制剂。本单元主要介绍常用的预防类、治疗类和诊断类生物制品的生产工艺流程。通过本单元的学习，能够掌握常用的一些生物制品的制备流程、生产工艺及使用方法。

学习内容一　预防类生物制品的生产

　　预防类生物制品是指主要用于感染性疾病预防的一类主动免疫性生物制品，主要包括细菌性疫苗、类毒素、病毒性疫苗、蛋白疫苗和核酸疫苗（如 DNA 疫苗）等。

一、细菌性疫苗与类毒素的生产工艺

　　细菌性疫苗和类毒素的生产工艺流程见图 3-1。

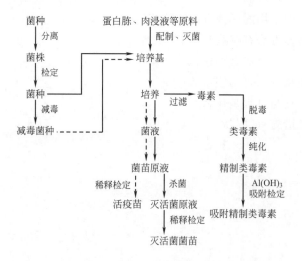

图 3-1　细菌性疫苗和类毒素的生产工艺流程

1. 菌种的选择

　　菌种必须具有特定的抗原性，能使机体诱发特定的免疫反应；菌种应具有典型的形态、培养特性和生化特性，并在传代的过程中，能长期保持这些特性；菌种应易于在人工培养基上培养；制备灭活菌苗，菌种在培养过程中应产生较小的毒性；制备活菌苗，菌种在培养过

程中应无恢复原毒性的现象；制备毒素，菌种在培养过程中应能产生大量的典型毒素。

制备菌苗和类毒素的菌种，应该是生物学特性稳定，能获得安全性好、效力高的生物制品的菌种。

2. 培养基的营养要求

除碳源、氮源和各种无机盐类等培养微生物所需要的一般营养要素外，由于某些微生物生理上的特殊性，往往需要某些特殊营养物才能生长。例如结核杆菌需以甘油作为碳源；有些分解糖类能力较差的梭状芽孢杆菌需以氨基酸作为能量及碳与氮的来源。培养致病菌时，在培养基中除应含有一般碳源、氮源和无机盐成分外，往往还需添加某种生长因子。

3. 菌种制备

菌种使用前应进行培养特性、血清学特性、毒力试验、毒性试验、抗原性试验、免疫力试验的检定。

一代种子：冻干菌种接种于适宜的培养基上，于37℃±1℃培养一定的时间。

二代种子：一代种子接种到适宜的培养基上，于37℃±1℃进行扩大培养。

菌种开启后用于生产时不能超过规定的传代数。

4. 培养

根据不同的菌种和要求选择适合的培养基，常用的培养方法有固体培养法和液体深层培养法。大规模生产多采用液体深层通气培养法。细菌培养时，应注意下述四种因素的控制。

（1）气体 各种细菌在生长时对氧的要求不同。在培养特定的细菌时，必须严格控制培养环境的氧分压。

（2）温度 致病菌的最适培养温度大都接近人体的正常温度（35~37℃）。在制备菌苗时，必须先找出菌种的最适培养温度，在生产工艺中加以严格控制，以获得最大的产量及保持细菌的生物学特性和抗原性。

（3）pH 值 同一细菌能在不同的 pH 值下生长。培养的 pH 值不同，细菌的代谢产物有可能不同。因此，在培养细菌时，应严格控制培养基的 pH 值，以使它们按预定的要求生长、繁殖和产生代谢产物。

（4）光线 制备生物制品的细菌，一般都不是光合细菌，不需要光线的照射。故培养不应在阳光或 X 射线下进行，以防止核糖核酸分子的变异，从而改变细菌的生物学特性。

5. 收菌

以固体培养法培养的细菌，在采集时应逐瓶检验，污染杂菌的废弃，未污染的将菌苔刮入含 PBS 的大瓶中。液体培养时，将培养液直接收集到大瓶或其他容器中，逐瓶进行无菌试验，污染杂菌的废弃。

6. 杀菌

灭活疫苗制剂在制成原液后需要用物理或化学方法杀菌，各种菌苗所用的杀菌方法不相同，但杀菌的总目标是彻底杀死细菌而又不影响菌苗的防病效力。以伤寒菌苗为例，可用加热杀菌、甲醛溶液杀菌、丙酮杀菌等方法杀死伤寒杆菌。我国多采用甲醛作为杀菌剂，甲醛的终浓度不超过 1%（体积分数，ml/ml），置 37℃一定时间或 2~8℃一定时间杀菌。

杀菌后的原液还要进行无菌检查，方法是：取样接种于不含琼脂的硫乙醇酸盐培养基、琼脂斜面及碱性琼脂斜面各 1 支，置 37℃培养 5 天，应无本菌生长。

7. 原液检定与保存

(1) 浓度测定   应按《中国细菌浊度标准》测定浓度。

(2) 镜检   涂片染色镜检,至少观察 10 个视野,应该菌形典型且无杂菌。

(3) 凝集试验   用相应血清做定性凝集试验,呈阳性反应。

(4) 无菌试验   需氧菌、厌氧菌及真菌试验应为阴性。

(5) 免疫力试验   以一定菌数的剂量免疫小鼠,再用致病菌攻击小鼠,观察并记录小鼠死亡数,计算 ED_{50} 或 LD_{50},达到要求即合格。

(6) 原液保存   2~8℃保存。

自采集之日起有效期一般为 3~4 年。

8. 稀释、分装和冻干

经杀菌的菌液,一般用含防腐剂的缓冲生理盐水稀释至所需的浓度,然后在无菌条件下分装于适当的容器,封口后在 2~10℃保存,直至使用。有些菌苗,特别是活菌苗,亦可于分装后冷冻干燥,以延长它们的有效期。

成品按照规程要求进行检定。

二、病毒性疫苗的生产工艺

病毒性疫苗的生产工艺流程如图 3-2 所示。

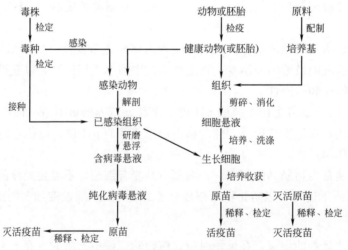

图 3-2   病毒性疫苗的生产工艺流程

1. 毒株

疫苗生产和检定用毒种应由国家药品检定机构——中国药品生物制品检定所或国务院药品监督管理部门认可的单位保存、检定及分发。

作为疫苗生产和检定用毒种,必须具备以下特性:具有特定的抗原性,能使机体诱发特定的免疫力;应有典型的形态和感染特定组织的特性,并在传代的过程中,能长期保持其生物学特性;易在特定的组织中大量繁殖;在人工繁殖的过程中,不应产生神经毒素或能引起机体损害的其他毒素;如制备活疫苗,毒株在人工繁殖的过程中应无恢复原致病力的现象;在分离和形成毒种的全过程中应不被其他病毒所污染,并需要保持历史记录。

用于制备活疫苗的毒种，往往需要在特定的条件下将毒株经过长达数十次或上百次的传代，降低其毒力，直至无临床致病性，才能用于生产。例如在制备流感活疫苗的甲$_2$、甲$_3$、乙三种不同亚型毒株时，需分别在鸡胚中传 6～9 代、20～25 代、10～15 代后才能使用。

疫苗生产用毒种应以病毒种子批系统为基础进行三级管理，即原始种子批、主种子批和工作种子批。

(1) 原始种子批 原始种子批是指历史背景和生物学特性经过检定，临床研究证实有良好的安全性和免疫原性的病毒株或用于制备原疫苗的活病毒分装悬液。

(2) 主种子批 主种子批指一定数量的来自原始种子批的病毒株或用于制备原疫苗的活病毒分装悬液。

(3) 工作种子批 按国务院药品监督管理部门批准的方法，从主种子批传代获得的活病毒均一悬液，等量分装、贮存用于疫苗生产的称工作种子批。

三级种子批按各毒种的相应培养条件进行传代，控制传代次数，主种子批和工作种子批的生物学特性应与原始种子批一致。

严格按规定的方法保存各级种子批的毒种。

2. 病毒的培养方式

动物病毒只能在活细胞中繁殖，一般有以下几种病毒培养方法。

(1) 动物培养 动物是人类最早用来进行病毒分离、检定和疫苗制备的材料。将病毒接种于动物的鼻腔、腹腔、脑内或皮下，使之在相应的细胞内繁殖。由于此方法具有潜在传播病毒的危险，饲养管理动物过程又复杂，在生产中已较少使用。

(2) 鸡胚培养 根据病毒的种类不同，将病毒接种到 7～11 日龄鸡胚的尿囊腔、卵黄囊或绒毛尿囊膜等处，接种的部位亦因病毒种类的不同各异。如流感疫苗常采用尿囊腔接种。

(3) 组织培养 从 20 世纪 50 年代开始，病毒培养广泛采用此方法。几乎所有人类和动物的组织都能在试管中培养。

(4) 细胞培养 目前，大多数病毒性疫苗基本采用细胞培养法来制备。用于疫苗生产的主要有原代细胞培养和传代细胞培养两种方法。原代细胞培养是将动物细胞进行一次培养而不再传代，如猴肾细胞、地鼠肾细胞等。传代细胞是指长期传代的动物细胞株，如人二倍体细胞。传代细胞须建立三级细胞库，即原始细胞库、主细胞库和工作细胞库，传代次数应控制在一定范围内。

细胞培养方法有静置培养、转瓶培养、微载体培养和中空纤维培养。

① 静置培养 细胞悬液按一定细胞数在玻璃瓶或高分子塑料平皿中，于适宜温度（37℃）静置平面培养，使细胞在壁上形成单层细胞。可采用密闭培养和通气培养（5% CO_2 条件下维持一定的 pH）。

② 转瓶培养 将圆柱形玻璃瓶或塑料瓶放在转瓶机上以一定转速转动培养（4～8min/圈），以提高细胞贴壁面积，一般密闭培养。

③ 微载体培养 即以玻璃或葡聚糖胶原质微小颗粒为细胞载体，于生物反应器中在一定搅拌转速下使微载体悬浮于营养液中的培养细胞的方法。该方法是目前疫苗大规模生产采用的方法。

④ 中空纤维培养 是将一组中空纤维密封安装于圆筒容器内，通过中空纤维管为细胞提供营养，使细胞贴壁生长于中空纤维管表面，并能够连续收获病毒液的培养方法。由于中空纤维反应器的制造、维修复杂，故使用较少。

细胞培养步骤如下：

a. 毒种悬液的制备   将工作种子批毒种按一定比例稀释成毒种悬液。

b. 细胞培养的生长液和维持液的配制   细胞培养多用 Eagle、199 综合培养基或 RPMI-1640 培养基作为维持液，维持液是维持细胞接种毒种后存活，使病毒大量复制的培养液。

生长液提供细胞生长繁殖所需要的营养，一般为含适量灭活小牛血清（8％）和乳蛋白水解物的 Eagle 液、MEM 液或其他适宜的营养液。

c. 病毒接种与培养   采用细胞培养法生产疫苗时，细胞在培养瓶生长液中长成单层后，挑选生长良好的细胞瓶，按规定比例接种毒种悬液。在适当的温度下培养，当细胞出现一定病变时，将营养液换为血清含量低的相应维持液维持细胞存活，使病毒大量复制，继续培养到相应的时间。

鸡胚培养法生产疫苗，按规定比例将毒种悬液接种到相应日龄的鸡胚中，在规定温度下培养一定时间，使病毒充分复制。

d. 培养条件的控制

ⓐ pH 值   细胞培养的适宜 pH 值为 7.0 ± 0.2，pH 值高会影响细胞生长。培养基中应加入 pH 缓冲剂如磷酸盐等保持 pH 的稳定。

ⓑ CO_2 浓度   细胞培养环境中 CO_2 分压应保持在 5％。细胞生长过程中产生的 CO_2 对培养基的 pH 和细胞内部环境均有缓冲作用。

ⓒ 氧分压   细胞生长过程中需要不断向培养液中提供无菌空气以维持一定的氧分压，可根据细胞培养的特点采用通气、摇瓶、转瓶培养的方法。

ⓓ 培养时间和温度   细胞培养的温度一般是 $37℃\pm1℃$，培养 2~4 天。

另外，应对管道、容器、培养基进行灭菌，避免在细胞培养过程中受到细菌的污染。贴壁生长的细胞，应保证容器内壁清洁。

e. 病毒的收获   用细胞培养病毒，一般在细胞病变达到一定程度时收获病毒。用鸡胚培养病毒一般在病毒充分复制，鸡胚未死亡之前收获病毒。

f. 病毒的灭活   不同的疫苗，其灭活方法不同，有的用甲醛溶液（如乙型脑炎疫苗、脊髓灰质炎灭活疫苗和斑疹伤寒疫苗等），有的则用酚溶液（如狂犬病疫苗）。所用灭活剂的浓度与疫苗中所含的动物组织量有关。灭活的温度和时间须视病毒的生物学性质和热稳定性而定。灭活疫苗一般要加入防腐剂，常用的是硫柳汞。

g. 疫苗的纯化   疫苗纯化的目的是去除存在的动物组织，降低疫苗接种后可能引起的不良反应。用细胞培养法获得的疫苗，动物组织量少，一般不需特殊的纯化，但在细胞培养过程中，需用换液的方法除去培养基中的牛血清。常用的纯化方法包括超滤、离子交换色谱、离心等。

h. 配制   收获的病毒经加工处理制成疫苗原液并经检定合格后，根据病毒滴度进行配制，制成半成品。

i. 冻干   疫苗的稳定性较差，一般在 2~8℃下能保存 12 个月，但当温度升高后，效力很快降低。在 37℃下，许多疫苗只能稳定几天或几小时。为使疫苗的稳定性提高，可用冻干的方法使之干燥。冻干的疫苗在真空或充氮后密封保存，使其残余水分保持在 3％以下，这样疫苗能保持良好的稳定性。

三、寄生虫疫苗的生产工艺

由于寄生虫感染的特殊性，在控制寄生虫感染的免疫预防方面，国内外的研究进展不大，尚未能像细菌和病毒那样，很好地利用疫苗进行预防接种。但随着各种生物学新技术，尤其是分子生物学技术在寄生虫研究领域的应用，寄生虫免疫学研究不断取得进展，各种虫体的抗原变异机理不断被揭示，保护性抗原分离及分子克隆不断取得突破，寄生虫基因工程苗亦已初露端倪。如羊抗细粒棘球蚴基因工程疫苗 EG95 已用于生产；牛巴贝斯虫基因工程苗在澳大利亚已开始进行田间试验；人用恶性疟原虫基因工程苗已在坦桑尼亚等非洲国家试用多年，取得了令人振奋的临床保护效果。随着寄生虫免疫学研究的不断深入，相信会有更多的寄生虫疫苗问世。

寄生虫疫苗的制造流程与细菌性疫苗和病毒性疫苗的制造流程大致相同，不同种类的疫苗有不同的制造流程。

1. 致弱虫苗

致弱虫苗是最早的寄生虫苗，又称第一代寄生虫苗。寄生虫多为带虫免疫，处于带虫免疫状态的动物对同种寄生虫的再感染均表现出不同程度的抵抗力。因而可以将强毒虫体以各种方法致弱，再接种易感宿主，以提高宿主的抗感染能力。致弱寄生虫毒力的方法主要有以下几种。

（1）筛选天然弱毒虫株　虽然每一种寄生虫种群的不同个体或不同株的致病力不同，但其基因组成可能相同。有些致病力很弱的个体是天然致弱虫株，是制备虫苗的好材料。

（2）人工传代致弱　有些寄生虫，特别是那些需要中间宿主的寄生虫（如巴贝斯虫和锥虫），在易感动物或培养基上反复传代后，其致病力会不断下降，但仍保持其抗原性。故可以通过传代致弱获得弱毒虫株，用于制备虫苗。

① 体内传代致弱　牛巴贝斯虫弱毒疫苗就是用牛巴贝斯虫在犊牛体内反复机械地传代 15 代以上得到的，虫体的毒力已下降到不能使被接种牛发病的程度。鸡球虫的早熟株则是通过在鸡体内的反复传代，使球虫的生活史变短，在鸡体内的生存时间减少，从而达到减低毒力的目的。

② 体外传代致弱　即将虫体在培养基内反复传代培养，最后达到致弱虫体的目的。如艾美尔球虫的鸡胚传代致弱苗和牛泰勒虫的淋巴细胞传代致弱苗。此外，还有用放射线致弱和药物致弱等方法，但现已很少使用。

2. 抗原苗

由于致弱苗存在诸多缺陷，目前人们都将重点转移到寄生虫抗原苗上。制备寄生虫抗原苗是先提取寄生虫的有效抗原成分，加入相应的佐剂，再免疫动物。该类虫苗最有前途，其制备关键是确定和大量提取寄生虫的有效抗原。

（1）传统寄生虫抗原苗　一般认为寄生虫可溶性抗原的免疫性较好，制备方法简便。如制备蠕虫可溶性抗原的常规方法是将其以机械方法粉碎，提取可溶性部分或虫体浸出物，再通过浓缩处理即可。该方法遇到的一个重要问题是虫体来源有限。此外，该类抗原中绝大部分为非功能抗原，因而免疫效果并不理想。随着寄生虫（尤其是原虫）体外培养技术的建立，很多寄生虫（如巴贝斯虫、锥虫和疟原虫）可以在体外大量繁殖，从而为提取大量的虫体分泌抗原奠定了基础，如巴贝斯虫培养上清疫苗。分泌抗原获得的方法是将虫体在体外培养，然后收集培养液，浓缩后即可获得抗原。

（2）分子水平寄生虫抗原苗　制备有效寄生虫疫苗的关键是获得大量的功能抗原，功能抗原就是能刺激机体产生特异性免疫保护的抗原。随着分子生物学的发展，越来越多的生物技术引入寄生虫学研究中，促进了寄生虫抗原的分离、纯化、鉴定及体外大量合成。运用分子克隆技术可以获得大量纯化的寄生虫功能抗原，从而可以制备出新一代寄生虫苗，包括亚单位疫苗、人工合成肽疫苗、抗独特型抗体疫苗及基因工程疫苗等。

学习内容二　治疗类生物制品的生产

动物生物制品的种类繁多、用途各异，除了能够用于各种传染性疾病的免疫预防外，还可以用于动物疾病的治疗。治疗类生物制品是指用于治疗动物传染病的制品。目前，用于畜禽传染病治疗的生物制品主要包括两类，一类是指利用微生物及其代谢产物等作为免疫原，经反复多次注射同一动物体所生产的含高效价抗体的制品，主要包括高度免疫血清、卵黄抗体，另一类是用于提高动物机体的免疫力、辅助进行治疗的制品，包括干扰素、白介素等。

一、高免血清类生物制品的生产工艺

1. 概述

高度免疫血清简称高免血清，又称免疫血清或抗血清。根据免疫血清作用的对象不同，可分为抗病血清和抗毒素两类。该类制剂用于治疗某些相应的疾病，具有很高的特异性；也可用作被动免疫，用于紧急预防和治疗相应的传染病。

（1）作用机理　高免血清预防和治疗急性传染病的作用机理是：高免血清含有特异性的高浓度免疫球蛋白——抗体，当它输入动物体后，动物即可被动获得抗体，从而形成免疫力，即所谓的人工被动免疫。当动物已感染某种病原微生物，发生传染病时，注射大量抗病血清后，由于抗体作用，可抑制动物体内的病原体继续繁殖，并协助体内正常的防御机能，消灭病原微生物，使病畜逐渐恢复健康。该作用具有很强的特异性，一种血清只对相应的一种病原微生物或毒素作用。

（2）应用　目前，虽然免疫血清的生产量不大，但是其所具有的特殊作用仍不容忽视。免疫血清用作紧急预防注射，通常是在已经发生传染病或受到传染病威胁的情况下使用，其特点是注射后立即产生免疫，疫苗是起不到这种作用的。但是这种免疫力维持时间较短，一般仅为2～3周，因此，在注射血清后2～3周仍需再注射一次疫苗，才能获得较长时间的抗传染病的能力。

目前生产较多的高免血清有：抗炭疽血清、破伤风抗毒素、抗羔羊痢疾血清、抗气肿疽血清、抗猪瘟血清、抗小鹅瘟血清、抗传染性法氏囊病血清和抗犬瘟热血清等，其中，破伤风抗毒素的效果最好，应用最广。

2. 动物高免血清的生产

高免血清的生产工艺流程见图3-3。

（1）制备高免血清用动物的选择与管理

① 动物的选择

a. 动物的品种　用于制备免疫血清的动物有马、牛、山羊、绵羊、猪、兔、犬、鸡和鹅等。用同种动物生产的高免血清称同源血清，用异种动物生产的高免血清称异源血清。制备抗菌和抗毒素血清多用异种动物，通常用马和牛等大动物制备，如破伤风抗毒素多用青年马制备、抗猪丹毒血清多用牛制备。而抗病毒血清的制备多用同种动物，如抗犬瘟热血清用

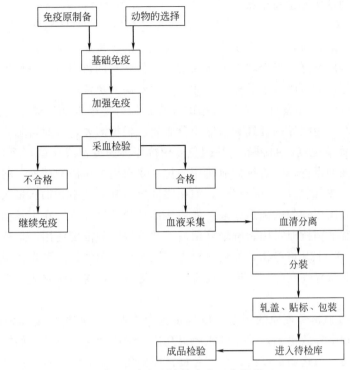

图 3-3　高免血清的生产工艺流程

犬制备、抗猪瘟血清用猪制备。总的来说，制备高免血清用马比较多，因为其血清渗出率较高，外观颜色较好。也可使用多种动物（如马、牛、羊三种动物）制备一种抗毒素血清，以避免发生过敏反应或血清病。由于动物存在个性免疫应答能力的差异，所以选定动物应有一定的数量，一个批次应选用多头动物。

b. 动物的年龄及健康状况　通常以选择体型较大、性情温顺、体质强健的青壮年动物为宜。马以年龄 3～8 岁、体重 350kg 以上者为宜；牛以 3～10 岁、体重 300～400kg 以上者为宜；猪以 50kg 以上，年龄 6～12 月龄者为宜；家兔体重需达 2kg 以上为好。因为年龄过于幼小，免疫系统尚不健全，而过老的动物，免疫系统常有失调现象，均不能产生良好的免疫应答。供制备高免血清的动物，必须从非疫区选购，经过严格检疫，并经隔离观察，每日测体温两次，观察 2 周以上，确认健康者方可使用。如有可能，最好选自繁自养的动物，或由专门饲养场提供的标准化 SPF 或其他级别的动物。对某些购进动物进行必要的和对制备抗血清无影响的免疫预防接种。

② 动物的管理　制备血清用动物的健康情况和饲养管理直接影响所生产的血清质量，因此必须制定严格的管理制度，由专人负责喂养和精心管理。动物应在隔离条件下饲养，杜绝高免时强毒及发病时散毒，应详细登记动物的来源、品种、性别、年龄、体重、特征及营养状况、体温记录和检疫结果等，建立制备血清动物档案，只有符合要求的动物才能投入生产；加强日常饲养管理，喂以营养丰富的饲料，并加喂多汁饲料，最好能经常喂一些胡萝卜，还须喂养适量的食盐和含钙的补充饲料。在高度免疫和采血期间，每日要检测体温两次，随时观察其健康情况。动物每日至少运动 4h。动物采血前 1h 禁食，可喂水，避免血中出现乳糜。在生产过程中，若发现动物的健康状况异常或有患病嫌疑时，应停止注射抗原和采血，并进行隔离治疗。

（2）免疫原的基本要求与制备

① 免疫原的基本要求   良好的免疫原应具备三个条件，即异物性、结构的复杂性和一定的物理性状。一般来说，颗粒性抗原较可溶性抗原的免疫原性强，球形分子蛋白质较纤维分子蛋白质的免疫原性强，聚合状态的蛋白质较单体状态的蛋白质免疫原性强。分子量较小和抗原性较低的蛋白质应吸附于载体上，才可获得较高的免疫原性。

② 免疫原的制备   制备抗病血清所用的免疫抗原，要根据病原微生物的培养特性，采用不同的方法生产。免疫原的提纯和浓缩十分必要。根据需要，有时可加合适的免疫佐剂。

a. 抗菌免疫血清免疫原的制备   基础免疫用抗原多为疫苗或死菌，而高度免疫的抗原，一般选用毒力较强的毒株。多价抗病血清用的抗原要求用多血清型菌株。将菌种接种于最适生长的培养基上，按常规方法进行培养。如在固体培养基上繁殖，加适量灭菌生理盐水或缓冲盐水洗下菌苔，制成均匀的菌悬浮液；如用液体培养基培养，应在生长菌数的高峰期（对数期）收获；通常活菌抗原需用新鲜培养菌液，并按规定的浓度使用，培养时间较死菌抗原稍短为好，多用 16～18h 培养物，经纯粹检查，证明无杂菌者，即可作为免疫抗原。为减少由培养基带来的非特异性成分，可通过离心，弃上清液，再将菌体制成一定浓度的细菌悬浮液，作为免疫原。

b. 抗病毒免疫血清免疫原的制备   以病毒为免疫原，须通过反复冻融或超声裂解等方法，将病毒从细胞中释放出来，并尽可能地提高病毒滴度和免疫原性。如抗猪瘟血清基础免疫的抗原，可用猪瘟兔化弱毒疫苗；高度免疫抗原则用猪瘟血毒或脏淋毒乳剂等强毒。猪接种猪瘟强毒发病后 5～7 天，当出现体温升高及典型的猪瘟症状时，由动脉放血，收集全部血液，经无菌检验合格后即可作为抗原使用。接种猪瘟强毒的猪，除血中含有病毒外，脾脏和淋巴结也含有大量的病毒，可采集并制成乳剂，作为抗原使用。

c. 抗毒素血清的制备   免疫原可用类毒素、毒素或全培养物（活菌加毒素），但后两者只有在需要加强免疫刺激的情况下才应用，一般多用类毒素作为免疫原。

（3）免疫程序与途径   免疫程序分为两个阶段，第一阶段为基础免疫，第二阶段为高度免疫。

① 免疫程序

a. 基础免疫   基础免疫通常是先用本病的疫苗按预防剂量做第一次免疫，经 1～3 周再用较大剂量的灭活苗（或活菌、特制的灭活抗原）再免疫 1～3 次，即可完成基础免疫。基础免疫大多数做 1～3 次即可，抗原无须过多、过强，可为高度免疫产生有效的记忆应答打下基础。

b. 高度免疫   亦称加强免疫，一般在基础免疫后 2～4 周开始进行。注射的抗原一般为强毒，微生物的毒力越强，免疫原性越好。免疫剂量逐渐增加，每次注射抗原间隔时间为 3～10 天，多为 5～7 天。高免的注射次数要视血清抗体效价而定。有的只要大量注射 1～2 次强毒抗原，即可完成高度免疫；有的则需注射 10 次以上，才能产生高效价的免疫血清。

② 免疫途径   免疫途径一般采用皮下或肌内注射。如果免疫剂量大，应采用多部位法注射，尤其是在应用油佐剂抗原时应注意此点。

免疫程序对制备高免血清非常重要，掌握抗体的消长规律，适时免疫和采血尤为重要，不能机械地定期免疫和采血。如有的动物在长期免疫和采血过程中，可能在抗体达到一定水平后，反而逐渐降低，对免疫原的刺激无应答反应，这可能与免疫剂量、免疫间隔时间和免疫原中混杂免疫抑制物有关。此时，应给免疫动物足够的时间休息，并调整免疫程序。

（4）血液采集与血清提取　按照免疫程序完成免疫的动物，经采血检验（试血），血清效价达到合格标准时，即可采血。不合格者，再度免疫，多次免疫仍不合格者淘汰。

① 采血次数和方法　一般血清抗体的效价高峰时间在最后一次免疫后的 7～10 天。采血可采用全放血或部分采血，即一次采集或多次采集，采血时应尽可能地做到无菌操作。多次采血者，第一次采血量按每千克体重采血约 10ml，经 3～5 天第二次采血，采血量按每千克体重采 8～10ml。第二次采血后经 2～3 天，注射足量免疫原。如此循环。全放血者，在最后一次高免之后的 8～11 天进行放血。放血前，动物应禁食 24h，但需饮水以防止血脂过高。豚鼠由心脏穿刺采血；家兔可以从心脏采血或从颈静脉、颈动脉放血，少量采血可通过耳静脉采取；马由颈动脉或颈静脉放血；羊可从颈静脉采血或颈动脉、颈静脉放血；家禽可以心脏穿刺采血或颈动脉放血。

② 血清的分离　采血时一般不加抗凝剂，全血在室温中自然凝固，在灭菌容器中尽量使之与空气有较大的接触面积。待血液凝固后直接进行剥离或者将凝血切成若干小块，再使其与容器剥离，先置于 37℃ 1～2h，然后置于 4℃ 冰箱过夜，次日离心收集血清。如果采集的血量较大时，可采用自然凝固加压法，即将动物血直接采集于事先用灭菌生理盐水或 PBS 液湿润的玻璃筒内，置室温自然凝固 2～4h，有血清析出时，于采血筒中加入灭菌的不锈钢压砣，经 24h 后，用虹吸法将血清吸入灭菌瓶中，加入 0.5% 石炭酸或 0.02% 硫柳汞防腐。无菌的血清，组批分装，保存于 -15℃ 半成品库，待检验合格后交成品库保存。

（5）免疫血清的使用　使用免疫血清时应注意以下几方面：

① 正确诊断，尽早应用。特别是治疗时，应用越早，效果越好。

② 血清的用量根据动物的体重和年龄不同而定。预防量，大动物为 10～20ml，中等动物（如猪、羊等）为 5～10ml。以皮下注射为主，也可肌内注射。治疗量需要按预防量加倍，并根据病情采取重复注射。注射方法以静脉注射为好，以使其尽快奏效。

③ 静脉注射血清的量较大时，最好将血清加温至 30℃ 左右再注射。

④ 皮下或肌内注射，当血清量大时，可分几个部位注射，并揉压，使之分散。

⑤ 不同动物源的血清（异源血清），有时可能引起过敏反应。如果在注射后数分钟或半小时内，动物出现不安、呼吸急促、颤抖、出汗等症状，应立即抢救。抢救方法为皮下注射 1∶100 肾上腺素，大动物为 5～10ml，中小动物为 2～5ml。反应严重者，若抢救不及时常造成动物死亡，故使用血清时，应注意观察，一旦发现问题应及时处理。

3. 卵黄抗体的制备

产蛋鸡（鸭或鹅）感染某些病原体后，其血清和蛋黄内均可产生相应的抗体。因此，通过免疫注射产蛋鸡，即可由其产生的蛋黄中提取出相应的抗体，并可用于相应疾病的预防和治疗，该类制剂称为卵黄抗体。近几年来，卵黄抗体已成为免疫血清的重要替代品，而且越来越受到人们的重视。卵黄抗体可以在一定程度上克服血清抗体成本较高、生产周期较长的缺点，并且具有可用同批动物连续生产的优点。但是，卵黄抗体有潜伏野毒的危险，对生产用鸡应做认真检疫。现以鸡传染性法氏囊病（IBD）为例，简述卵黄抗体的制备过程。

选择健康无病的产蛋鸡群，以免疫原性良好的 IBD 油佐剂灭活疫苗肌内注射开产前或开产后的蛋鸡，每只 2ml，7～10 天后，重复注射一次，再过 7～10 天再注射一次，油苗剂量适度递增。第三次免疫后定期检测卵黄抗体水平，待琼脂扩散效价达 1∶128 时，开始收集高免蛋，4℃ 贮存备用。琼脂扩散效价降到 1∶64 时停止收蛋，可再进行加强免疫。高免蛋合格时间大约持续 1 个月。

将高免蛋用 0.5% 新洁尔灭溶液浸泡或清洗消毒，再用酒精棉球擦拭蛋壳，打开鸡蛋，分离蛋黄。根据卵黄抗体琼脂扩散效价水平加入生理盐水进行稀释（稀释后的卵黄抗体效价不低于 1∶16），加青霉素、链霉素各 1000IU（μg）/ml，加硫柳汞浓度达 0.01%，充分搅拌后分装于灭菌瓶内，4℃贮存。每批都要进行效价测定、细菌培养和安全性检验，合格后方可出厂。

卵黄抗体的生产工艺流程见图 3-4。

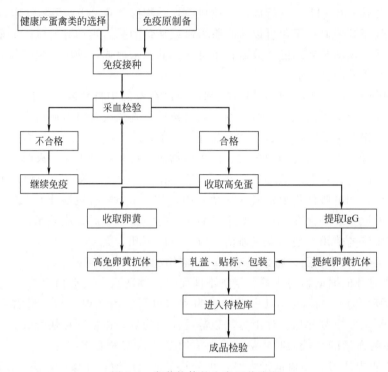

图 3-4   卵黄抗体的生产工艺流程

二、血液制剂类生物制品的生产工艺

1. 人血白蛋白的生产工艺

人血白蛋白即由乙型肝炎疫苗免疫健康人的血浆或血清，经低温乙醇法分离提取，60℃ 10h 加温灭活病毒后制成。其白蛋白含量在 96% 以上，主要用于治疗创伤性休克、出血性休克、严重烧伤以及低蛋白血症等。

（1）生产工艺要求

① 血浆及其贮存   新鲜分离的血浆，过期血分离的血浆，半成品、成品检定剩余血浆，轻度溶血或脂肪血浆及去除其他血浆蛋白组分的血浆，均可用于制备。所用的血浆或血清来源应符合"血液制品生产用人血浆"的规定。

血浆或血清应尽可能保持无菌，并且应及时投料制造或低温冰冻保存。低温冰冻保存，保存期不应超过 2 年。

② 对制备工作室、设备及原材料的要求   制备工作室应符合工艺流程。冷库及各种生产用具必须专用，严禁与其他异种蛋白质混用。制备工作室的建筑应便于清洁、消毒和防

霉。在制备过程中，为防止制品污染热原质，应采取各种有效措施，如降低操作室温度、注意无菌操作等。各种直接接触制品的用具，用后应立即洗净，用前须经除热原质或灭菌处理。

③ 生产用水及化学药品　生产用水应符合饮用水标准，直接用于制品的水应符合注射用水标准。所用各种化学药品应符合"生物制品生产用原材料及辅料质量控制规程"的规定，未纳入试行标准者应不低于化学纯。

（2）生产制造工艺

① 采用低温乙醇法　取一定量的经检定合格的冰冻血浆，室温融化。按无菌操作要求破袋收集血浆于反应罐中，计量，搅拌均匀。采用传统的低温乙醇连续离心工艺分离白蛋白。每步沉淀反应后的蛋白溶液即为要分离的蛋白悬浮液，除菌分装后即得白蛋白制品。

② 热处理　每批制品必须经 60℃±0.5℃ 加温 10h 处理。热处理可在除菌过滤前或分装后 24h 内进行。

③ 分批　同一制造工艺、同一容器混合的制品作为一批。不同滤器除菌过滤或不同机柜冻干的制品称为亚批。

④ 半成品检定　液体制剂于除菌过滤后应做理化检查（残余乙醇含量≤0.03%）及热原质试验，并应按亚批抽样做无菌试验。一般于直接分装时留样做上述试验。

⑤ 冻干　除菌过滤后的制品应及时分装、冻干。制品的冻干工艺可根据机器性能特点制定，但应保证制品制备质量及保存质量符合要求。在冻干的全过程中，制品温度最高不得超过 50℃。冻干的全过程必须在严格无菌条件下进行。

（3）成品检定

① 抽样　每批成品应抽样做全面质量检定。不同机柜冻干制品应分别抽样做无菌试验及水分测定。

② 物理检查

a. 外观　冻干制剂应为白色或灰白色的疏松固体，无融化迹象。液体制剂和冻干制剂重溶后应为略黏稠、黄色或绿色至棕色的澄明液体，不应有异物、浑浊和沉淀。

b. 真空度　冻干制剂以高频火花真空测定器测试，瓶内应出现蓝紫色辉光。

c. 复溶时间　冻干制剂按标示量加入 20～25℃ 的灭菌注射用水，轻轻摇动，其溶解时间不得超过 15min。

d. 热稳定性试验（液体制剂）　取待检品一瓶（支），放入 57℃±0.5℃ 水浴中，保温 50h 后，与同批未保温的另一瓶（支）待检品比较，除颜色有轻微变化外，应无肉眼可见的变化。

③ 化学检定　按《中国药典》（2020 年版）进行。

a. 水分　冻干制剂的水分含量应≤1%（g/g）。

b. pH 值　用生理盐水稀释成 1% 的蛋白质浓度，在 20℃±2℃ 测定，pH 值应为 6.4～7.4。

c. 蛋白质含量及总量　用钨酸沉淀法测定，蛋白质含量应不低于标示量的 95%，每瓶蛋白质总量应不低于出品规格。

d. 纯度　白蛋白含量应不低于蛋白质总量的 96%。

e. 钠离子含量测定　钠离子含量应≤160mmol/L。

f. 钾离子含量测定　钾离子含量应≤2mmol/L。

g. 吸收度测定　1‰蛋白质溶液在 1cm 比色池、403nm 波长下测定吸收度，应≤0.15。

h. 多聚体含量　多聚体含量应≤5％。

i. 辛酸钠含量　每 1g 蛋白质中应为 0.140～0.180mmol，如与乙酰色氨酸混合使用，则每 1g 蛋白质中应为 0.064～0.096mmol。

④ 鉴别试验　采用免疫双扩散法。仅与抗人的血清或血浆产生沉淀线，与抗马、抗牛、抗猪、抗羊血清或血浆不产生沉淀线。

⑤ 无菌试验　按《中国药典》（2020 年版）通则 1101 方法进行。

⑥ 安全试验

a. 豚鼠试验　用体重为 300～400g 的健康豚鼠 2 只，每只腹腔注射待检品 5ml，注射后 30min 内动物不应有明显的异常反应，观察 7 天，动物均健存，每只体重增加者判为合格。

b. 小白鼠试验　用体重为 18～20g 的小白鼠 5 只，每只腹腔注射待检品 0.5ml，30min 内动物不应有明显的异常反应，继续观察 7 天，动物均健存，每只体重增加者判为合格。如不符合上述要求，用 10 只小白鼠复试一次，判定标准同前。

c. 热原质试验　按《中国药典》（2020 年版）通则 1142 方法进行，注射剂量按家兔体重注射 0.6g/kg。

2. 冻干人凝血因子Ⅷ浓制剂的生产工艺

冻干人凝血因子Ⅷ浓制剂由乙型肝炎疫苗免疫健康人的新鲜血浆后经分离、提纯、冻干并经病毒灭活制成。其主要成分为人凝血因子Ⅷ及少量纤维蛋白原，含适量枸橼酸钠，不含防腐剂。对缺少人凝血因子Ⅷ所致的凝血功能缺陷具有纠正作用，专供防治甲型血友病患者的出血症状。

(1) 生产工艺要求

① 血浆及其贮存　所用的血浆来源应符合"血液制品生产用人血浆"的要求，血浆应无凝块、无纤维蛋白析出，非脂血，无溶血。在采集时应减少皮肤损伤，保持血流通畅，并与抗凝剂充分混合，用塑料袋采集。新鲜分离的液体血浆或新鲜冰冻血浆及冻结冷沉淀，均可用于生产。分离后的血浆应保持无菌，并应及时冰冻保存。自采血到冻结一般在 8h 内完成。液体血浆应在 4℃±2℃贮存，贮存时间应不超过 6h，最长不得超过 12h。冰冻血浆（−30℃以下）保存期不超过 6 个月。

② 对制备工作室、设备及原材料的要求　同人血白蛋白（低温乙醇法）的生产要求。

(2) 生产制造工艺　取冷沉淀，室温融化 1～2h，处理成 2.2cm×2.2cm 的方块，至完全融化，再用铝胶吸附，经酸沉淀、灭活、色谱柱处理、洗涤、洗脱、超滤、配液、分装，最后冻干制成。

(3) 成品检定

① 抽样　每批制品应抽样做全面质量检定，不同机柜冻干的制品分别抽样做无菌试验和水分测定。

② 物理检查

a. 外观　应为乳白色疏松体，溶解后溶液澄清或带轻微乳光。

b. 真空度　以高频火花真空测定器测试，瓶内应出现蓝紫色辉光。

c. 复溶时间　从冰箱取出的制品应先升温至 25～37℃，然后按瓶签标示的量加入适量 30～37℃灭菌注射用水，使其每 1ml 含 4IU。制品应于 30min 内完全溶解。

③ 化学检定　按《中国药典》（2020 年版）进行。

a. 水分　水分含量应≤3%（g/g）。

b. pH 值　pH 值应为 6.5～7.5。

c. 钠离子含量测定　钠离子含量应≤160mmol/L。

d. 枸橼酸离子含量测定　如加枸橼酸钠作稳定剂，其枸橼酸离子含量应≤25mmol/L。

④ 效价测定　每瓶所含人凝血因子Ⅷ的效价应不低于标示量的 80%。

⑤ 比活性　每毫克蛋白质所含人凝血因子Ⅷ的效价应≥10.0IU。

⑥ HBsAg 检测　用经批准的试剂盒检测，应为阴性。

⑦ 无菌试验　按《中国药典》（2020 年版）通则 1101 方法进行。

⑧ 安全试验

a. 豚鼠试验　用体重为 300～400g 的健康豚鼠 2 只，每只腹腔注射待检品 15IU，注射后 30min 内动物不应有明显的异常反应，观察 7 天，动物均健存，每只体重增加者判为合格。如不符合上述要求，用 4 只豚鼠复试一次，判定标准同前。

b. 小白鼠试验　用体重为 18～20g 的小白鼠 5 只，每只腹腔注射待检品 1.5IU，30min 内动物不应有明显的异常反应，继续观察 7 天，动物均健存，每只体重增加者判为合格。如不符合上述要求，用 10 只小白鼠复试一次，判定标准同前。

c. 热原质试验　按《中国药典》（2020 年版）通则 1142 方法进行，注射剂量按家兔体重注射 10IU/kg。

⑨ 鉴别试验　采用免疫双扩散法，仅与抗人的血清或血浆产生沉淀线，与抗马、抗牛、抗猪、抗羊血清或血浆不产生沉淀线。

三、免疫调节剂类生物制品的生产工艺

1. 干扰素的制备

干扰素是干扰素诱生剂作用于有关生物细胞所产生的一类高活性、多功能的蛋白质。它从细胞产生和释放出来以后，又作用于相应的其他同种细胞，使机体获得抗病毒及抗肿瘤等多方面的免疫力。

所谓干扰素诱生剂是指能诱导有关生物细胞产生干扰素的一类物质。能诱导有关生物细胞产生 α 干扰素和 β 干扰素者称甲类干扰素诱生剂，如各种动物病毒、细胞内寄生的微生物等；可诱导 T 细胞产生 γ 干扰素者称为乙类干扰素诱生剂，如脂多糖、链球菌毒素及肠毒素 A 等。

在实际工作中，制备干扰素多采用两种方法：一是用干扰素诱生剂诱导某些生物细胞产生干扰素，经提取纯化并检定合格后即可使用，该法所用的细胞多为外周血白细胞；二是采用基因工程法进行生产，即将干扰素基因导入大肠杆菌内，通过培养大肠杆菌来生产干扰素。下面仅以用干扰素诱生剂制备人白细胞干扰素为例介绍干扰素的制备方法。

（1）生产工艺

① 制备诱生剂　采用新城疫病毒（NDV）F 系弱毒株，以鸡胚尿囊液的形式保存于 −20℃，其血凝滴度稳定在 1：640～1：1280 之间。大量繁殖时，用 0.5% 水解乳蛋白稀释 100～1000 倍，接种于 9 日龄鸡胚尿囊腔，置 37℃培养 72h 后，收获尿囊液，效价测定应大于 1：640，无菌检查应合格。

② 制备诱生细胞　无菌采取人外周血（多用人脐带血或血库贮藏血），置于含肝素的无

菌瓶内，于4℃保存不超过24h，诱生细胞（白细胞）不单独提取，以全血代替。

③ 制备粗制干扰素

a. 加诱生剂　按1ml抗凝全血加0.2ml诱生剂的比例加入（如NDV F系尿囊液，其血凝滴度不低于1:640）。

b. 加温吸附　将加有诱生剂的抗凝全血置37℃水浴中1h，每隔15min晃动一次，使NDV F吸附于白细胞上。然后以1000r/min离心20min，弃上清液，留沉淀物。

c. 加营养液孵育诱生　按抗凝全血的1～2倍量加Eagle营养液于上述沉淀物中，混匀，置35～36℃温箱内旋转培养18～20h。

d. 离心及酸处理　将上述培养物以2000r/min离心30min，取上清液，用6mol/L盐酸将其pH值调至2.0，置4℃冰箱5天以灭活NDV。

e. 中性化　经5天酸化后，再用6mol/L的氢氧化钠将pH值调至7.2～7.4，即为粗制干扰素。

④ 制备精制干扰素

a. 硫氰酸钾（KSCN）沉淀　取上述粗制干扰素，加KSCN，并用2mol/L盐酸调pH值为3.5，然后以2000r/min离心30min，取沉淀。

b. 酒精提取　将沉淀溶于95%酒精（预冷至-20℃），用2mol/L氢氧化钠调pH值为4.2，以2000r/min离心30min，取上清液；用2mol/L盐酸调pH值至3.5，离心后取上清液，再将pH值调至5.6，离心后取上清液，最后将pH值调至7.1，离心后取沉淀。

c. 过碘酸钠沉淀　将沉淀溶于PBS中，加过碘酸钠，并调pH值为4.5，用50%酒精10倍稀释，离心后取上清液，将上清液与0.3mol/L $(NH_4)_2CO_3$（pH值7.6）在4℃下透析过夜。

Sephacryl S-200柱色谱：将Sephacryl S-200按要求处理后装柱［(4～5)cm×100cm柱］，用PBS平衡后，加样（即上述上清液），用洗液洗脱。洗脱期间用核酸蛋白仪连续监测，收集相应峰即为精制干扰素。取样进行效价测定，按结果进行稀释、分装并冻干。

（2）检定

① 效价测定

a. 制备攻击病毒　将水疱性口炎病毒（VSV）在鸡胚成纤维母细胞上传代后，再在猪肾细胞（IBRS）上传3～5代，使其对IBRS有良好的致病效应，其半数组织细胞感染量（$TCID_{50}$）应稳定在10^{-7}～10^{-6}。

b. 准备测定细胞　生长良好的幼龄IBRS单层细胞。

c. 测定　取上述单层细胞分为若干组，每组加不同稀释度的干扰素，置37℃孵育20～24h，然后每管均用100个$TCID_{50}$的VSV攻击，置37℃48～72h孵育后，观察结果。同时设细胞对照组和病毒对照组。病毒对照组细胞致病作用（CPE）>75%，细胞对照组CPE=0，即认为该测定系统有效。干扰素判定标准是以能保护半数细胞免受攻击病毒损害的干扰素最高稀释度的倒数作为干扰素的单位。

② 酸碱度测定　取本品10支，加水溶解，精密测量pH值应为6～7.5。

③ 水分测定　按碘硫溶液法测定，不得超过3%。

④ 安全试验　取本品加水溶解，小鼠尾静脉注射，48h内不得有死亡。

⑤ 热原质检查　取本品1支，加水溶解，依法检查，应符合规定。

⑥ 菌检　取本品3支，无菌水溶解，分别接种到检查需氧菌、厌氧菌及霉菌用的培养

基上，37℃培养1周，应无菌生长。

⑦ 超敏反应 取健康豚鼠6只，每只腹腔注射本品适量，连续3次，于20天后再于耳静脉注入本品适量，应无超敏反应发生。

2. 白介素-2 的制备

白介素-2（IL-2）是辅助T（Th）细胞受有丝分裂原或特异性抗原刺激后，在白介素-1的辅助下，产生的一种可溶性糖蛋白。IL-2是体内重要的广谱免疫增强因子，临床上常用于治疗免疫缺陷病及肿瘤等。

制备白介素-2的生产工艺流程见图3-5。

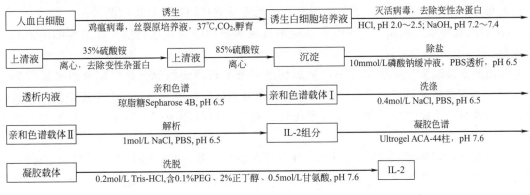

图 3-5　白介素-2 的生产工艺流程

学习内容三　诊断用生物制品的生产

诊断用生物制品又称诊断液，是指利用微生物、寄生虫及其代谢产物、组分（提取物）或其机体成分等制成，专门用于诊断动物疫病、监测动物免疫状态及鉴定病原微生物的一类生物制品。

动物机体对抗原的刺激产生特异性应答反应，而且产生的抗体无论在体内还是在体外均可与相应的抗原发生特异性结合。基于这个原理，在疾病诊断中，可用已知的抗原检测动物体内的抗体或动物体内特定的免疫反应；或用已知的抗体检测病原体的抗原，从而直接或间接地对动物疫病做出诊断。抗原是将经挑选鉴定合格的微生物或其他生物材料，经繁育、传代或精制提纯、加工处理等步骤制造而成。抗体则是用已知的合格抗原免疫动物，采取含有该抗体的动物血清制成。

诊断液包含诊断用抗原、诊断用抗体和标记抗体三类。

一、诊断用抗原的生产工艺

诊断用抗原主要包括血清反应抗原和变态反应抗原。

1. 血清反应抗原

血清反应抗原是用已知微生物或寄生虫及其组分、浸出物、代谢产物等感染动物组织制成的，用以检测血清中相应抗体的制剂。该类制剂可与血清中的相应抗体发生特异性反应，形成可见或可以测知的复合物，以确诊动物是否受微生物感染或接触过某种抗原。常用的抗原有凝集反应抗原、沉淀反应抗原、补体结合反应抗原和酶联免疫吸附试验（ELISA）抗原等。

传统的抗原制备过程主要包括微生物的培养，微生物的收获、灭活、浓缩和纯化，微生物的裂解，抗原的浓缩和纯化以及抗原的质量检测。新型的抗原制备过程主要是将抗原基因插入到原核或真核表达系统中，表达成抗原蛋白，抗原蛋白纯化后即可用作诊断抗原，其检测特异性比传统抗原要好。

（1）凝集反应抗原及其生产工艺　此类抗原一般是一种颗粒性抗原，在有电解质的情况下，与特异性抗体结合形成肉眼可见的凝集块，这种反应称为凝集反应，参与凝集反应的抗原称凝集原、抗体称凝集素。凝集反应有直接凝集反应和间接凝集反应两种。

① 直接凝集反应抗原　直接凝集反应的抗原本身即是颗粒性物质，如细菌的菌体和红细胞等。

常用的直接凝集反应抗原有鸡白痢鸡伤寒多价平板凝集抗原、鸡白痢全血平板凝集抗原、鸡败血支原体全血平板凝集抗原、布氏杆菌凝集反应抗原、马流产凝集反应抗原、猪传染性萎缩性鼻炎Ⅰ相菌抗原等。现以布氏杆菌凝集反应抗原为例，简单介绍其生产及使用方法。

取抗原性良好的2～3种布氏杆菌，接种于琼脂培养基，37℃培养2天，经检定合格后，用生理盐水洗下，作为种子培养物。将检定合格的种子液接种于琼脂培养基上，37℃培养2～3天后，用0.5％石炭酸生理盐水洗下培养物，经纱布过滤后，涂片检查杂菌。将热凝集和吖啶黄凝集试验合格的过滤菌液，在70～80℃水浴中杀菌1h，观察无凝集块出现。再离心，将下沉菌体重新悬浮于0.5％石炭酸生理盐水中，此即为浓菌液，置2～10℃冰箱中保存备用。

用石炭酸生理盐水将浓菌液稀释为1：20、1：24、1：28、1：32、1：36等5个不同的稀释度，将标准阳性血清稀释为1：300、1：400、1：500、1：600、1：700等5个稀释度。将稀释的抗原和血清排成方阵，进行试管凝集试验，每只反应管中加抗原和血清各0.5ml，37℃24h观察结果。当标准阳性血清对标准抗原的凝集价为1：1000"＋＋"时，在血清1：1000稀释度呈现"＋＋"，1：1200呈现"－""±"或"＋"凝集现象的抗原最小稀释度，即为浓菌液应稀释的倍数。

布氏杆菌凝集反应抗原应为乳白色均匀菌液，没有摇不散的凝块或杂质，没有任何细菌生长，对标准阳性血清1：1000倍稀释出现"＋＋"凝集，对阴性血清（1：25）～（1：200）稀释均不出现凝集。

② 间接凝集反应抗原　间接凝集反应是将可溶性抗原或半抗原物质吸附在一种颗粒性载体的表面，如碳素颗粒、红细胞、乳胶颗粒等，然后再与相应的抗体结合引起肉眼可见的凝集反应。下面以绵羊红细胞为例，简要介绍间接凝集反应抗原的制备方法。

a. 4％绵羊红细胞的制备　采集绵羊的血液与等量的阿氏液混合，用pH 7.2～7.4的PBS液洗涤血细胞3次，每次以3000r/min离心5min，每次离心后弃去上清液和白细胞，最后用PBS液配成4％的红细胞悬液。

b. 2％鞣化红细胞悬液的制备　取5ml 4％红细胞悬液与等量1：25000的鞣酸PBS液混合，温和混匀，室温静置30min，用PBS液洗涤3次，每次以2000r/min离心5min，然后用PBS液配成2％的鞣化红细胞悬液。

c. 4%致敏红细胞的制备 取5ml鞣化红细胞悬液与等量适当稀释的抗原液在50℃水浴中孵育5min或于4℃过夜，加入5ml 100倍稀释的健康兔血清或含0.25%牛血清白蛋白的PBS液，离心洗涤3~4次，用同一溶液配成4%致敏红细胞悬液。

d. 测定致敏红细胞的凝集价 取标准阳性血清，用平板法或试管法进行方阵滴定，以测定致敏红细胞的效价。能与最高稀释度的血清产生50%凝集的致敏红细胞的最高稀释倍数即为致敏红细胞的凝集价，即最适使用浓度。

(2) 沉淀反应抗原 沉淀反应抗原为胶体状态的可溶性抗原，如细菌和寄生虫的浸出液、培养滤液、组织浸出液、动物血清和动物蛋白等。由于使用方法不同，沉淀反应抗原又分为：①环状反应抗原，如炭疽动物脏器抗原。②絮状反应抗原，如测定抗毒素效价的絮状反应抗原。③琼脂扩散反应（APG）抗原。④免疫电泳抗原等。目前，应用较多的沉淀反应抗原有马传染性贫血琼脂扩散反应抗原、鸡传染性法氏囊病琼脂扩散反应抗原及鸡马立克病（MD）琼脂扩散反应抗原等。

沉淀反应抗原的一般制备程序为：对病原体进行人工培养或采集自然发病动物的组织，用适当方法破碎细胞以制成病原体的可溶性抗原，经过灭活、浓缩，即得到沉淀反应抗原。

现以鸡传染性法氏囊病APG抗原为例，介绍沉淀反应抗原的制备方法。

取传染性法氏囊病鸡的法氏囊组织，加入适量灭菌的PBS液或生理盐水制成匀浆，经反复冻融或超声波裂解，于4℃浸泡24h后，以3500~4000r/min离心30min，收集上清液。沉淀物加入适当PBS液悬浮、浸泡后，再经10000r/min离心60min，收集上清液。将两次上清液合并，加入终浓度为0.1%~0.4%的甲醛溶液，37℃作用20h，即为鸡传染性法氏囊病APG抗原。将此抗原与标准阳性血清做APG试验，24h后出现1~3条沉淀线为合格。保存于-20℃。

(3) 补体结合反应抗原 补体是动物血清中的一种不耐热物质，在一定条件下能与抗原抗体复合物相结合。补体结合试验中有两个不同的抗原抗体系统，第1个系统是被检测的抗原-抗体系统（反应系统），第2个是绵羊红细胞与其抗体即兔抗羊溶血素系统（指示系统）。当补体存在时，如果第1系统中的抗原和抗体同源，则补体被结合形成抗原-抗体与补体复合物，就不再有补体为第2系统红细胞-溶血素复合物所结合，因而红细胞不溶血，为阳性反应。相反，如果红细胞溶血，说明补体被结合于第2个系统中，说明第1个系统中抗原与抗体不同源，是阴性反应。在阳性反应时，尚可以根据抗原-抗体用量做出定量评估。

参与补体结合反应的抗原主要是可溶性抗原，如蛋白质、多糖、类脂质及病毒等。我国生产使用的补体结合反应抗原有马鼻疽补体结合反应抗原、布氏杆菌补体结合反应抗原、马传染性贫血补体结合反应抗原和钩端螺旋体补体结合反应抗原等。

鼻疽补体结合反应抗原的生产及检验程序如下：用1~3株抗原性良好的鼻疽杆菌，接种在4%甘油琼脂培养基上，37℃培养2天，经检定合格后，用生理盐水洗下，作为种子培养物。将种子培养物均匀地接种于甘油琼脂扁瓶，37℃培养3~4天，挑选生长典型和无杂菌污染者，用0.5%石炭酸生理盐水洗下培养物，121℃灭菌30min，置于2~15℃冷暗处浸泡2~4个月，吸取上清液即为抗原，按常规方法进行无菌检验和效价测定。制成的抗原效价在1:100以上认为可用。测定抗原效价后，取一份阴性马血清做1:5和1:10稀释，在58~59℃灭活30min，然后与新制抗原的一个工作量做补体结合反应，必须为阴性，方认为合格。

2. 变态反应抗原

细胞内寄生菌（如结核杆菌、鼻疽杆菌、布氏杆菌等）在传染过程中引起以细胞免疫为主的迟发型变态反应。该反应的变态反应抗原为病原菌或其代谢产物，当机体再次接触同种变态反应抗原时，出现一种具有高度特异性和敏感性的异常反应。因此，临床上常用此类变态反应抗原对相应的疫病进行诊断和检疫。

常用的变态反应抗原有结核菌素、鼻疽菌素和布氏杆菌水解素，结核菌素又分为旧结核菌素（OT）和提纯结核菌素（PPD）。

变态反应抗原的制备包括粗变态反应抗原的制备和提纯变态反应抗原的制备。

(1) 粗变态反应抗原的制备　选择抗原性良好的病原菌，接种于甘油肉汤培养基上培养2～4个月，收集培养物，然后高压灭菌、过滤，滤液即为粗变态反应抗原。结核菌素还可用合成培养基制备，此培养基不含蛋白质，可减少非特异性物质。

(2) 提纯变态反应抗原的制备　将菌种接种于合成培养基（不含蛋白质）上，培养2～4个月，高压灭菌、过滤，在滤液中加入4%三氯乙酸，使蛋白质沉淀，去上清液，把沉淀物悬浮于1%三氯乙酸中，离心洗涤3次，将沉淀物溶于pH值为4.0的磷酸盐缓冲液中，测定蛋白质含量，分装备用或冻干保存。

二、诊断用抗体的生产工艺

诊断用抗体包括诊断血清和单克隆抗体等，是一类利用体外抗原抗体反应来诊断疫病或鉴别微生物的生物制剂。其通常用抗原免疫动物制成，有些则需再经吸收除去非特异性抗体成分后供诊断用。

1. 诊断血清及其制备

含有多型或多群抗体的称为多价诊断血清；仅含有一种抗体的称为单价诊断血清；单含有鞭毛抗体成分的称为H血清；含有针对菌毛和荚膜的均称为K血清；还有抗毒素血清和抗病毒血清等。血清中的抗体一般是由多个抗原决定簇刺激不同B细胞克隆而产生的，故称为多克隆抗体。而由1个B细胞克隆所分泌的抗体称为单克隆抗体。诊断血清主要用于菌（毒）种的鉴定、分型，标化生物制品和实验室诊断等。

诊断血清的制备方法类似于治疗用免疫血清，用抗原免疫动物制成。

下面以炭疽沉淀素血清为例介绍诊断血清的制备。

经临床检查健康的马匹，连续做2次基础免疫，然后按抗原各自的免疫程序进行高免，注射量由5ml到50ml递增，每次注射间隔3～5天。如果在高免时因注射剂量大而发生过敏反应时可将抗原分次注射：先注射5ml，经30～60min再注射余量。共需免疫14次左右，历时2～5个月。在试血合格后的末次免疫后9～10天采血，分离血清，加入终浓度为0.5%的石炭酸及0.02%的硫柳汞，于2～15℃的环境中静置45天以上，吸取上清液经除菌过滤即为炭疽沉淀素血清。其经无菌检验、物理性状检验、效价检定及特异性试验合格后，方可贮藏保存。

2. 单克隆抗体及其制备

单克隆抗体（McAb），又称单抗，是指由一个B细胞分化增殖的子代细胞（浆细胞）产生的针对单一抗原决定簇的抗体。这种抗体的重链、轻链及其V区独特型的特异性、亲和力、生物学性状等均完全相同。如此均一的抗体用传统的免疫方法无法获得，因为B细胞在体外无限增殖培养很难完成。1975 年，Kohler 和 Milstein 建立了体外淋巴细胞杂交瘤技术，人工将产生特异性抗体的 B 细胞与骨髓瘤细胞融合，形成了 B 细胞杂交瘤，该种杂交瘤细胞既具有骨髓瘤细胞无限增殖的特性，又具有 B 细胞分泌特异性抗体的能力，由这种克隆化 B 细胞杂交瘤所产生的抗体即为生产中应用的单克隆抗体。

单克隆抗体与传统使用的多克隆抗体相比，具有高纯度、高特异性、均质性好、重复性强、效价高、成本低、可大量生产等优点。

单克隆抗体的制备流程包括 7 步，如图 3-6 所示。

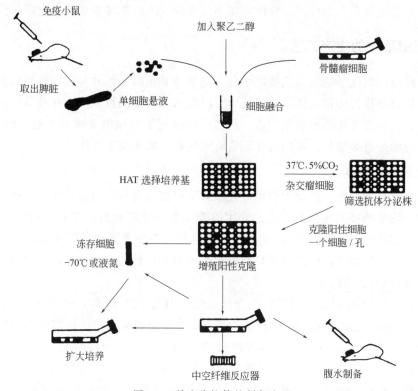

图 3-6 单克隆抗体的制备流程

（1）B 细胞的制备 用提纯的抗原免疫 BALB/c 健康小鼠，一般免疫 2～3 次，间隔 2～4 周，最后一次免疫后 3～4 天，取小鼠脾脏，制成每毫升 10^8 个细胞的脾细胞悬液，即为亲本 B 细胞。

（2）骨髓瘤细胞的制备 用与免疫同源的小鼠骨髓瘤细胞，在含有 10% 新生犊牛血清的 DMEM 培养基中培养，至对数生长期，细胞数达 10^5～10^6 个/ml，即可用于细胞融合。

（3）饲养细胞的准备 常用的饲养细胞有小鼠胸腺细胞、小鼠腹腔巨噬细胞。饲养细胞一方面可减少培养板对杂交瘤细胞的毒性，另一方面巨噬细胞也能清除一部分死亡的细胞。在融合前，将饲养细胞制成所需浓度，加入培养板孔中。

（4）选择培养基 常用 HAT 选择培养基，H 为次黄嘌呤，T 为胸腺嘧啶核苷酸，A 是氨基蝶呤。在 DMEM 培养基中加入 H、A、T 3 种成分，即制成 HAT 选择培养基。在该培养基中，只有融合的骨髓瘤细胞才能生长。

（5）细胞融合 将脾细胞与骨髓瘤细胞按一定比例混合，离心后吸尽上清液，然后缓缓加入融合剂，静置90s，逐渐将含有融合细胞的HAT培养基分别加入有饲养细胞的96孔培养板中，置5%～10%二氧化碳培养箱中培养。5天更换一半的HAT培养基，再5天后改用HT培养基，再经5天用完全DMEM培养基培养。

（6）检测抗体　杂交瘤细胞培养后，应用敏感的血清学方法检测各孔中的抗体，通过检测筛选出抗体阳性孔。

（7）杂交瘤细胞的克隆化　对于抗体阳性孔的杂交瘤细胞应采用有限稀释法、显微操作法或软琼脂平板法尽快克隆化。原始克隆和克隆化的杂交瘤细胞，可加入二甲基亚砜，分装于安瓿并保存于液氮中，也可用动物体（如小鼠腹腔）或细胞培养生产单克隆抗体。

三、标记抗体的生产工艺

具有示踪效应的化学物质与抗体结合后，仍保持其示踪活性和与相应抗原特异性结合的能力，此种结合物称为标记抗体。标记抗体可借以示踪和检测抗原的存在及其含量，敏感性和特异性都大大超过常规的血清学方法，现已广泛运用于病原微生物的鉴定、疾病的诊断、基因表达产物的分析等领域。常用的标记物有荧光素、酶和放射性同位素。

1. 荧光素标记抗体

有一种可以在紫外光、蓝紫光等短波光照射下而被激发释放出波长较长的可见光的染料称为荧光素，发出的可见光称为荧光。常用的荧光素有异硫氰酸荧光素（FITC）和四乙基罗丹明B200（RB200）。荧光抗体与相应抗原结合后，在紫外光或蓝紫光等的照射下，标记抗体上的荧光素发出荧光，通过荧光显微镜观察可测知抗原的存在及部位，也可以根据荧光的强弱测知抗原量的差异。

荧光素标记抗体的制备，以FITC为例说明。其标记方法是：先用pH 9.5、浓度为0.5mol/L的碳酸盐缓冲溶液溶解FITC，于5min内滴加到球蛋白抗体溶液中，最后补加碳酸盐缓冲液，使其总量为球蛋白抗体溶液量的1/10。在4℃搅拌标记12～15h（或20～25℃，1～2h），再用大量的pH 7.2的磷酸盐缓冲液透析4h。用葡聚糖凝胶滤除标记抗体中的游离荧光素；通过DEAE（二乙氨乙基）纤维素色谱除去过高标记和未标记的蛋白质分子；再经肝粉或新鲜细胞吸收除去荧光抗体中的异嗜性抗体，最后测定效价及特异性，分装保存。

2. 酶标记抗体

1966年，Nakane等和Avrameas等分别报道了用酶代替荧光素标记抗体做生物组织中抗原的定位和鉴定，从而建立了酶标记抗体技术。1971年，Engvall等及van Weemen等分别报道了酶联免疫吸附试验（ELISA），从而建立了酶标抗体的定量技术。

酶标记抗体是一种用与底物结合后能显色的酶与抗体连接后所制备的结合物。它可与被检抗原结合形成酶标记的免疫复合物，结合在免疫复合物上的酶在遇到相应的底物时，催化无色的底物使其水解、氧化或还原生成有色的产物，可以根据有色产物的有无及浓度对抗原做定性、定位和定量检测。

用于标记的酶有辣根过氧化物酶（HRP）、碱性磷酸酶（AP）、β-半乳糖苷酶等。国内多采用HRP，其可使H_2O_2分解释放出新生态氧，将底物氧化成有色产物。HRP常用的底物有邻苯二胺（OPD）、邻苯二甲胺和3,3'-二氨基联苯胺（DAB）等。用于标记的抗体要求高纯度、高效价、与抗原亲和力强，最为理想的抗体之一是提取的 IgG。

(1) 酶标记抗体的制备技术　酶标记抗体制备常用的方法有戊二醛一步法、戊二醛两步法和过碘酸钠氯化法三种。

过碘酸钠氯化法的标记步骤如下：

① 称取 5mg HRP 溶于 1.0ml 新配制的 0.3mol/L pH 8.1 的 $NaHCO_3$ 溶液中。

② 滴加 0.1ml 1% 的 2,4-二硝基氟苯无水乙醇溶液，室温避光下轻轻搅拌 1h。

③ 加入 1.0ml 0.06mol/L 的过碘酸钠（$NaIO_4$）水溶液，室温轻搅 30min。

④ 加入 1.0ml 0.06mol/L 的乙二醇，室温避光下轻轻搅拌 1h，然后装入透析袋。

⑤ 于 1000ml pH 9.5 的 0.01mol/L 碳酸盐缓冲液中，4℃透析过夜。

⑥ 吸出透析袋中的液体，加入含 IgG 5mg 的 pH 值为 9.5 的 0.01mol/L 碳酸盐缓冲液 1ml，室温避光轻轻搅拌 2h。

⑦ 加硼氢化钠 5mg，置 4℃ 2h 或过夜。

⑧ 在搅拌下逐滴加入等体积的饱和硫酸铵溶液，置 4℃ 1h，4000r/min 离心 15～30min，弃上清液。沉淀用半饱和硫酸铵洗两次，最后的沉淀物溶于少量 pH 值为 7.4 的 0.01mol/L 的 PBS 中。

⑨ 将上述溶液装入透析袋，用 pH 值为 7.4 的 PBS 透析至无铵离子（用奈氏试剂检测），10000r/min 离心 30min，上清液即为酶标记抗体，分装后，冰冻保存。

(2) 酶联免疫吸附试验（ELISA）　该试验是将可溶性抗原或抗体吸附在固相载体上，利用酶标记抗体或抗原，与相应的抗原或抗体反应后，所形成的复合物在遇到相应的底物时，可以催化底物水解、氧化或还原，产生可以定量检测的有色物质。ELISA 的具体方法有间接法（测定抗体）、双抗体夹心法（测定抗原）、竞争抑制法或抑制试验等。

现以间接法测定抗体为例进行介绍，ELISA 试验的主要步骤如下。

① 用包被液（pH 9.6 碳酸盐缓冲液）稀释抗原至合适浓度，包被酶联板（聚乙烯微量反应板），每孔 100μl。湿盒中 4℃过夜。

② 洗板机清洗酶联板。

③ 10% 的小牛血清封闭，每孔 200μl，湿盒中 37℃封闭 1h。

④ 洗板机清洗酶联板。

⑤ 制备标准曲线及加样品

a. 标准曲线的制备：用 1×PBS 稀释标准抗体分别至 1000ng/ml、500ng/ml、250ng/ml、125ng/ml、62.5ng/ml、31.25ng/ml、15.625ng/ml、7.81ng/ml。

b. 待测样品用 1×PBS 稀释（不同样品的稀释倍数不同，一般的稀释原则为稀释后的样品浓度应在标准曲线之内）。

c. 以上、下作平行孔，前两孔作空白对照加入 1×PBS，其余依次加入标准曲线、待测样品。加入体积每孔 100μl，湿盒中 37℃反应 1h。

⑥ 洗板机清洗酶联板。

⑦ 加酶标二抗，根据抗体使用说明，用 1×PBS 稀释，每孔 100μl，湿盒中室温反应 40min。

⑧ 洗板机清洗酶联板。

⑨ 加底物显色液，称取 OPD 4mg，用 10ml 底物缓冲液（磷酸盐-柠檬酸缓冲液，pH 6.0）充分溶解，加入 $15\mu l$ H_2O_2，每孔 $100\mu l$，闭光反应 5min。

⑩ 终止液终止反应，每孔 $100\mu l$。

⑪ 酶联免疫检测仪 492nm 处读数。

⑫ 以测定的 OD 值制作线性回归标准曲线，以标准蛋白浓度的 ln 值为横坐标，相应的 OD 值为纵坐标，绘制出一条标准曲线，并添加线性回归趋势线，其相关系数 R_2 应大于 0.95，并用 $y = kx + b$ 直线方程式计算样品中的目标抗体含量。

3. 放射性同位素标记抗体

放射免疫分析（RIA）是由美国生物学家于 1959 年创建的一种体外放射分析技术，用某种放射性同位素将抗体标记起来，具有高的灵敏度及精确性和特异性。目前，多使用同位素碘作标记，^{125}I 具有半衰期较长（60 天）、同位素丰度大、辐射损伤小和计数率较高的优点。

在建立放射免疫分析系统时，首先要制备免疫吸附剂和放射性同位素标记抗体（碘化抗体）。免疫吸附剂的制备，最初采用重氮化的纤维素，以后逐渐用 CNBr 活化的纤维素和琼脂糖凝胶。特异性抗体的碘化，一般采用氯胺-T 法。抗体 IgG 比较稳定，碘化后保存期较长。

碘化 IgG 的程序为先将提纯的免疫抗体 IgG 与同位素 ^{125}I 置于试管中，再加入氯胺-T。由于碘化反应进行很快，故碘及氯胺-T 必须在搅拌下加入，以免碘化不均匀，约 5min 后加入还原剂偏重亚硫酸钠，阻断氯胺-T 的作用以终止碘化反应，再加入碘化钾作为碘离子的载体，以减少蛋白质分子吸附试剂中数量不稳定的放射性碘离子。最后用过葡聚糖 G_{50} 柱等方法将游离碘及其他放射性杂质与标记抗体分开。

检测抗原的免疫测定法有两种。其一是待测抗原与可溶的标记抗体作用，放射性复合物留在溶液中，未用完的标记抗体经固相抗原第 2 次作用而除去，然后测定溶液中的放射性，即可测得抗原量。其二是使待测抗原与固相载体上的特异性抗体结合，成为不溶性复合物，再与可溶的标记抗体作用，生成不溶的标记复合物，未作用的游离标记抗体，经洗涤除去。

> **知识窗**
>
> 1. 禽流感疫苗
>
> 流感病毒有 16 种（$H_1 \sim H_{16}$）血凝素亚型，各亚型之间没有交叉免疫保护作用。目前，我国流行的主要是 H_5、H_7 和 H_9 亚型禽流感，H_5 和 H_7 亚型禽流感的致死率高、危害大，是预防的重点。对于产蛋鸡来讲，H_9 亚型禽流感也需要预防，以减少或避免 H_9 亚型禽流感致使产蛋下降。
>
> 禽流感灭活疫苗应在 $2 \sim 8$℃下避光冷藏，不能冷冻或者过热。在疫苗使用前应置于室温（$20 \sim 25$℃）2h 左右，过凉的疫苗注射到鸡体后会引起较大的反应。疫苗使用前要仔细地核对疫苗的抗原亚型，详细记录生产批号和失效日期。观察到包装破损、破乳分层、颜色改变等现象的疫苗不能使用。使用时应边用边摇匀，以保证疫苗均匀。疫苗启封后，应在 24h 内用完，以避免疫苗污染细菌，接种鸡后造成局部或全身的不良反应。注射灭活疫苗所用的针头以 12 号为宜，针头过粗则使部分疫苗可能

会伴随着拔出的针头流出，针头过细则使注射操作困难。一般注射时，应提倡1只鸡换1个针头。注射器在使用前必须经严格消毒，最简单的办法是煮沸消毒。灭活疫苗必须采用注射途径进行接种，可以接种到肌肉内或者皮下。皮下接种常选择在颈后部的下1/3处，进针方向应选择背离头部的方向。注射不可过深，若注射到颈部肌肉内，则容易出现伸颈困难、肿头或神经症状等。肌内注射选择在胸部肌肉，针头向下与皮肤呈45°角。进针应深浅适宜，过浅可能会使疫苗流出，而使接种疫苗的量不足；过深则可能会将疫苗注射到胸腔或腹腔内，造成急性死亡。因雏鸡的胸部肌肉较少，常选用颈部皮下注射。在腿部肌肉注射操作比较简便，但常可造成免疫鸡不愿站立或跛行等，从而影响活动和采食，这一点在散养鸡更常见。要确保免疫确实，发现漏种或有疫苗流出现象时应及时补种。

H₅亚型禽流感重组鸡痘病毒载体活疫苗适用于各种品种的鸡只免疫，其产生抗体的时间比灭活疫苗早，而且吸收快，不影响肉质，尤其适用于生长期较短的肉鸡。该疫苗对鸭和鹅等水禽的免疫效果不理想。疫苗应在低温（-20℃）下保存；保存温度要相对稳定，不能忽高忽低，或者反复冻融，否则疫苗的效价会迅速下降。疫苗在运输时则应放在保温箱内，同时加入冰袋等。使用时要观察疫苗外观是否正常，对一些瓶签不清、有裂缝破损、色泽或性状不正常或瓶内发现杂质异物等的疫苗应停止使用，过期产品也不能使用。使用时应该用灭菌的生理盐水稀释，绝对不能用自来水，因自来水中含有一定的消毒剂，可全部或部分杀灭活疫苗，也不能用井水稀释，因井水中可能会存在一定量的细菌，会导致在接种疫苗的同时也接种了细菌，从而造成全身或局部的不良反应。疫苗稀释后，免疫禽的数量达到瓶签上标明的羽份时应刚好用完，多免则会使免疫剂量不足。该疫苗的最佳免疫途径是翅膀内侧无毛处刺种，刺种最好用刺种针，每只鸡最好重复刺种1次，确保免疫更确实。

2. 鸡传染性法氏囊病病毒的快速检测试纸条

鸡传染性法氏囊病（IBD）病毒快速检测试纸条的研制以杂交瘤技术生产，并鉴定了针对鸡传染性法氏囊病病毒蛋白的特异性、高亲和力、配对的单克隆抗体，又将胶体金标记技术与免疫学新技术有机结合，最终研制成功IBD病毒快速检测试纸条，为IBD的诊断和免疫监测提供了一种特异、敏感、简便、快速的新技术产品。该试纸条的特点是可识别国内外的IBD代表性病毒株；特异、敏感、简便、快速，结果判定形象、直观，适合在养殖场和兽医临床中推广应用。该试纸条可用于鸡IBD的快速诊断与免疫监测。检测IBD病毒时特异，无需附加任何仪器和试剂，只需将试纸条插入样品，1~5min内凭目测便可得出可靠结果，检测灵敏度是常规琼脂扩散试验的64倍，可快速确诊IBD，对IBD疫苗中病毒含量进行快速估测或评价。该试纸还可用抑制法快速测定鸡群IBD的母源抗体和免疫抗体水平，用于IBD易感鸡群监测和免疫效力的评价，指导鸡群IBD的免疫预防和控制。这一技术解决了现有方法或产品不够简便、快速及难以在临床推广应用等问题，实现了兽医防治人员、检疫人员及养殖业者多年的梦想。

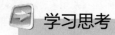 学习思考

1. 细菌性灭活疫苗的制备主要包括哪些过程？
2. 细菌性活疫苗的质量受到哪些因素的影响？
3. 病毒性活疫苗的制备主要包括哪些过程？
4. 病毒性疫苗有哪几类？各有何优缺点？
5. 简述类毒素制备的基本过程。
6. 诊断制剂有哪些种类？各有何用途？
7. 简述诊断抗原的制备要点。
8. 简述标记抗体的种类及其基本制备过程。

第四单元

生物制品的质量检验

学习指导

生物制品是用于预防疾病、临床治疗、急救和诊断的重要制品，对其的质量要求非常严格。很多生物制品直接用于健康人群，特别是用于儿童的免疫接种等，其质量的好坏，直接关系到人的健康和生命安危。为了保证生物制品的质量，世界卫生组织要求各国生产的生物制品必须有专门的检验机构负责对其进行质量检验，并且规定检验部门要有熟练的高级技术人员和精良的设备条件，以保证检验工作的质量。未经检验审批部门审定为正式检验合格的生物制品，不准出厂使用。

生物制品质量检验的依据是《中华人民共和国药典》(2020 年版)。《中华人民共和国药典》对每个制品的检验项目、方法和质量指标都有明确的规定。质量检验主要应用于生产的菌种、原材料、半成品的检查，直至最终的成品检验，一般包括理化检验、安全检验和效力检验三个方面。通过对本单元的学习，能够掌握生物制品生产之后的常规检验方法，确保生物制品的安全和有效。

学习内容一　生物制品的理化检验

理化检验是利用物理的、化学的技术手段，采用理化检验用计量器具、仪器、仪表和测试设备或化学物质和试验方法，对产品进行检验而获取检验结果的检验方法，是确保生物制品质量的重要手段之一。

生物制品中某些有效成分和不利因素，需要通过理化检验的方法才能检查出来，这是保证生物制品安全和有效的一个重要方面。近年来，科学技术飞速发展，纯化菌苗、亚单位疫苗等生物制品相继问世，使生化检验工作显得尤为重要，这不仅表现在检验项目的增多，而且生化检验结果往往更能反映生物制品质量的实质。此外，生化检验采用现代化的分析仪器和先进的检测技术，更容易达到灵敏、准确、快速和重现性好的要求。

一、物理性状检验

1. 外观

生物制品的外观虽为表面现象，但外观异常往往就会影响制品的安全和效力，必须认真进行检验。外观的检验常通过特定的人工光源进行目测或者采用现代化仪器设备检验其透明度。生物制品根据外观类型大体可分为透明液体制品、悬浊液制品和冻干制品三种，对不同外观类型的制品，有着不同的要求。

（1）**透明液体制品**　透明液体制品应为本色或无色透明，不得含有异物、白点、凝块、浑浊或摇不散的沉淀物等，其色泽应符合该制品的规程要求。透明液体制品如麻疹疫苗、乙型脑炎疫苗、抗毒素和胎盘组织液等。

（2）悬浊液制品   悬浊液制品应为乳白色悬浊液，不得有摇不散的菌块或其他异物。悬浊液制品如各种菌体疫苗、菌体混合制剂、吸附制品等。

（3）冻干制品   冻干制品应为白色或淡黄色疏松固体，呈海绵状或结晶状，无融化现象。冻干制品如冻干菌（疫）苗、冻干血清、白蛋白等。

2. 真空度

为保证生物制品的生物活性和稳定性，冻干制品需进行真空封口，因此冻干制品的真空度检验是必要的，通常应通过高频火花真空测定器检查其真空度，具有真空度的制品瓶内应出现蓝紫色光辉。

3. 溶解速度

取一定量的冻干制品，按生物制品化学检定相关要求，加入适量溶剂，观察溶解时间，其溶解速度应在规定时限内。

4. 装量

各种装量规格的生物制品，应通过容量法检验其实际装量，其装量不得少于标示量。

二、化学检验

1. 蛋白质含量的测定

有些生物制品需要测定其蛋白质的含量，如类毒素、抗毒素、血液制品等，以检验其有效成分或者蛋白质杂质是否符合规程要求，并计算纯度和比活性等。目前常用的蛋白质含量测定方法有以下几种。

（1）凯氏定氮法   凯氏定氮法通过测定样品的总氮量以及经钨酸沉淀法去除蛋白质后供试品中非蛋白的氮含量，计算蛋白质的含量。

总氮量的测定：准确量取一定体积的样品置于定氮瓶中，加浓硫酸进行消化至液体呈蓝绿色澄清透明，此时样品中的含氮物质经消化后变为硫酸铵，然后用氢氧化钠碱化、蒸馏，并用硼酸吸收，蒸馏出的氨水再以标准酸进行滴定，由滴定的体积求出总氮量。

蛋白氮的测定：准确量取一定量的样品，加蛋白质沉淀剂（钨酸或三氯乙酸），离心，取上清液，按上述方法测定含氮量，即为非蛋白的氮含量，再由总氮量减去非蛋白氮含量，即得蛋白氮量。

由蛋白氮量即可计算出制品的蛋白质含量。

（2）双缩脲法   双缩脲法是根据蛋白质肽键在碱性溶液中能与 Cu^{2+} 形成紫红色络合物，且颜色深浅与蛋白质的浓度呈正比，利用已知浓度的标准蛋白溶液作对照，采用可见光分光光度计测定样品蛋白质的含量。

（3）Folin-酚法   Folin-酚法是测定蛋白质最灵敏的方法之一，显色原理与双缩脲法是相同的，只是加入了第 2 种试剂，即 Folin-酚试剂，以增加显色量，从而提高了检测蛋白质的灵敏度。在碱性条件下，蛋白质中的肽键与 Cu^{2+} 结合生成复合物。Folin-酚试剂中的磷钼酸盐-磷钨酸盐被蛋白质中的酪氨酸和苯丙氨酸残基还原，产生深蓝色（钼蓝和钨蓝的混合物）。在一定的条件下，蓝色深度与蛋白质的量成正比。

（4）紫外吸收法 蛋白质在波长为 280nm 下具有最大的吸收值，利用这一波长的吸收值与浓度的正比关系测定蛋白质含量，并可直接利用已知天然蛋白质的吸收系数计算结果，但必须注意样品中可能含有的其他干扰物质，如嘌呤、嘧啶等化合物。

2. 纯度检验

类毒素、抗毒素、血液制品等需要检验其纯度是否达到要求，常用的方法有区带电泳、免疫电泳、凝胶色谱及超速离心分析等。

（1）区带电泳 很多生物制品含有蛋白质，在一定的 pH 环境中将产生电荷，带电离子在支持物上电泳后，被分离的各组分因迁移速度不同，在多孔凝胶等支持物上形成区带，从而达到分析、鉴定或制备的目的，这种试验技术称为区带电泳。

区带电泳的设备简单，操作方便，分辨能力好，应用广泛，因其支持介质的不同，区带电泳又分为多种类型。

① 醋酸纤维素薄膜电泳 以醋酸纤维素薄膜为支持物，进行电泳。其优点是对蛋白质样品的吸附极少，精确性高，电渗作用小，快速省时，灵敏度高，分离图谱清晰。

② 聚丙烯酰胺凝胶电泳（PAGE） 即以聚丙烯酰胺凝胶为介质进行电泳。这是目前分辨率最好的一种电泳方法。用 PAGE 分离蛋白质，不仅具有电泳作用，而且具有分子筛的效果，电泳后，各成分在凝胶上的分布位置和以滤纸、醋酸纤维素膜、琼脂糖为介质的电泳结果是不相同的。由于分离效能高，谱带十分清晰，对正常人血清可以分离出二十多种成分，并可以根据样品的蛋白质分子大小和分析目的，选用不同浓度的凝胶和缓冲液进行电泳。其可用于生物制品的有效蛋白成分及残留杂蛋白的检查。

③ SDS-聚丙烯酰胺凝胶电泳（SDS-PAGE） 若在 PAGE 电泳系统中加入阴离子表面活性剂——十二烷基硫酸钠（SDS）则成为 SDS-PAGE。在此检定方法中，蛋白质的迁移率主要取决于它的分子量，而与其所带电荷和分子形状无关。因此，SDS-PAGE 不但可用于生物制品纯度的检查，而且还可以用来测定蛋白质的分子量。

（2）免疫电泳 免疫电泳是琼脂电泳与免疫双扩散相结合的免疫化学分析技术，可用于分析样品中抗原的性质，即先将待检血清标本做琼脂凝胶电泳，血清中的各蛋白组分被分成不同的区带，然后与电泳方向平行挖一小槽，加入相应的抗血清，与已分成区带的蛋白抗原成分做双向琼脂扩散，在各区带相应位置形成多种独立的沉淀弧。

对流免疫电泳是在适当介质（多用琼脂）和环境（pH 和离子强度）中，将抗原置于阴极侧、抗体置于阳极侧，通电后在电场力和电渗流的作用下，抗体、抗原相向移动，并在相遇的最适比例处形成抗原-抗体复合物沉淀，即出现白色沉淀线，这种方法称为对流免疫电泳。

单向定量免疫电泳又称火箭免疫电泳，在琼脂内掺入适量的抗体，在电场作用下，定量的抗原泳动，遇到琼脂内的抗体时，形成抗原-抗体复合物沉淀下来。走在后面的抗原继续在电场作用下向正极泳动，遇到琼脂内沉淀的抗原-抗体复合物时，抗原量的增加造成抗原过量，可使复合物沉淀溶解，一同向正极移动而进入新的琼脂内与未结合的抗体结合，又形成新的抗原-抗体复合物沉淀下来，这样不断地沉淀—溶解—再沉淀，直至全部抗原和抗体结合，在琼脂内形成锥形的沉淀峰，称火箭电泳。火箭峰的长度与标准抗原比较，可计算出待测抗原的浓度。

双向定量免疫电泳又称交叉电泳，是指先将抗原进行电泳分离各组分，然后将分离的各组分切割下来并嵌合到含有相应抗体的琼脂板上，使各组分在垂直方向再泳动一次，根据各组分的沉淀峰便可定性、定量抗原。沉淀峰的面积与抗原的浓度成正比。

(3) 凝胶色谱　凝胶色谱的突出优点是色谱分离所用的凝胶属于惰性载体，不带电荷，吸附力弱，操作条件比较温和，可在相当广的温度范围内进行色谱分离，不需要使用有机溶剂。凝胶色谱对于高分子量物质有很好的分离效果。凝胶色谱是基于蛋白质分子量大小的不同和凝胶的分子筛效应进行分离的技术，可进行蛋白质组分分离，并可测定各组分的相对含量，又称之为凝胶过滤、分子筛色谱或排阻色谱。

(4) 超速离心分析　超速离心分析是基于蛋白质的分子大小不同，在离心场中有不同的沉降速度，通过超速离心，进行蛋白质组分的分离，并可测定各组分的相对含量。

3. 防腐剂含量的测定

生物制品在制造过程中，为了脱毒、灭活和防止杂菌污染，常加入适量的苯酚、甲醛、氯仿及汞类等作为防腐剂或灭活剂。《中国药典》中对各种防腐剂的含量都要求控制在一定限度内，含量过高能引起有效成分的破坏，甚至在使用时造成疼痛等不良反应。

(1) 苯酚含量的测定　常用溴量法测定，其原理是：溴酸盐溶液（溴酸钾及溴化钾的混合溶液）与盐酸反应产生溴，与苯酚反应生成三溴苯酚白色沉淀，过量的溴与加入的碘化钾反应释放出碘，再以标准硫代硫酸钠溶液滴定。由空白滴定量减去样品中的滴定量，即可求出苯酚的含量。如测定蛋白质制品，应先除去蛋白质之后再进行测定。生物制品中苯酚的含量一般在 0.25%～0.5%。

(2) 游离甲醛含量的测定　常用品红法测定，其原理是：品红亚硫酸在酸性溶液中与甲醛生成紫色化合物，在一定浓度范围内，颜色的深浅与甲醛含量成正比，由已知甲醛含量的标准曲线，即可求出样品中游离甲醛含量。用此法测定类毒素中的游离甲醛时，应先去除样品中的蛋白质之后再进行测定。制品中的游离甲醛含量一般不得超过 0.02%。

(3) 氯仿含量的测定　常用提取比色法测定。方法是先将样品中的氯仿用乙醚提取，然后加入碱性吡啶，水浴加温，呈红色，而其显色深浅与氯仿的含量成正比。生物制品中氯仿含量不得超过 0.5%。

(4) 汞类防腐剂含量的测定　生物制品中常用的汞类防腐剂有硫柳汞或硝酸汞苯，可用二硫腙法测定。方法是先将样品以硫酸或硝酸消化，得到无机汞。然后用二硫腙的氯仿溶液提取，与二硫腙结合形成稳定的金属配合物（络合物），再向氯仿内加入强氧化剂（如 $KMnO_4$），使络合物分解，汞离子进入水层，再用二硫腙的四氯化碳溶液滴定，同时对标准汞溶液进行平行滴定，由样品及标准汞溶液的滴定数，即可计算出样品中汞的含量。一般汞含量应在 0.01%或 0.005%。

4. 冻干制品中水分含量的测定

冻干制品中残余水分含量的高低，可直接影响制品的质量和稳定性。一些活菌疫苗含水量过高时，易造成活菌的死亡而失效；含水量过低时，则会使菌体脱水，亦可造成活菌死亡。而冻干血浆、白蛋白、抗毒素等则要求水分越低越好，以利于长期保存而不易变性。

生物制品水分含量的测定方法包括费休（Fischer）水分测定法、烘干失重法、五氧化二磷真空失重法等。

费休法测定快速、简便，结果准确，适用于许多无机化合物和有机化合物中含水量的测定，是世界公认的测定物质水分含量的经典方法。它是根据碘和二氧化硫在吡啶和甲醇溶液中能与水定量反应的原理来测定水分。所用滴定液称为 Fischer 试剂，它本身呈棕黄色，遇水呈浅黄色，从而显示滴定的终点。

5. 吸附剂含量的测定

精制破伤风类毒素、白喉类毒素、流脑多糖菌苗、乙肝基因工程疫苗等常用氢氧化铝作为吸附剂，氢氧化铝的含量是制品质量的重要指标之一。

氢氧化铝含量用络合滴定法测定。先用磷酸将样品中的氢氧化铝溶解，然后加乙二胺四乙酸二钠（EDTA-2Na），形成络合物，再用锌标准溶液滴定游离的 EDTA，根据样品及空白试验的滴定量，即可计算出吸附剂氢氧化铝的含量。

6. 磷含量的测定

流脑多糖菌苗需要测定磷含量，以控制其有效成分的含量。常用的测定方法为钼蓝法，磷酸根在酸性溶液中能与钼酸铵反应生成磷钼酸铵，遇还原剂即生成蓝色物质，称为钼蓝，它是三氧化钼与五氧化钼的混合物。实验时先将样品消化至澄清无色，趁热加水稀释，加入钼酸铵及还原剂，显色后比色。由已知磷含量的标准溶液绘制标准曲线，即可求出样品中的磷含量。《中国药典》规定提取多糖菌苗的磷含量应≥80mg/g。

7. pH 值的测定

在生物制品的生产检验中，pH 值十分重要，一般要求在中性范围内，pH 过高或者过低都会影响制品的效力和稳定性，甚至会在使用时造成不良反应。

生物制品的 pH 值常用电位法测定。其原理是用两个电极同浸在一个溶液中组成电池，参照电极的电位恒定，指示电极的电位随溶液的 pH 变化而变化。利用仪器测出该电池的电动势即可知 pH 值。

学习内容二 生物制品的安全检验

生物制品在生产过程中需进行安全检验，排除可能存在的不安全因素，以保证制品使用时不致引起严重的不良反应或发生意外事故，为此，必须抓好以下三方面的安全检验。

一是菌（毒）种和主要原材料的安全检验。用于生产的菌（毒）种，投产之前必须按《中国药典》（2020 年版）的相关要求，进行毒力、特异性、培养特性等的试验，检查其生物学特性是否有异常。用于生产血液制品的血浆，采血前必须对献血人员进行严格的体格检查和血样化验，采集后的血浆还应进行复查，不得将含有病原物质的血液投入生产。

二是半成品检查。主要检查对活菌或毒素的处理是否完善，半成品是否含有杂菌或受到外源性有害物质的污染，添加物质如灭活剂、防腐剂是否过量等。

三是成品检查。成品必须逐批按《中国药典》和规定的要求，进行无菌试验、纯粹试验、毒性试验、热原试验及异常毒性试验等，以确保生物制品的安全性。

一、无菌试验

一般来讲，生物制品均不得含有杂菌，灭活疫苗不得含有活的本菌、本毒。无菌试验的全过程必须要求遵守无菌操作，防止微生物污染。检验方法除另有专门规定外，都要按照《中国药典》（2020 年版）（三部）中通则 1101 方法相关内容执行，对稀释液、冲洗液、培养基、实验器具等采用验证合格的无菌程序灭菌。当供试品为新产品或供试品的生产工艺改变时，应进行方法验证，以确认供试品在该试验条件下无抑菌活性或抑菌活性可忽略不计。

1. 检验用培养基

检查制品中本菌是否存活，应采用适于本菌繁殖的培养基；检查需氧性和厌氧性杂菌应采用硫乙醇酸盐培养基；检查霉菌和腐生菌应采用改良的马丁培养基；检查浑浊制品可采用不含琼脂的硫乙醇酸盐培养基；检查活菌时，培养基中可增加琼脂含量并做成斜面；检查支原体应采用猪胃消化液或牛心消化液等半固体及液体培养基。

无菌试验用的培养基必须检查其本身的灵敏度，不灵敏的培养基可能导致假阴性结果。

2. 抽样检验

《中国药典》规定，无菌试验的原液及半成品需逐瓶抽检，每瓶抽检量根据供试品装量不同而不同。但抽检数量不宜过少，否则可能造成误检（假阴性）。

无菌试验的样品需随机抽取，并要具有代表性（包括分装过程的前、中、后抽样），抽样的随机性和代表性对于试验结果的可靠性十分重要。成品抽检量分出厂制品抽检量和上市制品监督抽检量两种。

(1) 出厂制品抽检量 分装量在 100 瓶（支）或以下者抽检数不得少于 5 瓶（支）；101～500 瓶（支）者抽检不得少于 10 瓶（支）；500 瓶（支）以上者抽检不得少于 20 瓶（支）。每瓶装量在 5ml 以上的冻干血液制品，每柜冻干 200 瓶以下者抽检 5 瓶，200 瓶或以上者抽检 10 瓶。5ml 或 5ml 以下者，批产量 100 瓶（支）以下者抽检 5 瓶，100～500 瓶之间的抽检 10 瓶，500 瓶以上者，抽检 20 瓶。

(2) 上市制品监督抽检量 血液制品每瓶装量在 50ml 以下者，抽检 6 瓶；50ml 或 50ml 以上者抽检 2 瓶；其他生物制品每批抽检 10 瓶（支）。需要复核结果的送检样品，其无菌检查的抽检量同上市制品监督抽检量。

3. 检验方法

无菌试验法包括薄膜过滤法和直接接种法。除特殊规定外，只要供试品允许，应优先采用薄膜过滤法。

(1) 薄膜过滤法 采用全封闭式薄膜过滤器，薄膜孔径不大于 $0.45\mu m$，膜直径约 47mm。

取规定的抽检供试品数，立即在无菌条件下将其导入无菌滤膜过滤器内，加压或减压过滤。含汞类等防腐剂的供试品，在供试品过滤后，用 0.9% 的无菌氯化钠溶液或其他适宜的无菌溶剂冲洗滤膜 3 次，每次 100ml。过滤后，向两个滤器内加入硫乙醇酸盐液体培养基各 100ml，另一滤器内加改良的马丁培养基 100ml。将其中一个装硫乙醇酸盐液体培养基的滤器置 30～35℃ 培养，其余置 20～25℃ 培养，培养时间不少于 14 天。同时以 0.9% 无菌氯化钠溶液代替供试品，同法操作用于阴性对照。

(2) 直接接种法 含防腐剂的供试品先接种于硫乙醇酸盐液体培养基内增菌，于 20～25℃ 培养 3～4 天后移种至硫乙醇酸盐液体培养基、营养琼脂斜面及改良的马丁培养基上，分别置 20～25℃、30～35℃ 培养。同时以 0.9% 的无菌氯化钠溶液代替供试品，同法操作用于阴性对照。增菌管及移种管培养时间全程不得少于 14 天。

不含防腐剂的供试品无需增菌培养。按成品抽样量及抽样瓶数的要求将每批（或亚批）抽检的供试品逐瓶（支）混合。装量在 5.0ml 或 5.0ml 以下者，每 10 瓶（按瓶）混合；装量在 5.0ml 以上者，每 7 瓶（按瓶）混合。应接种培养基的管数依据供试品混合的总量而定。混合后的供试品，其接种量按不超过培养基体积的 10%（ml/ml）直接接种于硫乙醇酸盐液体培养基、营养琼脂斜面及改良的马丁培养基上，三种培养基接种数量之比为 1：1：1。接种后的硫乙醇酸盐液体培养基及营养琼脂斜面各自总数的 1/2 置 30～35℃ 培养，其余置20～25℃ 培养。改良的马丁培养基置 20～25℃ 培养。同时以 0.9% 的无菌氯化钠溶液代替供试品，同法操作用于阴性对照。培养时间不得少于 14 天。

体外诊断制品只需做半成品的无菌检查，即半成品除菌过滤后，在加防腐剂之前留样做无菌检验，用直接接种法，培养 8 天，观察结果。有菌制品需除菌过滤后再做无菌检查，若再有菌生长应放弃。如半成品加防腐剂后除菌，则应留样按直接接种法的增菌法做无菌检查，但增菌管和移种管培养时间全程不得少于 8 天。

(3) 检验结果判定 若硫乙醇酸盐液体培养基和改良的马丁培养基均为澄清，或虽显浑浊但经证明并非有菌生长，营养琼脂斜面培养基也未见菌生长，则判定供试品符合规定；若硫乙醇酸盐液体培养基、营养琼脂斜面培养基或改良的马丁培养基中任一管确证有菌生长，并证明生长的微生物为供试品所有，则判定供试品不符合规定。

当符合以下任一条件时，判定试验结果无效：①无菌检查试验所用的设备及环境的微生物监控结果不符合无菌检查法的要求。②回顾无菌试验过程，发现有可能引起微生物污染的因素。③在阴性对照中观察到微生物生长。④供试品管中生长的微生物经鉴定后，确证是因无菌试验中所使用的物品和（或）无菌操作技术不当引起的。试验如经确认无效，应重检。重检时，重新取等量供试品，依法重检，如无菌生长，判定供试品符合规定；如有菌生长，判定供试品不符合规定。

二、异常毒性试验

异常毒性试验是生物制品的非特异性毒性的通用安全试验，检验制品中是否污染外源性毒性物质以及是否存在意外的不安全因素。除另有规定外，异常毒性试验包括小鼠试验和豚鼠试验。

1. 小鼠试验

除另有规定外，每批供试品用 5 只小鼠，注射前小鼠的体重应为 18～22g。每只小鼠腹腔注射供试品溶液 0.5ml，观察 7 天。观察期内，小鼠应全部健存，且无异常反应。如到期时每只小鼠体重增加，则供试品判定为合格。若不符合上述要求，应另取 10 只体重为 19～21g 的小鼠复检一次，判定标准同上。

2. 豚鼠试验

除另有规定外，每批供试品用 2 只豚鼠，注射前豚鼠体重应为 250～350g。每只豚鼠腹腔注射供试品溶液 5.0ml，观察 7 天。观察期内，豚鼠应全部健存，且无异常反应。如到期时，每只豚鼠体重增加，则供试品判为合格。如不符合上述要求，可另取 4 只豚鼠复检一次，判定标准同上。

三、热原试验

血液制品、抗毒素等生物制品被某些细菌或其他物质所污染，可引起机体的发热反应，这就是通常所说的热原反应。这些制品必须通过家兔试验法，直接测量家兔的体温，以检查热原质。国内外药典和规程都以家兔试验法作为检验热原质的基准方法。目前公认的致热物质主要是指细菌性热原质，即革兰阴性菌的内毒素，其本质为脂多糖。

1. 家兔试验法

将一定剂量的待检品经静脉注入家兔体内，在规定时间内，观察家兔体温升高的情况，以判定待检品中所含热原的限度是否符合规定。

家兔的体温测量可采用手工肛门测温法，亦可用计算机控制的测温探头测温，每30min测定一次。目前一般都使用计算机测温以减少对家兔的影响。检验用的注射器、针头及一切与供试品接触的器皿，应置于250℃烤箱中加热30min，也可用其他适宜的方法去除热原。

检查时，取适用的家兔3只，测定其正常体温后15min内，自耳静脉缓缓注入规定剂量并预热至38℃的供试品溶液，然后每隔30min测一次体温，共测6次，以6次体温中最高的一次减去正常体温，即为该兔升高的体温。如3只家兔中，有一只体温升高0.6℃或0.6℃以上，或3只家兔体温升高的总和达1.3℃或1.3℃以上，应另取5只家兔复检，检查方法同上。

在初试的3只家兔中，体温升高均低于0.6℃且升高总和低于1.3℃，或在复检的5只家兔中，体温升高0.6℃或0.6℃以上的家兔不超过一只，且初检、复检合并的8只家兔的体温升高总和为3.5℃或3.5℃以下，均认为供试品的热原检查符合规定。在初检的3只家兔中，体温升高0.6℃或0.6℃以上的家兔超过一只，或初检、复检合并的8只家兔体温升高总和超过3.5℃，均认为供试品的热原检查不符合规定。

用于热原检查后的家兔，若供试品判为符合规定，至少休息48h后才可再重复使用；对用于血液制品、抗毒素和其他同一过敏原供试品检测的家兔可在5天内重复使用1次，若供试品判定为不符合规定，则组内全部家兔不可再使用。

2. 鲎试验法

鲎试验法是用鲎试剂来检测或量化由革兰阴性菌产生的细菌内毒素，以判断供试品中细菌内毒素的限量是否符合规定。

1956年Bang首先发现革兰阴性菌可导致美洲鲎发生致命的全身血液凝固。1968年，Levin和Bang又阐明革兰阴性菌细胞壁的成分之一是内毒素，它可激活鲎扁形细胞溶解物中的凝固酶原成为凝固蛋白，再经交联酶的作用，聚合为纤维状凝胶，由此创立了细菌内毒素检测的凝胶鲎试验技术。本法灵敏度高、特异性好、操作简单，已广泛应用于注射用药、食品、临床标本及各种水质的内毒素检测，并取得良好效果，目前国内外都在致力于研究和推广鲎试验法检测内毒素。该法的缺点是对于病毒性热原质或内源性热原质不敏感。但由于其对革兰阴性菌以外的内毒素不够灵敏，尚不能取代家兔法。

四、杀菌、灭活和脱毒情况的检验

灭活疫苗、类毒素等制品常用苯酚或甲醛作为杀菌剂或灭活剂。这类制品的菌（毒）种多为致病性强的微生物，如未能全部杀死或解毒不完全，就会在使用时发生严重事故，所以进行安全性检验是必要的。

1. 活毒检验

活毒检验主要是对灭活疫苗进行检验，需要用对原毒种敏感的动物进行试验，一般多使用小白鼠，小白鼠在注射后，若制品中含有残留未被灭活的病毒，则可能导致小鼠发病或死亡。如对乙型脑炎灭活疫苗的安全检验，是将制品接种于小白鼠的脑内，并盲传三代，在观察期内，除非特异性死亡外，各代小白鼠应全部健存。

2. 解毒试验

解毒试验主要用于检查类毒素等需要脱毒的制品。常用敏感动物进行检验，如检查破伤风类毒素，可以用豚鼠试验，若有游离毒素存在，豚鼠则会出现破伤风症状而死亡。如检查白喉类毒素，可用家兔做皮肤试验，若脱毒不完全，则在注射局部会出现红肿、坏死等症状。

3. 残余毒力试验

残余毒力试验主要用于活疫苗及活菌苗的检验。生产这类制品的菌（毒）种本身是活的减毒株或弱毒株，允许有一定的轻微残余毒力存在。残余毒力与活疫苗的免疫原性有关，残余毒力过小，免疫原性低；残余毒力过大，免疫原性虽高，但毒性反应大，使用不安全。残余毒力能在所接种动物的机体反应中表现出来，不同的制品，其残余毒力的大小有不同的指标要求，测定和判断的方法也不同。如炭疽芽孢菌苗用豚鼠做试验，要求在注射部位出现水肿；布氏杆菌活菌苗用小白鼠做试验，测 LD_{50}，要求残余毒力为 10 亿～60 亿个菌。

五、外源性污染的检验

1. 野毒检验

组织培养疫苗可能会通过培养带病毒的细胞（如鸡胚细胞、猴肾细胞或地鼠肾细胞等）带入有害的潜在病毒。在培养过程中，这种外来的病毒亦可同时繁殖，导致制品污染，所以有必要进行野毒检验。针对野病毒的不同特性，采用不同的检验方法，如 B 病毒、肠道病毒的检查可进行动物试验和一般性病毒检验。另外，世界卫生组织规程规定，用于生产疫苗的鸡胚细胞不得携带鸡白血病病毒，以免制品污染。

2. 乙肝表面抗体（HBsAb）、丙肝抗体（HCVAb）和艾滋病抗体（HIVAb）的检查

血液制品应对所用的原材料如血浆、胎盘等进行 HBsAb、HCVAb 和 HIVAb 的严格检查，同时也应对其成品进行检查。目前，国内最为灵敏的检测 HBsAb 的方法是放射免疫（RIA）或酶联免疫法（ELISA），检查 HCVAb 和 HIVAb 可用 ELISA 法。生物制品规程规定被检品经敏感度在 3ng/ml 以下的试剂盒测定，应为阴性。

3. 残余细胞 DNA 检验

目前，基于传代细胞用于免疫生产和杂交瘤技术的日益开展，特别是基因工程产品的迅速发展，为确保制品的安全性，WHO 有关生物制品的规程和《中国药典》三部规定必须用敏感的方法检测来源于宿主细胞的残余 DNA 含量。目前的检测手段以分子杂交技术最为敏感和特异。供试品中的外源性 DNA 经变性为单链后吸附于固相膜上，在一定温度可与相匹配的单链 DNA 复性而重新合成双链 DNA，称为杂交。将特异性单链 DNA 标记后，与吸附在固相膜上的供试品单链 DNA 杂交，并使用与标记物相应的显示系统显示杂交结果，与已知含量的阳性 DNA 对照后，可测定供试品中外源性 DNA 的含量。

六、过敏性物质的检验

1. 过敏性试验

采用异体蛋白为原料制成的治疗制剂如治疗用血清、血浆等，需检查其中过敏原的去除

是否达到允许的限度。一般采用豚鼠进行试验。先用供试品给动物致敏，经 2～3 周后，再以同样的供试品由静脉或心脏注射。如有过敏原的存在，动物立即出现过敏症状，轻者表现为鼻痒、喷嚏、烦躁不安、呼吸困难等，重者可出现过敏性休克和痉挛而死亡。若立即打开胸腔进行尸检，可见明显膨胀和隔膜下充血等肉眼改变。

2. 牛血清白蛋白含量的测定

牛血清白蛋白含量的测定主要用于检查组织培养疫苗，要求牛血清白蛋白含量不得超过 50ng/ml。牛血清白蛋白是一种异体蛋白，如制品中残留量偏高，多次使用能引起机体发生变态反应。检查方法一般采用反向血液凝集试验，也可用更灵敏的酶标法和放射免疫法。

3. 血型物质的检测

若人血白蛋白、人免疫球蛋白、抗毒素等制品中含有少量的 A 或 B 血型物质，使用后可使受者产生高滴度的抗 A 或抗 B 抗体，O 型孕妇使用后可能会引起新生儿溶血症，因此对这类制品应检查其血型物质的含量。通常待检测的血型物质有抗 A、抗 B 血凝素和类 A 血型物质。抗 A、抗 B 血凝素的测定采用间接抗人球蛋白法。类 A 血型物质的测定采用血凝抑制法，将已知效价的抗 A、抗 B 血清分别适当稀释，加入等量不同稀释度的制品，加入相应的 A、B 型红细胞，离心后，观察并计算结果。

学习内容三　　生物制品的效力检验

生物制品效力检验的目的在于评定制品的实际使用价值，即检验生物制品的免疫效果、治疗效果和诊断的准确性。效力检验不合格的制品，如为疫苗和类毒素，则无法有效地预防和控制疫病；如为治疗用血清，则无法治愈患病动物；如为诊断用制品，则影响诊断的正确性。

各种制品的效力检验，除另有规定外，每批或每亚批任抽 1 瓶，采用生物学方法，按照各自的规定进行检验。所谓生物学方法是利用生物体来测定待检品的生物活性或效价的一种方法，以生物体的生物活性反应为基础，以生物统计为工具，运用特定的试验设计，通过比较待检品和相应标准品或对照品在一定条件下所产生的特定生物反应的剂量间的差异测得待检品的效价。

一、检验内容

1. 免疫原性

菌（毒）种的免疫原性对疫苗的免疫效果和免疫的持续期起决定性作用，因此，菌（毒）种的选择要根据周密的试验测定结果而定。如制备鸡新城疫灭活疫苗，常选择具有良好免疫原性、产生抗体效价高的 LaSota 株。将此种疫苗接种到鸡体内即可产生坚强的免疫力，免疫期可持续一年以上。

2. 免疫持续期

制品免疫持续期的长短体现了菌（毒）种的免疫原性与免疫效果，并决定了接种次数。虽然不同制品的免疫持续期不同，但理想的制品应具备良好的免疫原性、较高的抗体效价、较少的接种次数和较长的免疫持续期。免疫持续期过短的应考虑增加免疫接种的次数。

3. 抗原量的测定

任何疫苗接种动物时均需含有合适的抗原量才能刺激机体产生免疫应答，形成免疫力。若抗原量不够，则达不到免疫效果；若抗原量过多，会出现副作用。所以常以测定抗原量来检查疫苗的效力，疫苗的抗原量即为疫苗的最小免疫量。常以半数保护量（PD_{50}）或半数免疫量（IMD_{50}）表示。在测定时，细菌和病毒量应以菌落形成单位（CFU）和半数组织细胞感染量（$TCID_{50}$）、鸡胚半数感染量（EID_{50}）、鸡胚半数致死量（ELD_{50}）、半数致死量（LD_{50}）或病毒噬斑形成单位（PFU）作为疫苗分装时的剂量单位，而不是以稀释度为标准。例如，鸡新城疫活疫苗要求每羽份$\geq 10^6$ EID_{50}，而鸡马立克病火鸡疱疹病毒活疫苗以2000PFU作为一个最小免疫量。

4. 热稳定性

热稳定性决定制品的保质期，它与生物制品的种类、加入冻干保护剂的种类或制备工艺有关。一般灭活疫苗、血清和诊断制品的热稳定性较好，弱毒疫苗的热稳定性较差。

二、检验方法

1. 动物保护力试验

动物保护力试验是生物制品，特别是疫苗类制品最常用的检验方法。所用动物依制品而异，凡是敏感小动物与使用对象动物有平行关系者，均使用小动物；禽苗或没有相应小动物的则使用对象动物做检验。其试验方法很多，多采用攻毒方法，并设立同批动物作为对照组。注射强毒的动物必须在固定的隔离舍内饲养，强毒舍必须有严格的消毒设施，并有专人管理。

（1）定量免疫定量强毒攻击法 将待检制品接种动物，经2～3周后，用相应的强毒攻击，以动物被攻击后的存活或不感染的比例来判定该制品的效力。该法多用于活疫苗及类毒素的效力检验。如鸡新城疫活疫苗的效力检验，用1～2月龄非免疫鸡20羽，第1组10羽，滴鼻或肌内注射1/100使用剂量，第2组10羽作为对照，两组同条件下隔离饲养。14天后用新城疫强毒攻击，每只10^4 ELD_{50}，逐日观察14天，第2组鸡只应全部死亡，第1组的保护率应达90%以上为合格。

（2）定量免疫变量强毒攻击法 设免疫组和对照组动物，各组又分为相等的若干小组，每小组的动物数相等。免疫组动物用同一剂量的待检制品接种免疫，经2～3周建立免疫后，连同对照组动物，用不同稀释倍数的强毒攻击，比较免疫组与对照组动物的存活率，此法也称为保护指数测定法。动物经抗原免疫后，其耐受相应强毒攻击相当于未免疫动物耐受量的倍数，称为保护指数。按LD_{50}计算，如对照组攻击10^{-4}倍稀释强毒有50%的动物死亡，而免疫组只需攻击10^{-2}倍稀释强毒得到同样的结果，即免疫组对强毒的耐受力比对照组高100倍，也就是免疫组有100个LD_{50}保护力。狂犬病疫苗的效力检验常采用此方法。

（3）变量免疫定量强毒攻击法 将疫苗稀释为不同倍数的免疫剂量分别接种动物，经2～3周建立免疫后，连同对照组动物，用同一剂量的强毒攻击，观察一定时间后的存活和死亡数，用统计学方法计算能使50%的动物得到保护的免疫剂量，此法也称半数保护量（PD_{50}）测定法。如口蹄疫灭活疫苗的效力检验时，疫苗分为1头份、1/3头份、1/9头份3个剂量组，每组注射体重为40kg左右的健康易感仔猪5头。28天后，连同5头不免疫对照猪，每头耳根后肌内注射1000个半数感染量的口蹄疫强毒，观察10天。对照组出现口蹄疫症状，不保护；根据免疫猪的保护数计算疫苗的 PD_{50}，确定疫苗的免疫剂量。每头份疫苗至少含 $3\ PD_{50}$。PD_{50} 的计算方法参考附录一。

（4）免疫血清的抗体效力测定 将免疫血清注射易感动物后，用相应的强毒攻击，检测免疫血清中特异性抗体的效价，来衡量其保护力或效力。如抗猪瘟血清的效力检验，用体重为 $25\sim40kg$ 无猪瘟中和抗体的同源猪 7 头，4 头为免疫组，按每千克体重 0.5ml 注射抗猪瘟血清，次日注射猪瘟病毒 1ml；另 3 头为对照组，仅注射猪瘟病毒 1ml。对照猪应于注射后 $24\sim72h$ 内体温升高，呈典型猪瘟症状，在 16 天内死亡 2 头以上；免疫猪观察 $10\sim16$ 天应存活 3 头以上，判为合格。

2. 活菌计数测定

某些活疫苗的菌数与保护力之间有着密切而稳定的关系，可以不用动物检测保护力，只需要进行细菌计数即可，即如果活菌计数已达到使用剂量的规定值，即可保证免疫效力。如无毒炭疽芽孢苗，计算每毫升含芽孢数在 1500 万～2500 万个；猪多杀性巴氏杆菌活疫苗，每头份含活菌数应大于 5 亿个，均可获得理想的免疫保护力。其方法是随机抽取样品 3 瓶，冻干苗用适宜溶液溶解至原量，液体苗用原苗。经适度稀释后，接种于最适宜生长的培养基，$37℃$ 培养，计算菌落形成单位（CFU）。以 3 瓶中的最低数作为判定标准，低于规定则判为不合格。

3. 病毒量的滴定

病毒性活疫苗多以病毒滴度表示其效力，常用 $TCID_{50}$、EID_{50}、ELD_{50}、LD_{50} 和 PFU 表示，或根据规定直接判定。如鸡马立克病活疫苗采用蚀斑计数，每羽份中所含的蚀斑应不少于 2000PFU；鸡传染性法氏囊病细胞活疫苗采用 $TCID_{50}$，每羽份病毒量应大于 $5000TCID_{50}$；用鸡胚培养生产的疫苗采用 EID_{50} 测定病毒量，如鸡新城疫 II 系疫苗 $EID_{50}\geqslant 10^{-7}/0.1ml$ 为合格。$TCID_{50}$、EID_{50}、ELD_{50}、LD_{50}、PFU 的实验设计和计算方法见附录一。

4. 血清学试验

血清学试验是以血清学方法检验生物制品的抗原活性或抗体水平，主要用于灭活疫苗、诊断用制品、免疫血清的效力检验。检验方法有凝集试验、沉淀试验、中和试验、补体结合试验、类毒素单位测定法等。如用凝集试验检验布氏杆菌虎红平板凝集抗原和阳性血清的效价；用类毒素单位测定法检验破伤风类毒素的效力。其具体方法参看有关免疫学的书籍，此处不再赘述。

知识窗　　　　　　　　兽用生物制品基本情况与发展趋势

兽用生物制品是指应用微生物学、寄生虫学、免疫学、遗传学和生物化学的理论方法制成的菌苗、病毒疫苗、虫苗、类毒素、诊断制剂和抗血清等制品，主要用于预防、治疗、诊断畜禽等动物特定传染病或其他有关的疾病。

随着我国生物制品研发技术和水平的飞速发展和提高，生物制品临床试验申报数量呈逐年增加趋势。据统计，2012～2018 年农业部批准的兽用生物制品的临床试验数量（件或个）分别为 39、48、80、54、53、99、84，合计 457。

一、不同种类兽用生物制品临床试验申报和转化情况

就生物制品的种类，图 4-1 展示了疫苗、诊断制品、血液制品、微生态制剂及治

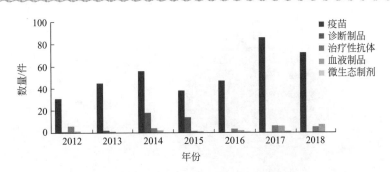

图 4-1 五大类生物制品在 2012～2018 年的基本数量

疗性抗体（包括抗病血清及卵黄抗体）五大类生物制品在不同年份的基本数量，从中可以看出，疫苗的临床试验批准量远超其他生物制品，截至 2018 年 12 月，兽用疫苗的临床试验批准量占兽用生物制品临床试验批准总量的 82%，诊断制品及其他制品仅占不足 20%。诊断制品在 2014 年、2015 年的临床试验批准量较高，随后由于农业部发布了第 2335 号公告，指出不再要求进行临床试验审批，自 2016 年起，诊断制品不再进行临床试验审批。治疗性抗体每年的临床试验批准数量较少，较为稳定，基本维持在 5 个左右。血液制品由动物血液分离提取各种组分，包括血浆、白蛋白、球蛋白等，以及非特异性免疫活性因子，如白介素、干扰素、转移因子等。近年来，随着生物技术水平的不断提高，兽用生物制品行业对血液制品的研究也逐步提升，由2012 年的仅一个血液制品的临床试验批准，至 2018 年批准通过 7 个血液制品的临床试验。微生态制剂是利用非病原微生物制成的活菌制剂，属于新兴的兽用生物制品，在 2016 年、2017 年分别批准通过一个临床试验申请。由此可见，中国兽用生物制品行业不再局限于疫苗产品，而是逐步多元化，向血液制品、微生态制剂、治疗性抗体等类别扩展，但起步晚，需要经历较长的一个发展阶段。疫苗产品仍将会是兽用生物制品行业中最重要的组成部分。

就兽用生物制品成功转化为新兽药的转化率和平均转化年限来看，疫苗作为兽用生物制品的主要组成部分，其转化率也是最高的，达到 71.76%，但存在转化年限较长的缺陷；其次为诊断制品，转化率也超过了 50%，且平均转化年限最短，兽用诊断制品在获得临床试验批件后平均两年就可以获得新兽药注册证书，这与其临床试验周期较短以及其开发技术含量较低有关。而治疗性抗体和血液制品起步较晚，转化率刚达到 50%，而且平均转化年限较长，尤其是血液制品，平均需要 4 年才能转化为新兽药。研发难度大、转化率不高、转化时间较长等因素制约了治疗性抗体和血液制品的发展。

二、不同靶动物兽用生物制品临床试验申报和转化情况

从兽用生物制品靶动物方面看（图 4-2），猪用生物制品和禽用生物制品是我国兽用生物制品的主要组成部分。近年来，猪、禽用生物制品的临床试验批准量均超过了总量的 1/3，其次为牛羊马用生物制品、宠物用生物制品和特种经济动物用生物制品。而美国的常规兽用生物制品中，宠物疫苗产业占有很重要的地位，其次才是牛、猪和禽类疫苗。中国兽药协会统计数据显示，2015 年，猪用生物制品市场规模 50.13

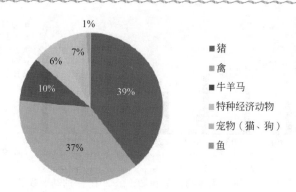

图 4-2　兽用生物制品靶动物占比

亿元，占生物制品总市场规模的 46.82％；禽用生物制品市场规模 35.21 亿元，占生物制品总市场规模的 32.88％；牛羊用生物制品销售额 19.65 亿元，占生物制品总市场规模的 18.35％。由此可见，兽用生物制品的研发受市场驱动，大规模的猪、禽用生物制品市场潜力是我国猪、禽用生物制品研发占据超过 2/3 的重要原因。

　　猪用疫苗、禽用疫苗、牛羊马用疫苗的转化率都比较高，均超过 70％左右，且平均转化年限在 3 年左右。特种经济动物用疫苗的转化率稍低于前三类动物用疫苗，平均转化年限也稍长于前三类疫苗。而宠物用疫苗的转化率则比较低，且平均转化年限较长，需要 4 年。2012～2015 年获得临床试验批件的宠物疫苗只有 6 个，且均为犬用疫苗，其中两个狂犬病灭活疫苗及一个犬瘟热、犬细小病毒病二联活疫苗获得了新兽药证书。

　　目前，市面上的宠物疫苗主要分为两大类，即国产宠物疫苗和进口宠物疫苗，因进口宠物疫苗品牌知名度、免疫效果等优于国产疫苗，虽然价格高于国产疫苗，国内宠物药品市场仍有 70％被国外产品垄断。国内宠物疫苗研究起步晚，技术水平相较国外进口疫苗还不够成熟，导致开发年限较长，仅部分兽用生物制品企业将研究重心放在宠物疫苗领域。

　　三、兽用生物制品发展趋势

　　1. 兽用生物制品的研发受市场和政策导向的影响

　　数据显示，兽用生物制品的研发受市场和政策的影响较大，市场需求引领各企业兽用生物制品的研发方向，而政策导向更是直接影响兽用生物制品企业的研发动态。所以，推动兽用生物制品发展的"1 个导向，2 个支点"中指出的以市场需求为导向是兽用生物制品研发创新的基本要求，并以行业技术与产品的"空白点"及国家产业政策与市场现实需求的"结合点"为支点，方能实现又快又好的发展。各兽用生物制品企业应以政策为引导，以市场为导向，以产品为抓手，以用户为中心，更好地进行兽用生物制品的研究开发。

　　2. 兽用生物制品应多元化发展

　　预防为主，防治结合，综合治理，是现阶段国家中长期动物疫病防治遵循的基本方针。目前，疫苗是我国最主要的兽用生物制品，可预防各类动物疾病的发生。除不断提高疫苗质量及疫苗研发技术和优化生产工艺外，其他生物制品的研发也要不断加强，使中国兽用生物制品行业不再局限于疫苗产品，而是逐步多元化，向血液制品、微生态制剂、治疗性抗体等类别扩展。

3. 关注宠物疫苗的研发

我国宠物行业相较于发达国家而言，起步较晚，但发展迅猛。由于宠物养殖量的增加和对宠物疫病的重视、免疫比例的提高，我国宠物疫苗市场潜藏巨大商机，据分析，宠物疫苗的潜在市场空间可达 6 亿元以上。宠物疫苗的研发是一个复杂的过程，但从欧美国家的宠物疫苗市场可以看出，宠物疫苗行业既是获得高利润又是竞争十分激烈的行业。我国的宠物疫苗研发起步较晚，但随着技术水平的不断提高，我国宠物疫苗研发水平不断与国际接轨，后续的国产宠物疫苗市场份额将逐年增加。有前瞻性和研发实力的企业和科研单位应充分看到宠物疫苗的发展前景，加大对宠物疫苗的研发力度，开发高效、廉价、使用方便的疫苗。

4. 建立企业研发中心，并不断加强产学研合作

创新能力不足是目前兽用生物制品企业发展面临最大的困境。国外兽用生物制品企业巨头都具有较强的研发创新能力，每年的研发投入一般占销售收入的 10%～15%。而我国绝大部分兽用生物制品企业的研发能力薄弱，投入也较少，多数生物制品企业只是简单的生产者，无法满足市场对新产品、新技术的需求。因此，有条件的兽用生物制品企业应尽快建立研发中心，加大科研投入，同时不断加强产学研合作，利用科研单位和大专院校的基础性、关键性研制技术，研制市场需要的新产品，支持以生产企业为载体的产学研相结合的研发方式，大力促进成果转化。

 学习思考

1. 疫苗为什么要进行无菌检验？其检验方法和判定标准是什么？

2. 疫苗为什么要进行安全检验？检验的基本要点和判断标准是什么？

3. 疫苗为什么要进行效力检验？其检验方法和基本要点是什么？

4. 常用的细菌性活疫苗有哪些？简述其质量标准。

5. 常用的病毒性活疫苗有哪些？简述其质量标准。

6. 灭活疫苗物理性状的检验主要包括哪些项目？如何进行检验？

7. 灭活疫苗效力检验主要采用的方法是什么？与活疫苗有何不同？

第五单元

生物制品的生产管理

学习指导

　　生物制品是人类与传染病斗争必不可少的武器，其质量的优劣与人的生命与健康密切相关。 只有对生物制品的生产实行严格的、规范化的、科学的管理，才能切实保证制品的质量，保证使用者的生命安全。 通过本单元的学习使学生熟悉 GMP 的内容、GMP 的基本要求以及生物制品生产的申报审批和监管制度。

学习内容一　生物制品的质量管理

一、生物制品质量的特点

　　生物制品对维护人类健康、提高人类生活质量具有特殊的意义。同时，生物制品又是生命制品，由于它是直接接种、输注于人体（包括老年人与婴幼儿）用于疾病预防、诊断和临床特异性治疗的具有生物活性的制品，其质量的优劣直接影响到人的生命与健康。因此，生物制品的质量具有自身的特殊性和重要性，即安全性、有效性和可接受性，生物制品质量是三者直接或间接的综合反映。

1. 安全性

　　安全性即使用安全，副作用小。生物制品不应存在不安全因素，否则使用后不仅达不到应有的效果，反而会对使用者造成危害。

2. 有效性

　　有效性即使用后能产生相应的效力。生物制品的质量主要是从效力上体现出来的：预防制品使用后，对控制疫情、减少发病应有明显作用；治疗制品使用后应产生一定的疗效；诊断制品用于疾病的诊断，其结果必须准确。无效的制品不仅没有使用价值，反而会妨碍预防、治疗或诊断工作。

3. 可接受性

　　可接受性即制品的生产工艺、条件以及成品的药效、稳定性、外观、包装、使用方法和价格等都是可接受的。

　　根据 GMP 的要求，生物制品的质量更加强调的是其适用性和稳定性。

二、生物制品质量管理的重要性

　　生物制品是用于疾病预防、治疗和诊断的具有生物活性的制品，必须强调"质量第一"

的原则。这是因为：第一，所有预防制品如疫苗、类毒素等，都是直接用于大量健康人群，特别是用于大量儿童包括新生儿的免疫接种，其质量的优劣关系到千百万人的健康和生命安危；第二，所有治疗制品如血液制剂、抗毒素、免疫血清、免疫调节剂等，都是通过非胃肠道途径直接用于特定的患者，往往针对的是危重病人的治疗或急救，其质量关系到对患者的疗效和安全；第三，体外用诊断试剂，如诊断菌液、诊断血清、诊断血细胞或免疫标记诊断试剂，其质量关系到能否对患者或检样做出特异、敏感的正确诊断，而不致误判或贻误病情，导致不应有的不良后果，也关系到能否对健康群体的免疫水平做出特异、敏感的正确分析，及时预测预报疫情；第四，生物制品具有生物活性，尤其是活的细菌、病毒制品，其质量优劣可涉及生态环境保护和生物安全等。

生物制品自 18 世纪诞生以来，已成为人类与疾病斗争的重要武器。质量好的生物制品可以使严重危害人民健康的传染病得到控制和消灭，例如天花在历史上曾经是对人类危害极大的一种传染病，由于牛痘苗的问世以及在世界各国多年的推广使用，使这种传染病得到控制和消灭。另一方面，质量不好的制品，就可能带来严重的灾难，例如 1929 年，德国吕贝克 251 名婴儿误服了有致病性结核菌的菌液，而不是减毒的口服卡介苗，结果造成 72 名婴儿死亡，称为"吕贝克"事件。

正反两方面的事例让人们清醒地认识到，生物制品是一类特殊商品，具有双重性。制品质量的优劣不仅直接关系到对传染病防治的有效性和安全性，而且关系到人类的健康和可能给生态环境造成的影响。

生物制品质量的特殊性和重要性决定其质量管理的重要性，只有对生物制品生产实行严格的、规范化的、科学的管理，才能切实保证制品的质量，保证使用者的生命安全。

三、质量管理的常用术语

（1）**质量管理**　国家标准 GB/T 19000—2016 中对质量管理下的定义是"关于质量的管理"。而质量的概念为：客体的一组固有特性满足要求的程度。

（2）**质量方针**　关于质量的方针。

（3）**质量目标**　关于质量的目标。

（4）**质量策划**　质量管理的一部分，致力于制定质量目标，并规定必要的运行过程和相关资源以实现质量目标。

（5）**质量控制**　质量管理的一部分，致力于满足质量要求。

（6）**质量保证**　质量管理的一部分，致力于提供质量要求会得到满足的信任。

（7）**质量体系**　为实施质量管理，由组织机构、职责、程序、过程和资源构成的有机整体。

（8）**质量审核**　对质量活动及有关结果所做的系统的、独立的审查，以确定它们是否符合计划安排以及这些安排是否有效贯彻且能达到预期的目的。

（9）**质量监督**　为确保满足规定的要求，对程序、方法、条件、产品、过程和服务的现状进行的连续监视和验证，以及按规定的标准对记录所做的分析。

学习内容二　生物制品的 GMP

一、GMP 的基本要求

GMP 是英文 Good Manufacturing Practice 的缩写，中文的意思是良好生产规范，其原名是 Good Practices for the Manufacture and Quality Control of Drugs，即药品生产质量管理规范。GMP 是在药品生产的全过程中，用科学、合理、规范化的条件和方法来加以控制，使发生差错事故、混药、污染的可能性降到最低程度，从而保证生产出优质药品的一套管理制度。生物制品属于药品，其生产和质量管理也应遵循 GMP 的要求。我国于 2010 年对《药品生产质量管理规范》进行了修订，于 2011 年 3 月 1 日正式施行，它是我国药品生产和质量管理的基本准则。

GMP 包括三方面的内容：①人员；②厂房设备和原材料（硬件）；③管理制度和要求（软件）。

1. GMP 对人员的基本要求

总的要求是药品及生物制品生产企业应配备有与生产品种和规模相适应的、具有一定素质的各类管理人员、专业技术人员和生产操作人员。

（1）负责生产和质量管理的企业领导人　企业负责人是药品质量的主要负责人，全面负责企业日常管理。为确保企业实现质量目标并按照本规范要求生产药品，企业负责人应当负责提供必要的资源，合理计划、组织和协调，保证质量管理部门独立履行其职责。

（2）生产管理和质量控制（管理）部门的主要负责人与各类高级工程技术人员　应当至少具有药学或相关专业本科学历（或中级专业技术职称或执业药师资格），具有至少五年从事药品生产和质量管理的实践经验，其中至少一年的药品质量管理经验，接受过与所生产产品相关的专业知识培训，有能力对生产和质量管理或本专业领域中出现的实际问题做出正确的判断和处理。

（3）其他各类管理人员、专业技术人员和生产人员　应具有与本职工作要求相适应的文化程度和专业知识，或经过培训，能胜任本岗位的管理、生产或研究工作。

此外，GMP 还规定从事药品生产的各级人员应按规范要求进行培训和考核，并建立个人技术档案和考核制度，定期进行考核，检查培训效果。

（4）WHO 生物制品的 GMP 中还要求对从事生物制品生产、设备保养与检定及试验动物管理的所有人员都应进行相应疫苗的预防接种，定期进行活动性结核及有关器质性疾病的监测　对于患有传染病、皮肤病等疾病的人员，必须调离原生产岗位，以免对环境和产品造成污染。另外，生产过程中涉及有高危病原体的操作时，必须严格遵循相应的操作规程和规章制度，并采取特殊措施加强自身的安全防护，以防实验室感染。

由于生物制品质量的特殊性，GMP 对生产人员的行为有严格要求，要求他们在生产过程中自觉遵守各项规章制度和工艺纪律，严格遵循标准操作规程，按正确的操作方法操作。

2. GMP 硬件方面的要求

（1）厂房与设施　GMP 对厂房与设施的总的要求是：应有与生产品种和规模相适应的足够面积和空间的生产建筑、附设建筑及设施。

① 厂址选择：厂区周围应无明显污染（包括空气污染、水土污染和噪声污染等），厂房应远离闹市区、化工生产区等易造成污染的区域。

② 厂区内应卫生整洁，绿化良好。厂区的地面、路面及运输等不应对生物制品的生产造成污染；生产、仓储、行政、生活和辅助区的总体布局应合理，不得相互妨碍。要有适用的、足够面积的厂房进行生产和质量检定工作，保持水、电、气供应良好。

做到：a. 同一生产区和邻近生产区进行不同制品的生产工作，应互无妨碍和污染。不同生物制品应按微生物的类别和性质的不同严格分开生产。b.合理安置各种设备和物料，确保强毒菌种与弱毒菌种、生产用菌（毒）种与非生产用菌（毒）种、生产用细胞与非生产用细胞、活疫苗与灭活疫苗、灭活前与灭活后、脱毒前与脱毒后的制品、人血液制品、预防制品等的生产操作区域和贮藏设备严格分开。原材料、半成品存放区与生产区的距离要尽量缩短，以减少途中污染。c.厂区应按生产工艺流程及所要求的空气洁净度级别进行合理布局，工序衔接合理。人流、物流分开，保持单向流动，防止不同物料混淆或交叉污染。

③厂房应有防尘、防虫、防鼠及防污染设施，并有适用的照明、取暖、通风以及必要的空调设施和卫生设施，但厂房内的水和电等管线均应隐藏。房间墙壁和天花板表面光洁、平整、不起灰、不落尘、耐腐蚀、耐冲击、易清洗消毒。墙与地面相接处应做成半径大于或等于50mm的圆角。壁面色彩要和谐雅致，利于减少视觉疲劳、提高照明效果和便于识别污染物。地面要平整、无缝隙、耐磨、耐腐蚀、耐冲击、不集聚静电、易除尘清洗和消毒。门窗造型要简单，不易积尘，清扫方便。门窗与内墙面要平整，尽量不留窗台，门框不得设门槛。

要按工艺和质量要求对生产区域划分洁净等级，以满足药品生物制品生产的需要。所谓洁净室（区）是指一个封闭的空间，通过特殊的高效空气过滤器输入洁净空气，使该区域的空气达到应有的洁净度。药品生物制品生产洁净室（区）的空气洁净度一般分为100级、10000级、100000级和300000级，其标准见表5-1。

表5-1　洁净室（区）空气洁净度等级及标准（测定状态为静态）

洁净级别	尘粒数/（个/m³）		微生物数/（个/m³）	
	≥0.5μm	≥5μm	浮游菌	沉降菌
100级	≤3500	0	≤5	≤1
10000级	≤350000	≤2000	≤100	≤3
100000级	≤3500000	≤20000	≤500	≤10
300000级	≤10500000	≤60000	—	≤15

不同种类的生物制品，其生产制备须在符合空气洁净度要求的环境内进行。

100级：适用于生产无菌而又不能对分装后成品进行加热灭菌的制品的生产关键工序和分装工序，如疫苗的制备、分装。

10000级：适用于可灭菌的配液和其他有洁净度要求的制品的生产操作，如体外免疫诊断试剂阳性血清的分装。

100000级：适用于口服制剂及原料的精制、烘干和分装，如各种片剂、胶囊剂及原料的精制、烘干和分装。

300000级：适用于一些非无菌药品的生产，如口服固体药品的暴露工序、直肠用药的暴露工序等。

洁净室（区）环境控制：a.空气洁净度高的房间或区域宜布置在人员最少到达的地方；不同洁净级别的房间或区域宜按空气洁净度的高低由里及外布置；洁净级别相同的房间尽可能集中；相互联系的洁净级别不同的房间之间要有防污染措施，如气闸（又称气锁，指两个或两个以上的门密闭的空间，在任一时间内只应开一扇门）、风淋室、传递窗等；洁净室（区）应设置与其洁净级别相适应的净化设施，如更衣室、缓冲间等，并按照图5-1所列人员净化程序的顺序进行布置。b.洁净室（区）内的水池、地漏的安装位置应适宜，不得对

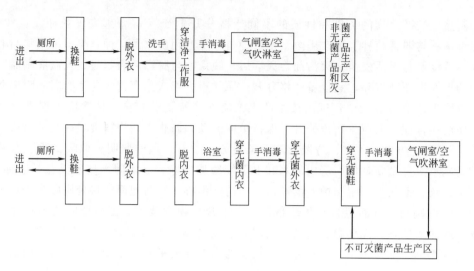

图 5-1　不同产品生产区人员净化流动程序

药品生物制品的生产带来污染。100 级洁净区内不宜设下水道。c. 生产设备的安装需跨越两个洁净级别不同的区域时，应采取密封的隔断装置。与设备连接的主要固定管道应标明管内物料名称和流向。d. 温度和湿度，以穿着洁净工作服无不舒适感为宜。一般 100 级和 10000级洁净区控制温度为 20～24℃，相对湿度 45％～65％；100000 级及 >100000 级洁净区控制温度为 18～28℃，相对湿度 50％～65％。生产特殊产品的洁净室的温度和湿度可根据生产工艺要求确定。e. 压差，通过控制送风量和排风量实现压差，送风量大于排风量为正压，送风量小于排风量为负压。洁净室必须维持正压。不同级别的洁净室以及洁净区与非洁净区之间的压差应大于 5Pa，洁净区与室外的净压差应大于 10Pa。但生产过程中使用强毒等大量有害和危险物质的操作室应与其他房间和区域之间保持相对负压，其空气应当经过处理装置处理无害后单独排放。f. 送风量，100 级垂直单向流和水平单向流洁净室断面风速分别大于 0.3m/s 和 4m/s；非单向流洁净度 10000 级和 100000 级洁净室换气次数分别大于 20 次/h 和 15 次/h。g. 新鲜空气量，洁净室内应保持一定量的新鲜空气，单向流和非单向流洁净室的新鲜空气分别占总送风量的 2％～4％和 10％～30％，以补偿室内排风和保持室内正压值所需的新鲜空气量，新鲜空气量不少于每人 40m³/h。

　　此外，生产生物制品的企业必须设置生产和检验用动物房，实验动物用房应与其他区域严格分开，其设计建造及动物饲养管理要求等，应符合实验动物管理的有关规定。

　　④ 各类制品生产过程中涉及高危致病因子操作时，其空气净化系统等设施还应符合生物安全防护的特殊要求。

　　⑤ 生产过程中使用特定活生物体阶段，要求设备专用，并在隔离或封闭系统内进行。

　　⑥ 卡介苗生产厂房和结核菌类制品生产厂房必须完全独立分开，并与其他生物制品生产厂房严格分开；炭疽杆菌、肉毒梭状芽孢杆菌和破伤风梭状杆菌须在相应的专用设备内生产。

　　⑦ 生产人类免疫缺陷病毒（HIV）等制品时，在使用阳性样品时，必须有符合相应规定的防护措施和设施。

　　⑧ 聚合酶链式反应（PCR）试剂的生产和检定必须在各自独立的建筑物内进行，防止扩增时形成的气溶胶造成交叉污染。

⑨ 以人血、人血浆或动物脏器、组织为原料生产的制品必须使用专用设备，并与其他生物制品的生产严格分开。

⑩ 来自病原体操作区的空气不得循环到无菌区，来自危险度 2 类以上病原体操作区的空气应通过除菌过滤后排放，其排出污染物应有可靠的消毒设施。

⑪ 工厂的下水道应分为两个网系，一为正常排水网系，另一为需要作无害化处理的废水排水网。洁净厂房的废水需经过无害化处理后才可排放。

⑫ 按生产规模，应设有相应的贮存原材料、原液、半成品和成品的仓库和冷库，并根据各种物料的要求控制适宜的保存温度和湿度。待检、合格、不合格的化学试剂及物料要严格分开，并有明显标志。危险品、毒品、废料及回收材料等应隔离贮存。

(2) 设备　设备的选择与安装应与生产相适应，以便于生产操作、维护和保养。

① 设备的设计　药品生物制品的质量与其生产加工所用的设备有着较密切的关系，因而 GMP 对设备的设计、选型有严格的要求，除应与生产规模相适应外，还不能影响产品的质量。如与药品直接接触的设备表面应光洁、平整、耐腐蚀，不得与所加工的药品发生化学反应或吸附药品，不得释放出影响药品质量的物质。

② 设备的清洗与灭菌　用于药品生物制品生产的设备应易于清洗。设备的清洗应有明确的方法和洗涤周期，必要时应有记录和验证。无菌设备，尤其是直接接触药品的部位和部件必须严格清洗并灭菌，且标明灭菌日期。经灭菌的设备应在三天内使用。无菌分装设备、高压灭菌器、干热灭菌器和除菌滤过器的有效性必须经过验证检查。

同一设备连续加工同一无菌产品时，每批之间要清洗灭菌；同一设备加工同一非灭菌产品时，至少每周或每生产三批后进行全面清洗。

③ 设备的维护与管理　GMP 要求设备应有明显的状态标志，并定期进行维修、保养和验证。

检验用仪器、仪表、量器等计量设备，应经法定部门检定并定期复查。准确度、精确度差，不能保证质量的仪器设备，不应用于生产或检定。

加强设备的维护与管理有助于使设备经常处于良好的工作状态，从而正常、有效地发挥设备的效能，确保产品的质量，因而 GMP 要求设备、仪器的使用应制订相应的操作规程，且做好使用、维修、保养、验证情况记录，并由专人管理。

④ 生物制品中的一些特殊规定

a. 生物制品生产过程中被病原微生物污染过的物品和设备均要与未使用过的灭菌物品和设备分开，并有明显标志。

b. 用于生物制品加工及处理活生物体的操作区和设备应便于清洁和去除污染，并能耐受熏蒸消毒。

c. WHO《生物制品生产企业 GMP 检查指南》要求用于加工处理活生物体的设备应当原位消毒和原位清洗，以避免活生物体污染扩散。

d. 采用 80℃以上保温、65℃以上循环保温和 4℃以下存放的注射用水，需在制备后 6h 内使用，或制备后 4h 内再次灭菌 72h 内使用。

e. 管道系统、阀门和通气过滤器应当便于清洁和灭菌，封闭性容器（如发酵罐、反应罐）应采用熏蒸灭菌。

(3) 对物料和实验动物的要求

① 物料　是指药品生产过程中所需要的原料、辅料和包装材料等。药品的质量是在生

产过程中形成的，而物料是直接影响产品质量的重要物质因素。GMP要求加强物料管理，对物料的管理、检验和出入库应制定完善的制度，保证合格、优质的物料用于药品生产。

a. 水　是生产用的基本原料，包括饮用水、纯化水（去离子水、蒸馏水等）和注射用水等。

ⓐ 饮用水　一般用于原料药生产的配料，容器、设备的初洗等。饮用水应符合国家生活饮用水水质标准。

ⓑ 纯化水　一般用于原料药的精制、制剂的配制、容器的精洗、注射用水的水源等。纯化水的物理性状（外观、电导率等）、化学性质（pH、氯化物、金属离子等）必须符合《中国药典》（2020年版）的规定。

ⓒ 注射用水　为纯化水经处理所得的水，生物制品生产所用水源主要是注射用水。注射用水除应符合纯化水的标准外，还应控制氨、pH值等，且不得检出热原物质。为防止理化变性、防止被微生物及其他杂质污染，注射用水一般要求在制备后6h内使用；制备后4h内灭菌，72h内使用，或80℃以上保温、65℃以上保温循环或4℃以下存放。

b. 生产用原料　包括化学试剂、生物材料、血液及玻璃容器等，均应按规定要求检查，合格者方可使用。按规定的使用期限贮存，未规定使用期限的，其贮存一般不超过3年，期满后应复验，特殊情况时应及时复验。

c. 菌（毒）种　生物制品制造与检验所用的菌（毒）种等应采用统一编号，实行种子批制度，分级制备、鉴定、保管和供应。菌（毒）种的验收、贮存、保管、使用和销毁应执行国家有关微生物菌种保管的规定。

d. 包装材料　包装材料分为内包装材料、外包装材料和印刷性包装材料三类。

ⓐ 内包装材料是直接与药品接触的包装材料，如安瓿、玻璃瓶、瓶塞等。内包装材料的材质应符合药品质量的要求，无毒，不与药物发生化学反应，洁净化或无菌化程度符合卫生要求。内包装材料不得重复使用。

ⓑ 外包装材料是不直接接触药品的包装材料，如铝盒、纸盒、纸箱等。外包装材料虽不直接影响药品的质量，但也要求卫生、坚固、实用。

ⓒ 印刷性包装材料指印有文字、数字、符号等内容的包装材料，如说明书、标签、合格证、直接印刷的内包装材料（软膏管）等。标签、使用说明书等材料要求其文字内容准确、完整、清晰、符合规定，能清楚地向用户提供使用药品所需要的信息，如名称、主要成分、性状、规格、功能、用法、用量、注意事项、有效期、生产批号、生产日期和厂名等。

包装材料也需严格管理，其中标签的管理最为严格，要求由专人保管、发放。标签的发放应按包装指令计数发放，并有发放记录；标签使用数、残损数及剩余数之和应与领用数相符；印有批号的残损或剩余标签由专人负责计数销毁，并有销毁记录。

② 实验动物　实验动物既是生物制品生产制备的重要原材料，又是检定产品质量的"活仪器"，实验动物的质量直接影响产品的质量及检定结果的可靠性。因此，用于生物制品生产、检定及科研的实验动物应符合《实验动物管理条例》的要求，必须来源清楚、遗传背景明确、微生物学控制指标符合要求。

a. 对遗传学控制指标的要求　实验动物根据遗传学控制标准可分为近交系动物、杂交群动物、远交群动物和突变系动物。为保证产品的质量以及试验结果的敏感性、准确性、规律性、重复性和可比性，需根据具体的要求和标准来选择符合遗传学控制标准的动物。生物制品的生产、检定多选用远交系动物，个别制品需用近交系动物。

b. 对微生物学控制指标的要求 实验动物按微生物控制的程度分为普通动物、清洁级动物、无特定病原体动物、无菌动物几种。《中国药典》（2020年版）中要求"用于疫苗生产（口服和灭活疫苗）和检定的动物应是清洁级或清洁级以上的动物，用于生产注射用活疫苗的动物应是无特定病原体动物"，世界卫生组织生物制品规程要求"最好用无特定病原体动物生产和检定某些生物制品"。

c. 对实验动物饲养的要求 良好的饲养环境、科学的饲养方法是实验动物正常生长发育和维持其固有特性的重要条件，也是获得可信实验结果的重要保障。实验动物房应与生产区分开；不同级别的实验动物应在具备相应标准的环境内饲养，如无特定病原体动物应饲养于屏障系统内，无菌动物应饲养于隔离系统内。饲料要求营养全面、合理，并且标准化，确保动物健康。

3. GMP对软件方面的基本要求

（1）卫生管理及无菌管理 卫生状况是影响药品生物制品质量的一个非常重要的因素，生产过程中必须采取必要的卫生措施，以防止药品生物制品受到微生物或其他杂质的污染。

① 卫生管理

a. 环境卫生 生产厂区应有较高的绿化程度（通常要求绿化面积达50%～60%），以减少尘埃、吸收废气、清洁空气。厂区应时刻保持整洁，不乱堆放设备、物料或废料，垃圾堆放点应远离生产车间。

b. 工艺卫生 操作室、实验室、包装室、冷库或贮藏室、更衣室及卫生间等场所以及各种设备、容器等，必须经常保持整洁、无尘埃积附。主要设备的清洁、消毒与灭菌应建立相应的制度和规程，并有操作记录及检查、验收或验证记录。

c. 人员卫生 药品生物制品的生产是由人来进行的，而人体的各个部位都有正常微生物的寄生，这些微生物可通过多种途径造成药品生物制品污染。加强对生产操作人员的卫生管理，是防止污染的重要措施之一。药品生物制品企业的所有职工都应接受卫生培训，保持良好的卫生习惯，定期体检，建立健康档案，每年体检一次，体检不合格者，应调离工作岗位，在无菌区工作按规定做好卫生防护。

② 无菌管理 生产无菌制品应在洁净室（区）内进行。洁净室（区）须严格按要求消毒灭菌，且使用的消毒剂不得对设备、物料和成品造成污染。消毒剂的种类应定期更换，以避免产生耐药菌株。为使洁净室（区）随时保持规定的净化环境和洁净度，需定期从温度、湿度、风量、风速、空气压力、尘埃粒子、沉降菌与浮游菌等方面进行监测与控制。洁净室（区）内不应存放不必要的物料，特别是未经灭菌、除菌的器具或材料。一切接触制品的用具、容器及加入制品的材料，用前必须严格灭菌。

洁净室（区）内的工作人员必须自觉严格遵守洁净室的管理规则，保持个人卫生。人员进入洁净室应严格执行人身净化程序，穿着本区工作服。操作过程中应避免裸手接触药品与生物制品及与药品接触的设备表面，以防污染。洁净室内人员应尽可能减少进出次数，在操作过程中应减小动作幅度，避免不必要的走动和移动。

万级以上的洁净室必须穿着无菌工作服，且应包盖住头发、胡须及脚部，应戴经灭菌的橡胶或塑料手套，袖口塞进手套内，作业期间应经常消毒手套。

患有传染病、皮肤病或者皮肤有伤口或者对制品质量有潜在不利影响的工作人员，均不得进入生产区进行操作或进行质量检验。

洁净室的工作人员应控制在最少人数。无菌操作人员必须严格执行无菌操作细则，按无菌操作要求进行操作。

洁净室（区）工作人员工作服的质地应光滑、不产生静电、不脱落纤维和颗粒性物质。工作服的式样、颜色、穿着方法可因不同的生产需要及洁净等级而异。

操作人员离开生产区域时应脱去工作服。工作服应按规定定期进行洗涤、消毒和更换，且不同洁净区域使用的工作服应分别在不同级别的洁净间内清洗、消毒和整理。

（2）生产管理

① 关于文件、制度、细则和记录

a. 药政文件　包括《中华人民共和国药品管理法》《药品生产质量管理规范》《新药审批办法》《新生物制品审批办法》等，都必须认真贯彻执行，以保证制品质量的可靠性和法定性。

b. 制度　在实施 GMP 管理中，应制定以下成文的基本制度，包括生产管理、质量管理、物料管理、人员培训、卫生管理、销售管理、安全管理、核对、质量检查等各项制度及其他特定制度（如菌、毒种管理制度），这些制度属全厂（所）性的。

c. 标准操作细则　在实施 GMP 中，应制定以下成文的标准操作细则，包括生产操作细则、检定操作细则、仪器操作及保养细则、各生产工序上各生产岗位的生产操作方法及其操作要点，以及上、下工序交接和复核要求等，这些细则应经质量控制和生产管理部门审定和认可。

d. 记录　在实施 GMP 中必须认真做好以下记录，包括生产记录、检定记录、销售记录、用户意见及不良反应记录。所有记录应有正规的铅印格式，并须如实填写，字迹清楚，不得随意涂改。记录格式、内容应经质量控制和生产管理部门审定。

上述所有生产管理文件和质量管理文件都应符合以下要求：a. 标题应能清楚地说明文件的性质；b. 各类文件应有便于识别其文本、类别的系统编号和日期；c. 文件数据的填写应真实、清晰，不得任意涂改，若需修改，须签名和标明日期，并应使原始数据仍可辨认；d. 分发、使用的文件应为已批准的现行文本，已撤销和过期的文件，除留档备查外，不得在工作现场出现；e. 文件不得使用手抄件；f. 文件制定、审查和批准的责任应明确，并有责任人签名。

② 关于验证和核对

a. 验证　验证是一个规定的程序，可提供很高的可信度，使某一特定工艺过程能稳定地生产符合质量标准的生物制品。验证的方法及可接受标准应根据不同的验证内容做出具体规定。验证的内容包括：制造工艺、检验方法、原材料、设备、设施及操作人员等。通过验证，可以考查工艺、方法及设备的有效性，对生产工艺提出问题，预防生产事故，保证生产质量的稳定性。

验证应根据验证对象和验证目的，提出验证项目，制订验证方案，经审核批准后，组织实施；在进行验证时，按验证方案进行，并做好验证资料的收集和记录；验证完毕后，根据验证结果写出验证报告、验证意见，经审批，方可投入生产和检验之用。

产品验证和生产工艺验证，应根据国家审核、批准的生产工艺和产品质量标准来进行，如生产工艺流程、质量控制方法、主要原辅材料、主要生产设备等发生改变而影响产品质量时，应进行再验证。

b. 核对　为防止差错，GMP 要求对生产全过程进行核对，包括生产流程记录、检定方法及结果、半成品及成品的转移和成品的标签等。对制品转移记录及凭据和发出制品的检验报告等关键步骤及内容应进行双核对。

③ 生产工艺规程　包括制品名称、剂型、规格、生产工艺路线和各生产过程的操作要求，原料及辅料、中间品、成品质量控制和技术参数，原料、中间品及成品贮存条件，物料平衡计算方法，包装材料要求等。

④ 生物制品所用的生产菌（毒）种　应按现行《生物制品生产检定用菌毒种管理规程》要求，建立原始种子批、主种子批和工作种子批系统；生产所用的细胞应按《生物制品生产检定用动物细胞基质制备及检定规程》要求建立原始细胞库、主细胞库、工作细胞库。

⑤ 批生产记录

a. 按规程规定，在一定生产周期内，凡采用相同起始材料加工制备的同性质的产品，才能划为一批。

b. 批记录应包括该批起始材料的来源，质量检验结果，生产操作过程中的工艺步骤、加工制备记录、物料投入与产出计算，生产过程的控制记录以及特殊情况记录。

c. 批记录还应包括生产过程中隔道工序交接、审核的记录与清场记录，以及中间品质控检验的原始凭证。

d. 批生产记录也包括批分装及包装记录。

e. 批生产记录应字迹清晰，内容真实，数据完整，不得撕毁和任意涂改；更改时，在更改处签字，并使原数据仍可辨认。

⑥ 关于包装和标签　只有经质量控制部门检定，符合质量标准的制品才能进行包装。包装用标签（盒签及瓶签）和使用说明书的文字内容应符合制品规程的要求，并经质量控制部门审定和批准。各种制品包装后，要及时清场，做好清场记录。

除成品外，所有检验用试剂、生产专用溶液、原液及半成品，都应贴有标签，注明品名、批号、日期及浓度，有的应规定有效期。

⑦ 产品销售与回收

a. 各批制品均应有销售记录；根据销售记录能追查各批制品的销售情况，必要时能及时全部追回已销售的制品。

b. 生物制品销售记录应保存至制品失效期后一年。

c. 企业应建立批退货和回收的书面程序，应有记录；因质量原因退货和回收的生物制品，应在质量管理部门的监督下销毁，涉及其他批号的，应同时销毁。

二、生物制品生产的申报与审批

根据《中华人民共和国药品管理法》（以下简称《药品管理法》）规定：用于预防、治疗、诊断人的疾病，有目的地调节人的生理机能并规定有适应证或者功能主治、用法和用量的物质，统称为药品。生物制品如疫苗、抗血清、血液制品和诊断试剂均为药品。

2020 年 3 月 30 日，国家市场监督管理总局根据《药品管理法》《中华人民共和国中医药法》《中华人民共和国疫苗管理法》（以下简称《疫苗管理法》）、《中华人民共和国行政许可法》《中华人民共和国药品管理法实施条例》等法律、行政法规，以总局 27 号令公布《药品注册管理办法》，并于 2020 年 7 月 1 日起正式施行。国家依据该法对我国境内申请药品（包括中药、化学药、生物制品等）临床研究、药品生产、药品进口、药品的分包装以及在药品批准证明文件有效期内的注册内容变更等进行审批。药品再注册是对药品批准证明文件有效期满后，需要继续生产、进口的药品分包装等实施审核和确认登记。

新药申请是指未曾在中国境内上市销售药品的注册申请。已上市药品改变剂型或给药途径的，按照新药管理进行申请。

补充申请是指新药申请、已有国家标准药品的申请或进口药品申请经批准后，改变、增加或者取消原批准事项或内容的注册申请。审评过程中的药品注册申请、已批准临床研究申请需进行相应变更的以及新药技术转让、进口药品分包装、药品试行标准转正的，按补充申请办理。

1. 新生物制品临床研究申报和审批

治疗用生物制品及预防用生物制品申请注册的分类，详见"生物制品注册分类及申请资料项目要求"。

拟在国内申请生产上市的新疫苗和新生物制品、申请进行临床研究（或称为人体观察），申报单位应向所在地的省级药品监督管理部门提出申请，并按所申报新疫苗的类别报送有关申报资料，提供样品并填写临床研究申请表。

省级药品监督管理部门按照"形式审查规范"对所申报资料进行形式审查。资料形式审查通过后，省级药品监督管理部门会同中国药品生物制品检定所对申报单位新生物制品的研制现场进行实地考察，对实验原始资料进行审查，填写详细的现场考察报告表并连同形式审查意见一并上报。

为进行临床研究所试制的样品应是处方工艺确定并经初步稳定性实验符合规定的样品。该样品必须在通过药品 GMP 认证的车间内试制完成 3 批（如研制单位没有 GMP 车间，可以通过租借已通过 GMP 认证的车间进行试制）。该药品的批量除留足申报单位临床前各项试验用样品外，还要留足全检量的 3 倍量的样品送国家法定检验单位检验，还要留足用于 I 期、II 期、III 期临床研究所需的样品量。

在对现场进行实地考察符合要求后，中国药品生物制品检定所会同所在地省级食品药品监督管理部门负责现场随机抽取连续 3 批样品，抽取样品量为全检量的 3 倍，带回中国药品生物制品检定所按照申报单位提供的质量标准进行实验室技术复核，出具质量符合报告书。中国药品生物制品检定所应对其质量标准提出审核意见，连同该药品的检验符合报告书，一并报国家药品监督管理部门。

国家药品监督管理部门在受理新疫苗或新药申报时，要对所申报的资料及上述程序资料（包括中国药品生物制品检定所质量符合报告书等）进行审核，凡符合要求者，方予登记受理，不符合要求的，拒绝受理或补充所缺资料后受理。

新生物制品申请临床研究受理登记后，国家药品监督管理部门责成药品审评中心进行实质审查。根据实质审查的需要，对其所申报的新生物制品的安全性、有效性、制品稳定性以及质量控制标准等资料提出认可或补充或重做的审查意见。

凡属首家申报的国内外均未上市的新生物制品以及对艾滋病、肿瘤、罕见病等有预防和治疗作用的新疫苗，应加快审评进度，及时审理。

凡采用国外或境外疫苗和药品研制单位的临床前试验研究结果作为申报临床研究资料的，必须附该境外研制机构的情况说明和有效证书文件，国家药品监督管理部门可根据情况和需要进行现场考核。

2. 新生物制品的临床研究

新生物制品临床研究的申请经国家药品监督管理部门批准后，申报单位应在经依法认定的疫苗人体观察单位和对应专业中选择临床研究负责单位和承担单位，并报国家药品监督管理部门、药品审评中心和临床研究所在省、自治区、直辖市的药品监督部门备案。备案内容应包括新生物制品批准临床研究批件、临床研究方案、临床研究单位论证委员会审查同意书的复印件等。

研制单位要与临床研究承担单位签订临床研究合同，免费提供研究用新生物制品（Ⅳ期临床研究除外），免费提供临床研究所需对照品，并承担临床研究所需费用。

承担新生物制品临床研究的单位应了解和熟悉试验用新生物制品的性质、作用、疗效、安全和注意事项，与研制单位按《药品临床试验管理规范》要求签署临床研究方案并严格按照临床研究方案执行。

新生物制品的临床研究分为Ⅰ期、Ⅱ期、Ⅲ期、Ⅳ期临床试验。申请新生物制品注册应当进行Ⅰ期、Ⅱ期、Ⅲ期临床试验，有些情况下，仅进行Ⅱ期和Ⅲ期临床试验，或者仅进行Ⅲ期临床试验。

临床研究完成后，承担临床研究的单位须写出临床研究总结报告，由临床研究负责单位汇总，加盖各承担临床研究单位的公章，交研制单位上报国家药品监督管理部门审核。

3. 新生物制品生产上市的审批

拟在国内生产上市的新生物制品，一般在完成Ⅲ期临床试验后，申报有关临床研究资料，经国家药品监督管理部门审查批准，发给新药证书。

持有新药证书的研制单位，如有生产条件可以申请新药的生产批准文号；如无生产条件，可通过技术转让方式，由受让方申请生产批准文号。

申请新药生产的申报单位，须持有《药品生产许可证》，并有符合《药品生产质量管理规范》相关要求的企业或车间，经国家药品监督管理部门审查发给生产批准文号。取得国家生产批准文号的企业方可生产，否则，生产的产品不能上市销售。

新生物制品批准生产后，一律试行，试行期为两年。新制品在试行期间，应继续考察制品的质量、稳定性及临床疗效、不良反应，应完成符合要求的Ⅳ期临床试验，疫苗一般应取得流行病学免疫效果考核结果。

新制品试行期满，生产企业应提前4个月提出转正申请，报送有关资料，填写转正生产批准文号的申请表，经国家药品监督管理部门审查批准，发给正式的生产批准文号。

三、生物制品监管制度

由于生物制品的起始原材料都是来源于具有生物活性的物质，所以无论是其原材料还是在制备工艺和质控方法方面均有易污染、易变异等特点，为确保生物制品生产规范和所生产出的制品安全、效力、稳定性等质量指标一致，必须对生物制品生产和质量检验全过程实施规范管理，必须强化监督管理。世界卫生组织、国外绝大多数生产生物制品的国家和我国均有法律、法规规定对生物制品实行国家批签发制度。

1. 生物制品批签发制度

（1）生物制品国家批签发的含义　生物制品批签发（以下简称批签发），是指国家对获得上市许可的疫苗类制品、血液制品、用于血源筛查的体外诊断试剂以及国家药品监督管理部门规定的其他生物制品，在每批产品上市销售前或者进口时，指定药品检验机构进行资料审核、现场核实、样品检验的监督管理行为。

国家药品监督管理部门授权其设置或者确定的药品检验机构承担生物制品批签发工作。生物制品批签发审查、检验标准为现行的《中国药典》（2020 年版）和国家药品监督管理部门批准的其他标准。

（2）生物制品实行国家批签发的程序及要求

① 国家批签发申报　申报国家批签发的制品必须有药品批准文号或进口药品注册证。实行批签发的生物制品品种，生产企业一般应在完成其生产、检定后填写《生物制品批签发申请表》，向承担批签发的药品检验机构申请批签发。对有效期短或检验周期长的品种，生产企业可在生产完成后申报国家批签发。

申报时生产企业须提供：a. 生物制品批签发申请表；b. 药品注册批准证明文件；c. 合法生产的证明文件；d. 上市后变更的批准证明文件；e. 药品生产企业质量受权人签字并加盖企业公章的批生产及检定记录摘要；f. 数量满足相应品种批签发检验要求的同批号产品，必要时提供与检验相关的中间产品、标准物质、试剂等材料；g. 生产管理负责人、质量管理负责人、质量受权人等关键人员变动情况的说明；h. 与产品质量相关的其他资料。

另外，对生产工艺偏差、质量差异、生产过程中的故障和事故以及采取的措施，疫苗上市许可持有人应当如实记录，并在相应批产品申请批签发的文件中载明；可能影响疫苗质量的，疫苗上市许可持有人应当立即采取措施，并向省、自治区、直辖市人民政府药品监督管理部门报告。

进口疫苗类制品和血液制品应当同时提交生产企业所在国家或者地区的原产地证明以及药品管理当局出具的批签发证明文件，并提供经公证的中文译本。进口产品在本国免予批签发的，应当提供免予批签发的证明文件。

相关证明文件为复印件的，应当加盖企业公章。

② 生物制品批签发审查内容　生物制品批签发审查内容包括：a. 申请资料内容是否符合要求；b. 生产用原辅材料、菌种、毒种、细胞等是否与国家药品监督管理部门批准的一致；c. 生产工艺和过程控制是否与国家药品监督管理部门批准的一致并符合药典要求；d. 产品原液、半成品和成品的检验项目、检验方法和结果是否符合药典和药品注册标准的要求；e. 疫苗和血液制品关键质量指标趋势分析；f. 产品包装、标签及说明书是否与国家药品监督管理部门核准的内容一致；g. 生产工艺偏差等对疫苗质量有影响的风险评估报告；h. 其他需要审核的项目。

③ 生物制品的评价和签发　批签发机构根据资料审核、样品检验或者现场检查等结果作出批签发结论。符合要求的，签发生物制品批签发证明，加盖批签发专用章，发给批签发申请人。按照批签发管理的生物制品在销售时，应当出具该批产品的生物制品批签发证明复印件并加盖企业公章。

a. 全部项目检验情形　有下列情形之一的，产品应当按照注册标准进行全部项目检验，至少连续生产的三批产品批签发合格后，方可进行部分项目检验：

ⓐ 批签发申请人新获国家药监部门批准上市的产品。

ⓑ 生产场地发生变更并经批准的。

ⓒ 生产工艺发生重大变更并经批准的。

ⓓ 产品连续两年未申请批签发的。

ⓔ 因违反相关法律法规被责令停产后经批准恢复生产的。

ⓕ 有信息提示相应产品的质量或者质量控制可能存在潜在风险的。

b. 现场检查启动情形　有下列情形之一的，批签发机构应当报告药品上市许可持有人所在地省、自治区、直辖市药品监督管理部门，提出现场检查建议，并抄报国家药监部门：

ⓐ 无菌等重要安全性指标检验不合格的。

ⓑ 效力等有效性指标连续两批检验不合格的。

ⓒ 资料审核提示产品生产质量控制可能存在严重问题的，或生产工艺偏差、质量差异、生产过程中的故障和事故需进一步核查的。

ⓓ 批签发申请资料或者样品可能存在真实性问题的。

ⓔ 其他提示产品存在重大质量风险的情形。

c. 不予签发情形　有下列情形之一的，不予批签发，向批签发申请人出具生物制品不予批签发通知书，并抄送批签发申请人所在地或进口口岸所在地省、自治区、直辖市药品监督管理部门：

ⓐ 资料审核不符合要求的。

ⓑ 样品检验不合格的。

ⓒ 现场检查发现违反药品生产质量管理规范且存在严重缺陷的。

ⓓ 现场检查发现产品存在系统性及重大质量风险的。

ⓔ 批签发申请人无正当理由，未在规定时限内补正资料的。

ⓕ 经综合评估存在质量风险的。

ⓖ 其他不符合法律法规要求的。

2. 生物制品国家质量标准管理

我国生物制品质量管理，主要依据批准并收载入《中国药典》（2020 年版）第三部中的各项通则，这些通则包括"生物制品生产检定用菌毒种管理及质量控制""生物制品国家标准物质制备和标定通则""生物制品生产用原材料及辅料质量控制""生物制品分包装与贮运管理""血液制品生产用人血浆"和"生物制品生产检定用动物细胞基质制备及质量控制"等。凡在我国境内研制、生产、质量检定、使用的所有生物制品都必须严格执行国家批准颁布的生物制品现行标准。

3. 国家对生物制品质量监督管理的几项重要规定

凡生产和鉴定所用菌、毒种由国家药品检定机构或国家药品监督管理部门委托的单位保存、检定和分发。凡增加、减少或变更生产、检定用菌、毒种，须经国家药品检定机构审查，国家药品监督管理部门认可。新疫苗用于生产和检定的菌种、毒种按《药品注册管理办法》的规定执行。

生产用菌、毒种及细胞株应建立种子批系统。原始种子批应验明其记录、历史、来源和生物学特性；从原始种子批传代、扩增后保存为主代种子批；从主代种子批传代、扩增后保存为工作种子批，用于疫苗生产的工作种子批的生物学特征应与原始种子批一致。

根据"生物制品国家标准物质制备和标定"（《中国药典》第三部），符合规定的合格的标准物质由国家药品检定机构的质量保证部门核发标签及说明书。索取标准物质可直接向国家药品检定机构申请。国家标准物质系提供给各生产单位标定其工作标准品或直接用于检定。标准物质应贮存于适宜的温度、湿度等条件下，其保存条件需定期检查并记录。标准物质须由专人保管和发放。

知识窗

GMP 根据其适用范围可分为三类：①国际性的 GMP，如 WHO 的 GMP、北欧七国自由贸易联盟制定的 GMP、东南亚国家联盟制定的 GMP 等；②国家性质的 GMP，由本国的权力机构制定的 GMP，如我国原卫生部及食品药品监督管理局制定的 GMP，美国、英国、日本等国制定的 GMP；③行业性的 GMP，如美国制药工业联合会的 GMP、中国医药工业公司的《药品生产质量管理规范》等。行业性的 GMP 标准往往较国家颁布的 GMP 标准更严格。只有国家制定并颁布的 GMP 为该国强制实行的标准，其余皆为推荐标准。

各国颁布的 GMP 国家标准与国际性 GMP 标准，在基本宗旨和基本要求上是一致的，仅在某些具体要求方面考虑到本国实情而有所差别。但该国药品、生物制品要进入其他国家，除符合进入国家 GMP 国家标准外，还要符合这个国家所加入的国际组织的 GMP 标准。

 学习思考

1. 简述生物制品生产质量管理的特殊性和重要性。
2. 简述 GMP 的含义、主要内容及其存在的意义。
3. 生物制品作为一种特殊的药品，与普通药品在生产和管理上有何不同？
4. 简述生物制品生产的申报与审批程序。
5. 简述生物制品生产和质量检验全过程实行国家批签发制度的意义。

第六单元

生物制品的运输、保存与使用

🔖 学习指导

本单元根据大多数生物制品的主要成分是生物大分子的基本特性，介绍了生物制品在运输、保存与使用过程中的基本原则和方法。通过本单元的学习，使学生掌握不同生物制品的保存、运输条件及使用方法，并熟悉使用生物制品时应该注意的问题，为今后从事生物制品的相关工作奠定相应的理论基础。

学习内容一　生物制品的运输与保存

生物制品的种类繁多，有效成分通常由蛋白质、脂肪、糖和核酸所组成。生物制品均属国家立法统一管理的特殊商品，其研制、生产、营销与使用全过程均由国家有关部门进行监控。所有生物制品都有一定的运输、保存和使用要求，如果达不到规定要求，就会直接影响制品的有效性。

大多数生物制品对温度都比较敏感，所以在运输和保存生物制品时，往往对温度有一定的要求。尤其是疫苗，温度升高，疫苗的稳定性就会降低，所以从疫苗生产到使用的各个环节，均应保存在规定的保冷状态下（这一保冷系统称为冷链系统），以保证产品质量。

一、生物制品的运输

1. 贮存温度下运输

尽量采用冷藏方法运输生物制品，避免高温和日光直射。运输过程中应保持温度与所运输的品种贮存温度一致。少量运输时装入盛有冰块的广口保温瓶内运送，大量运输时使用冷藏车，灭活苗在寒冷季节防止冻结。在疫苗运输过程中，应保持冷链运输系统的正常工作。

2. 快速运输

生物制品不宜长时间暴露在较高的温度下，尤其应避免由于温度高低变化而引起的反复冻结和融化，因此尽量采用最快速的运输方法，缩短运输时间，一般夏季不超过 2h、冬季不超过 4h。

3. 安全运输

运输前要妥善包装，避免相互碰撞导致产品流失。少量购买时要防止瓶上的标签脱落，一次购买多种要分开包装。大量购买时使用生产厂家的包装即可。搬运、装卸时注意轻拿、轻放，严格遵循制品外包装图示标志的要求堆放。

二、生物制品的保存

《中国药典》(2020年版)三部收载了四类生物制品,它们必须按照严格的条件贮存,才能保证药品在有效期内的质量。环境因素是影响药品质量的重要因素,一般包括光、温度和湿度三个方面。在光的作用下,有些药品会降低效价、失效甚至分解成对人体有剧毒的物质,如疫苗在太阳光的直射下,活菌(毒)苗的效力很容易降低;生物制品容易受温度的影响,温度过高易使其失效、变质,温度过低又可能导致疫苗冻结;而湿度对药品的质量影响很大,湿度太大会使药品稀释、潮解、发霉、变质,湿度太小也容易使某些药品风化。

1. 保存设备

凡生产、经营和使用生物制品的单位或个人必须设置相应的冷藏设备,如冷库、冰箱或冷藏车,方便生产制品保存。

2. 保存条件

生物制品应按贮藏温度、湿度的要求保存,避免光照。通常灭活疫苗、诊断制品与血清制品等宜在2~8℃下贮存、运输;活疫苗宜在-25~-15℃下贮存,相对湿度一般保持在45%~75%,暗处放置。生物制品应严格按照产品说明书规定的条件保存,以保证药品的质量。

3. 保存原则

依据生物制品的性质,按分库、分区、分类存放的原则进行贮存保管,以免混淆。贮存的生物制品应有明显的标志,注明品种、规格、数量、贮存日期等。生物制品与非生物制品应分别存放;外包装容易混淆的品种应区分存放;生物制品中的危险品应存放于危险品专库,专人专管。

4. 保存过程中的取用原则

取用生物制品时应注意保存期限。比如活疫苗,需要使用保温箱加冰块,而且每次取出少量部分,用完后再从冰箱内取用;每次配制不宜过多,保证配制后的疫苗在2h内用完;使用灭活疫苗时应该计算好用量,提前将疫苗从冰箱中取出,进行避光预温。超过有效期的生物制品,禁止使用。

学习内容二 生物制品的使用

传染病的流行有三个环节:传染源、传播途径和易感人群。预防接种在于提高人群的免疫力、降低易感性,是控制和消灭传染病的一项重要措施。疫苗是用于免疫预防的生物制品。

一、预防接种的形式

1. 定期预防接种

有组织地定期预防接种是将疫苗强制地或有计划地反复投给,是以易感动物全群为目标。此种接种形式多为全国性的,如我国的猪瘟疫苗和鸡新城疫疫苗接种、法国及德国的口蹄疫疫苗接种、日本的猪瘟疫苗接种均属此类。

2. 环状预防接种

环状预防接种又称包围预防接种，是以疾病发生地点为中心，划定一个范围，对范围内所有的易感动物全部免疫。

3. 屏障（国境）预防接种

屏障（国境）预防接种是以防止病原体从污染地区向非污染地区侵入为目的而进行的，对接触污染地区境界的非污染地区的易感动物进行免疫。如土耳其在其国境的东部及南部沿着国境进行口蹄疫预防接种。南非共和国的 Kruger 国家公园是口蹄疫的常发地，所以在公园周围约 30km 以内给所有易感动物接种疫苗以形成屏障，控制疾病、避免扩散。

4. 紧急接种

紧急接种是在发生传染病时，为了迅速控制和扑灭疫病的流行，面对疫区和受威胁地区尚未发病的动物进行的应急性接种。与环状预防接种近似，只要受到威胁的地区均应接种，接种地区不一定呈环状。

二、预防接种的途径

预防接种的途径，一方面根据传染病的自然传染途径确定，另一方面是根据制品的性质和剂型来确定的，使用人员切不可自行改变接种途径。

（1）**皮上划痕法** 鼠疫、炭疽活菌疫苗和卡介苗均有皮上划痕接种剂型，痘苗也是采用划痕接种，多在上臂外侧中部皮上接种。

（2）**皮内注射法** 一般选择前臂掌侧，但皮内接种卡介苗必须注射在上臂三角肌中部的皮内，其他预防制品较少使用。

（3）**皮下注射法** 是预防接种常用的方法，如霍乱菌苗，伤寒、副伤寒甲乙三联疫苗，百日咳菌苗，流行性乙型脑炎疫苗，麻疹疫苗等，一般选择上臂外侧三角肌附着处接种。狂犬病疫苗虽然也是皮下注射，但是因其注射剂量大，针数多，多注射在腹部或两侧肩胛下缘处。

（4）**肌内注射法** 含氢氧化铝吸附剂的一些制品可做肌内注射，注射部位一般选在三角肌中部和臀大肌外侧。

（5）**口服接种法** 口服免疫简便易行，群众乐于接受。如小儿麻痹口服糖丸疫苗，效果良好，深受广大群众欢迎。对于动物的口服接种法有饮水免疫、拌饲免疫等。经口免疫的疫苗必须是活苗，且要加大疫苗的用量，一般认为口服苗的用量应为注射量的 10 倍以上。

（6）**吸入免疫法** 目前采用的是鼻腔喷入法，常用于流行性感冒减毒活疫苗的接种，雾化吸入法需要使用机械动力的气溶胶发生器，将制剂雾化成带菌气溶胶，小于 $5\mu m$ 者占 90%以上。各种吸入免疫的操作一定要按照各种制品的使用说明书进行。对于动物常采取滴鼻、点眼，这是活疫苗的各种接种方法中效果最好的，但相对费时。

三、免疫失败的原因及控制

免疫失败包括免疫无效与严重反应两种类型。免疫无效是指人体或畜（禽）群经免疫接种某种疫苗后，在其有效免疫期内，不能抵挡相应传染病的流行或效力检验不合格；严重反应是指免疫接种后的一定时间内（一般为 24～48h），全群普遍出现严重的全身反应，甚至导致死亡。

1. 免疫失败的原因

（1）疫苗的种类和质量的影响

① 疫苗的种类　同种传染病可用多种不同毒株的疫苗预防，而产生的免疫应答也各不相同。在实践中免疫若选择不当，常会导致免疫无效或严重反应，甚至诱发其他疾病。

② 疫苗本身的质量问题　诸如免疫原性差、污染了强毒、灭活方法不当、疫苗效力较差、疫苗过期等都会引起在免疫有效期内的接种者免疫无效或产生严重反应。如果用于制造疫苗的种蛋带有蛋源性疾病病原，如禽白血病和霉形体病等，除了影响疫苗的质量和免疫效果外，还有可能传播疫病。

③ 疫苗的运输、保管不当　在没有合适的冷藏设施的条件下进行长途运输或长时间暴露于高温场合会造成疫苗失效或效价降低。在一些基层卫生院或兽医站，没有足够的冷藏设备，只好让疫苗置于高温处，即使有冷藏设备，由于经常停电，致使保存温度不稳定，疫苗反复冻融；更有甚者，有些基层兽医将疫苗视同一般化学药品，随意放置，甚至过期失效了，照样使用。所有这些，均会导致免疫力下降或免疫期缩短或免疫无效等后果。此外，中转环节多、剧烈振荡等都有可能使疫苗效价下降。

（2）免疫机体的影响

① 畜禽感染某些疫病　生物体患了某种疾病，如传染性法氏囊病、马立克病、网状内皮增生病、传染性贫血及霉菌毒素或细菌毒素中毒等，可使机体正常的免疫反应受到抑制；某些疫病，如鸡新城疫、禽流感、传染性支气管炎、传染性喉气管炎、鸡痘等病毒可诱导机体产生干扰素，影响特异性免疫的形成；此外，畜（禽）群感染霉形体病、大肠杆菌病、沙门菌病等慢性传染病或寄生虫病时，机体抵抗能力下降，常由于免疫接种而产生应激，形成严重反应。

② 遗传素质的影响　某些疫病与遗传素质有关，有些个体即使免疫接种后，仍对该病保持敏感性或免疫力产生很慢，如马立克病就与遗传素质有关，具有基因易感性，个别机体存在先天性免疫缺陷，也常常导致免疫无效或效力低微。

③ 继发性免疫缺陷　除原发性免疫缺陷外，免疫球蛋白的合成和细胞介导的免疫反应还可因淋巴组织遭到肿瘤细胞的侵害或被传染因子破坏或因用免疫抑制剂而被抑制，引起继发性免疫缺陷。免疫缺陷增加了接种者对疫病的易感性，并常导致死亡。

④ 早期感染的影响　在进行疫苗预防时，往往有一部分接种个体已感染了疫病而处于潜伏期，此期间接种常常可使畜（禽）群在短期内发病。

（3）病原体的影响

① 毒力、毒型的影响　有些疫病，由于超强毒株的出现导致原有的疫苗对其不能保护；同一疫病的病原体有的有多种血清型，若使用的疫苗与感染病原体的毒型不符或毒型相差甚远，各型之间的交叉免疫能力又比较弱时，其免疫效果也不理想。

② 过量野毒攻击　在某些疫病严重传播的地区，由于过量的野毒攻击，其毒力、数量、侵入途径等因素与免疫易感群的免疫力之间不断相互作用，并发生复杂的量和质的变化。在一定条件下，病原突破免疫易感群的免疫保护，并在其机体内大量繁殖，使易感群感染发病，免疫接种难以达到对易感群完全保护的目的。

（4）免疫接种技术的影响

① 接种剂量不足或过量　高剂量的抗原能使 T 细胞和 B 细胞都不发生免疫应答反应，低剂量的抗原虽然只能使 T 细胞陷于无反应状态，但由于辅助性 T 细胞失去活性，所以也影响抗体的形成。生产中如疫苗稀释不当，过浓或过稀；饮水免疫时，饮水量不均，饮水时间过长，没有添加保护剂，使用金属容器；滴鼻、点眼时，速度过快，疫苗未被吸入，或使用工具未经校对盲目使用，造成剂量不足或过量；气雾免疫时，颗粒过粗、气雾动力过大、温度过高、湿度过高或过低等均可影响免疫效果。此外，疫苗稀释后没能及时使用完可致使疫苗效价大幅度下降。

② 无菌观念不强　消毒时不仔细，酒精流入疫苗内。免疫过程中，对稀释瓶、注射器、针头等的消毒不严，或一针连续使用等，常会造成严重的后果，尤其在紧急预防接种时最为危险。

③ 免疫接种途径错误　没有按照说明书要求使用疫苗，随意更改免疫接种的途径和部位。

④ 疫苗选择不正确　不了解当地疫病流行情况及疫病种类，盲目使用疫苗，尤其引入该地没有相应传染病的毒力较强的活疫苗，导致该病过早暴露，扩散疫情。

⑤ 免疫程序不合理　不同易感群免疫前的抗体水平是不一致的，因而免疫的时间、方法有差别。对幼年接种者过早接种疫苗，常由于母源抗体的存在而影响免疫效果；在接种传染性法氏囊病疫苗之后，常有轻微肿胀现象，此时接种其他疫苗，可能会影响免疫效果；产蛋高峰期的家禽接种疫苗，既影响产蛋量，又能引起严重反应。

⑥ 多种疫苗联合使用　两种或两种以上的疫苗未经试验，只图省事，随意混合使用，在一定程度上存在着抗原竞争和相互干扰现象。尤其在病毒联合疫苗中，干扰现象更为突出。如一日龄雏鸡同时接种马立克疫苗和新城疫疫苗，则新城疫的免疫效果受到抑制。

（5）营养状况的影响　接种者的营养状况不良可直接影响免疫效果，严重时亦会引起继发性免疫缺陷。如蛋白质缺乏时，抗体形成受阻，因而免疫功能下降。维生素 A、维生素 D、维生素 E、维生素 C、维生素 B_6 和维生素 B_{12} 等维生素在免疫调节和抗病方面起着重要的作用，若缺乏则会影响免疫效果。

（6）其他因素的影响　长途运输、寒冷、炎热、饥饿、干渴和啄斗等应激因素都会使畜禽免疫能力下降，且对抗体免疫反应抑制的长短与这些因素的强弱、持续时间及次数有一定的关系。

2. 免疫失败的控制措施

（1）加强综合卫生措施　疫病预防是一个综合的防治过程，免疫接种工作只是控制疫病的开始而不是结束，任何期待"一针见效"的幻想都是不现实的，也是在实际工作中不可取的。必须强化"生物安全"体系的卫生观念和措施，通过综合环境改善，提高机体的抵抗能力和免疫应答能力。

（2）掌握疫情和接种时机　在疫苗接种前，应当了解当地疫病的发生情况，有针对性地做好疫苗和血清的准备工作。注意接种时机，应在疫病流行季节之前 1～2 个月进行预防接种，如夏初流行的疫病，应在春季注苗。但也不能过早，否则随着免疫力的降低以至消失，到了流行季节得不到相应的保护。最好在疫病的流行高峰期以前完成全程免疫，使在流行高峰时节，易感群的免疫力达最高水平。

（3）合理选用疫苗　选用什么疫苗最合适，应根据当地疫病的流行情况、接种易感群的年龄等来选择。一般当地疫病流行不严重或日龄较小的，应选择毒力较低的、比较温和的疫苗。疫病严重流行的地区，则应选用毒力较强的疫苗。从未发生过某种传染病的地区，可不进行该病的免疫接种，尤其是该疫苗是毒力较强的活苗时，更不可轻率地引入该地区，以免过早暴露该病。应选用高质量的、国家认证的厂家的疫苗。

（4）注意防疫密度 预防接种首先是保护被接种个体免疫。传染病的流行过程就是传染源（患畜或带菌动物）向易感群传播的过程。对易感群进行预防接种，使之对某一传染病产生免疫力，当免疫的动物数达到 $75\%\sim80\%$ 时，即形成了一个免疫屏障，从而可以保护一些未免疫的个体不受感染，这就是群体免疫。如果预防接种既达到个体免疫又达到群体免疫的目的，就能收到最好的预防效果。为了达到群体免疫，既要注意整个地区的接种率，也要注意基层单位的接种率。

（5）加强疫苗的保管、运输、发放和使用 各种疫苗的最佳保存温度应参照厂家的说明书，但有些疫苗不可冻结保存，如活菌苗、类毒素、油乳剂苗及稀释液等，以 $2\sim8℃$ 保存为宜。疫苗用前应进行认真检查，看有无瓶签、瓶签是否完整、字迹是否清楚；瓶塞是否松动、瓶体是否破裂；瓶内有无杂物、霉变；疫苗的物理状态和色泽与说明书上是否相符；是否过期失效等，如有一项有疑问，则不可使用。

（6）依据免疫程序适时接种 母源抗体具有一定的消长规律，其抗体水平和消长时间因个体不同而有差异。过早地接种疫苗，常会发生母源抗体的干扰现象，极易引起免疫无效或免疫减弱；过迟接种疫苗，则野毒可能在免疫空白期感染生物体，使其发病，产生不应有的损失。所以免疫接种最好在母源抗体降至一定水平时进行。有条件的应通过免疫监测技术来测定母源抗体的水平，建立科学的免疫程序，从而确定免疫接种时间。

（7）加强易感群体的健康检查 免疫接种前应对易感群体的健康状况进行检查，对不适宜当时免疫的应做好记录，随后于适当时间进行补防。在进行免疫接种前后 24h 内不得使用抗生素、磺胺类药物及含有药物的饲料添加剂等，以免影响免疫效果。

（8）加强生物制品市场管理 生物制品是一种特殊的商品，应实行专营，以确保质量和安全。禁止生产劣质、低效的疫苗以及以假乱真、胡乱销售。坚决取缔无证经营，整顿经营秩序。有关部门应加强疫苗的研制、生产管理，以保证疫苗本身的质量。

知识窗　　　　　　　**冷链和冷链系统**

冷链是指为保证疫苗等生物制品从生产企业到接种单位转运过程中的质量而装备的贮存、运输的冷藏设施和设备，包括低温冷库、疫苗运输车、冰箱、冷藏箱、冰袋及安置设备的房屋等。冷链系统是在冷链设备的基础上加入管理因素，即人员管理措施和保障的工作体系。

严格管理冷链设备，确保疫苗始终置于规定的保冷状态之下，设备应按计划购置和下发，建立健全的领发手续，做到专物专用；建立健全的冷链设备档案；对疫苗运行状况进行温度记录；对冷藏设施、设备和冷藏运输工具定期检查、维护保养；冷链设备的报废严格按照国有资产管理的有关规定执行。

各级卫生行政部门对辖区内国家免疫规划用冷链系统实施监督管理，将冷链管理纳入国家免疫规划的常规督导、考核内容；定期组织疾病预防控制机构对所辖区的冷链管理进行督导、考核，以保证疫苗的安全性和有效性。

学习思考

1. 结合实际情况，简述生物制品正确的保存方法。
2. 生物制品在运输过程中应该注意的问题有哪些？
3. 简述人用生物制品和兽用生物制品在使用过程中的异同点。
4. 使用生物制品过程中应该注意哪些问题？

第七单元

典型生物制品的制备

学习指导

本单元为典型生物制品制备的实践项目操作，项目一到项目七为人用生物制品的制备，项目八到项目十三为兽用生物制品的制备。通过本单元的学习，可以了解典型生物制品的基本概况、制备要求，掌握其生产的工艺流程及具体的制备过程，熟悉产品的质控点及生产中的注意事项，为学生今后从事生物制品生产奠定相应的技能基础。

项目一　人血白蛋白的制备

产品背景资料

人血白蛋白是目前国际上使用最多的血液制品之一，它是由健康人的血浆经低温乙醇蛋白分离法或经批准的其他分离法分离纯化，并经 60℃ 10h 加温灭活病毒后制成，含适宜的稳定剂，不含防腐剂和抗生素。其蛋白质纯度为 96% 以上，剂型多为液体剂型，也有冻干剂型。

人血白蛋白是血浆中含量最多的蛋白质，占血浆蛋白总量的 40%～60%，具有增加血容量和维持血浆胶体渗透压、运输及解毒、营养供给等功能，适用于失血性创伤与烧伤引起的休克、脑水肿及损伤引起的颅压升高、肝硬化及肾病引起的水肿或腹水、低蛋白血症的防治、新生儿高胆红素血症、心肺分流术与烧伤的辅助治疗、血液透析的辅助治疗和成人呼吸窘迫综合征等。

一、制备要求

① 生产和检定用设施、原材料及辅料、水、器具、动物等应符合《中国药典》（2020年版）中《凡例》（以下简称《凡例》）的有关要求。

② 生产过程中不得加入防腐剂或抗生素。

③ 应使用专用设备并在专用设施内进行生产，不得与其他的异种蛋白制品混用。

④ 血浆的采集和质量应符合《中国药典》（2020 年版）"血液制品生产用人血浆"通则的规定。

⑤ 以组分Ⅳ沉淀为原料时，应符合品种附录"组分Ⅳ沉淀原料质量标准。"❶

⑥ 组分Ⅳ沉淀应冻存于－30℃以下，运输温度不得超过－15℃。低温冰冻保存期不得

---

❶ 参见《中华人民共和国药典》（2020 年版）的有关内容。

超过1年。

⑦ 组分Ⅴ沉淀应冻存于 −30℃以下，并规定其有效期。

二、制备工艺流程

本工艺采用低温乙醇蛋白分离法，其工艺流程如下：

原料血浆（冰冻）→融浆→第一次压滤→含组分Ⅰ＋Ⅱ＋Ⅲ的上清→第二次压滤→含组分Ⅳ的上清→第三次压滤→含组分Ⅴ的沉淀→纯化→超滤→配制→病毒灭活→除菌过滤→分装→培育→包装→成品。

三、制备设备

板框压滤机、超滤器、除菌过滤器、全自动灌装机、压塞机、轧盖机、包装设备等。

四、制备操作步骤详解

1. 融浆

取检验合格的冰冻血浆，用75％乙醇和注射用水对血浆外袋进行消毒处理，将消毒外袋后的血浆割开袋口，放至带夹层的溶解罐中，37℃水浴循环，使血浆融化。

2. 第一次压滤

将融化后的血浆转至带夹层的反应罐中，用乙酸缓冲液调节血浆 pH 至 5.5～6.0，加入95％乙醇，调节乙醇浓度为20％，30min 后复测 pH，应在规定范围内，加硅藻土搅拌30min，压滤，取含组分Ⅰ＋Ⅱ＋Ⅲ的上清。

3. 第二次压滤

将含组分Ⅰ＋Ⅱ＋Ⅲ的上清转至带夹层的反应罐中，补加氯化钠调节离子强度，用乙酸缓冲液调节血浆 pH 至 5.5～6.0，加入95％乙醇，调节乙醇浓度为40％，30min 后复测pH，应在规定范围内，搅拌 1h 后静置 1h，加硅藻土搅拌30min，压滤，取含组分Ⅳ的上清。

4. 第三次压滤

将含组分Ⅳ的上清转至带夹层的反应罐中，用含40％乙醇的2mol/L的乙酸缓冲液调节血浆 pH 至 4.5～5.0，再搅拌 2h 静置 3h，加硅藻土预铺滤板，压滤，取含组分Ⅴ的沉淀。

5. 纯化

在含组分Ⅴ的沉淀中加入5～7倍水温为5.0～10.0℃的注射用水，搅拌5～7h，使沉淀溶解。用0.5mol/L的盐酸溶液调节 pH 至 4.8～5.0，将溶液冷却至0～2℃。在溶液中加入55％乙醇，调节溶液的乙醇浓度至12％。过程中继续降温，加毕，温度控制在 −3～−1℃。复测 pH 在 4.7～4.9 之间，加硅藻土预铺滤板，压滤，收上清到反应罐中。

6. 超滤

将含组分Ⅴ的溶液搅拌15min 后，测定其 pH 值，用1mol/L碳酸氢钠溶液调节 pH 至6.20～6.40，搅拌15min 后复测 pH。控制药液的温度为0～6℃，进行超滤，使蛋白质浓度为10％。用8倍体积的2～6℃的0.9％氯化钠溶液作恒体积洗涤。浓缩蛋白质浓度至8％～

28%，转移至配制罐，用注射用水冲洗超滤器，将冲洗液并入蛋白质浓缩液中。

7. 配制

按蛋白质含量加入辛酸钠，使之达到每克蛋白质 0.16mmol。用 0.5mol/L NaOH 调节 pH 至 6.90～7.10。补加 NaCl 使 Na^+ 含量为 145mmol/L。搅拌 15min，测定蛋白质的含量，使不低于标示量的 95%。

8. 病毒灭活

药液在灭活罐中通过夹层热水循环加热到 60℃±0.5℃，保温 10h。灭活结束后，夹层通过冷水迅速将药液降到 30℃以下。

9. 除菌过滤

将药液通过 $0.22\mu m$ 的除菌过滤器进行除菌过滤。

10. 分装

瓶塞盖清洁、无菌处理，按规定量分装药液，立即塞胶塞、轧铝盖封口。

11. 培育

取分装封口完毕的人血白蛋白半成品，置于 30～32℃保温 14 天，每天两次观察并记录温度，在保温期间定期检查是否长菌、浑浊或有析出物出现等。剔除长菌、浑浊或有析出物出现的人血白蛋白半成品，将合格品送入下一工序。

12. 包装

于澄明度检测仪下逐瓶检查，将有毛点、有纤维、装量不足、瓶壁炸裂、压盖不严或不规格、长菌、有异物沉淀等药液瓶置不合格品区处理。将灯检合格的制品按照《包装岗位操作细则》的要求和方法正确进行包装并随时检查包材破损、漏印等情况并挑出，同时检查标签张贴、药品装入的位置和方向，每一大箱中放一张合格证。然后用胶带封口，打包，存入成品待检区，待检验合格入成品库。

五、质量控制点

人血白蛋白是由健康人的血浆经适宜方法提纯制得的，它具有人源性、纯度高、疗效明确、稳定性好等特点，但由于它为多人混合血浆制备，故存在着可能污染经血传播的病毒，血浆采集和生产过程中易被细菌、病毒和其他有害物质污染，血浆蛋白易变性等不安全的因素。因此，从原材料购进、产品生产、检定、放行、销售等各个环节，都要进行严格的质量控制，以保证制品的安全性、有效性和溯源性。

1. 原料血浆的质量控制点

所用的原料血浆应符合《中国药典》（2020 年版）中"血液制品生产用人血浆"的规定，包括供血浆者的选择、血浆的采集、血浆的检验、血浆贮存和运输等，如采自经乙肝病毒疫苗免疫的健康人群；进行丙氨酸氨基转移酶（ALT）、HBsAg、梅毒、HIV-1 抗体、HIV-2 抗体和 HCV 抗体的检测；采集后，放置 90 天，献浆员指标合格后才可投料生产等。

2. 原液的质量控制点

（1）蛋白质含量　可采用双缩脲法测定，应大于成品规格。

（2）纯度　应不低于蛋白质总量的 96.0%。

（3）pH 值　应为 6.4～7.4。

（4）残余乙醇含量　采用康卫扩散皿法，应不高于 0.025％。

3. 半成品的质量控制点

（1）无菌检查　应符合规定。

（2）热原检查　应符合规定。

4. 成品的质量控制点

（1）鉴别试验

① 用免疫双扩散法，其仅与抗人血清或血浆产生沉淀线以确定其人源性，与抗马、抗牛、抗猪、抗羊血清或血浆不产生沉淀线，以证明其未污染马、牛、猪、羊等动物源性蛋白质。

② 用免疫电泳法，使其与正常人血清或血浆比较，主要的沉淀线应为白蛋白，以确定其主要成分是人血白蛋白。

（2）物理检查　进行外观检查，该制品应为略黏稠、黄色或绿色至棕色的澄明液体，不应出现浑浊。进行可见异物检查和不溶性微粒检查，应符合规定。进行装量检查，应不低于标示量。进行热稳定性试验，应无肉眼可见的其他变化。渗透压摩尔浓度应为 210～400mOsmol/kg 或经批准的要求。

（3）化学检定

① pH 值应为 6.4～7.4。

② 蛋白质含量应为标示量的 95.0％～110.0％。

③ 纯度应不低于蛋白质总量的 96.0％。

④ 钠离子含量应不高于 160mmol/L。

⑤ 钾离子含量应不高于 2mmol/L。

⑥ 吸光度应不大于 0.15。

⑦ 多聚体含量应不高于 5.0％。

⑧ 辛酸钠含量每克蛋白质中应为 0.140～0.180mmol。

⑨ 如与辛酸钠混合使用，乙酰色氨酸含量每克蛋白质中应为 0.064～0.096mmol。

⑩ 铝残留量应不高于 200μg/L。

（4）激肽释放酶原激活剂　其含量应不高于 35IU/ml。

（5）HBsAg　应为阴性。

（6）无菌检查　应符合规定。

（7）异常毒性检查　应符合规定。

（8）热原检查　注射剂量按家兔体重每千克注射 0.6g 蛋白质，应符合规定。

在以上质控点中，人血白蛋白区别于其他生物制品的特殊质量控制点，主要包括：病毒安全性、多聚体含量、引起降压反应物质的含量及外源性污染物的含量等。

（1）病毒安全性

① 原料血浆的质量控制同前所述。

② 制备工艺中的灭活和去除　严格控制灭活条件，如 pH 值、孵放时间和温度、胃酶含量、蛋白质浓度、溶质含量等因素，以保证病毒的灭活效果。

（2）多聚体含量　白蛋白在保存期间发生的主要变化是白蛋白单体发生聚合作用形成寡聚体和多聚体，且寡聚体和多聚体的含量会随着白蛋白的浓度和保存温度的升高而增加，这种聚合作用对临床应用的安全性和有效性都有影响。因此，《中国药典》（2020 年版）中规定多聚体含量应不高于 5.0%。

（3）引起降压反应物质的含量   有现象表明，当给病人快速输注含激肽释放酶原激活剂（PKA）的血液制品时，会产生降压反应；肌注含 PKA 的血液制品也会引起注射部位疼痛、面部潮红、头痛、呼吸困难、心悸等副作用。因为血浆中含有激肽系统的血管活性物质，因此在制备人血白蛋白时要特别注意控制成品中 PKA 的残留量，在《中国药典》（2020 年版）中规定 PKA 应不高于 35IU/ml。

（4）外源性污染物的含量

① 辛酸钠的含量   辛酸钠是白蛋白的稳定剂，但它也具有引起低血糖、抑制血小板聚集、舒张血管等多种生物学活性，因此，辛酸钠在制品中的含量应有一定的限制。在《中国药典》（2020 年版）中规定辛酸钠的含量每克蛋白质中应为 0.064～0.096mmol。

② 铝含量   人血白蛋白在制备过程中采用板框压滤法进行固液分离，需要使用硅藻土作为助滤剂，而硅藻土中含有大量铝离子，这就使制品中的铝含量升高。铝过量会导致老年性痴呆，可能引起骨质疏松、机体免疫功能下降、非缺铁性贫血等问题，因此制品中铝的残留量直接关系到白蛋白使用的安全性，在《中国药典》（2020 年版）中规定铝残留量应不高于 200μg/L。

六、制备中常见问题的分析

1. 蛋白质变性较多

蛋白质变性的原因有：温度过高、乙醇浓度过大、局部酸度过高、剧烈搅拌等。故而在生产中，在整个操作过程中的温度要尽可能保持低温，加入血浆中的缓冲液、乙醇等最好提前预冷；严格按照工艺规程进行操作，乙醇浓度和 pH 要严格控制在规定范围内；加入乙醇和缓冲液时流速要恒定，最好用恒流泵控制；搅拌要充分，但不能过度搅拌，使蛋白质起沫变性。

2. 收率较低

白蛋白收率低的原因很复杂，主要有操作过程中的浪费、操作过程中白蛋白变性失活、设备有渗漏等。故在操作中要注意：①注意收率，要回收好每一滴药液，尤其是在超滤以后；②生产设备要保证无菌、无热原、无泄漏；③搅拌要适度、静置时间要有保证，以使杂蛋白充分被分离出去，提高制品的纯度。

3. 安全性问题

曾经有过生产工人因操作不当感染血源性疾病的现象，故操作人员操作时要戴手套、注意自我防护。所有接触血浆的器具、用品要进行病毒灭活处理并做好验证。生产废弃物要经高压蒸汽灭菌后统一由专业人员处理。

项目二　吸附无细胞百白破联合疫苗的制备

产品背景资料

　　百白破疫苗是百日咳-白喉-破伤风类毒素联合疫苗的简称，是由百日咳疫苗原液、白喉类毒素原液及破伤风类毒素原液加入氢氧化铝佐剂制成，用于预防百日咳、白喉和破伤风。百白破疫苗是世界上使用最广的一种联合疫苗，20 世纪 80 年代已被我国纳入计划免疫程序。百白破疫苗有两种，一种是全细胞百白破联合疫苗，其中的百日咳菌苗为全菌体制剂，接种后副反应比较重，特别是出现了少数神经系统并发症，从而影响了该制剂的推广应用；另一种为无细胞百白破联合疫苗，其在生产过程中去除了百日咳菌体中的有害成分，提取纯化出有效抗原，使其在保持免疫原性的基础上大大减少了副反应的发生。现在世界上很多国家都在使用由无细胞百日咳疫苗原液、白喉类毒素原液及破伤风类毒素原液加入氢氧化铝佐剂制成的吸附无细胞百白破联合疫苗，并以此为基础，加入更多新的疫苗发展出了如百白破-乙肝联合疫苗、百白破-乙肝-脊髓灰质炎联合疫苗等多联多价形式的联合疫苗。

一、制备要求

① 生产和检定用设施、水、器具、动物等应符合《中国药典》（2020 年版）中"凡例"的要求。

② 生产用原、辅材料应符合《中国药典》（2020 年版）的要求。

③ 生产用菌种及种子批的建立应符合"生物制品生产检定用菌毒种管理及质量控制"的规定。

④ 分批、分装及包装应符合"生物制品分包装及贮运管理"的规定。

二、制备工艺流程

无细胞百日咳疫苗原液＋白喉类毒素原液＋破伤风类毒素原液→合并→氢氧化铝佐剂吸附→稀释配制半成品→分装→包装→成品。

1. 无细胞百日咳疫苗原液制备的工艺流程

百日咳Ⅰ相 CS 菌株→种子扩增培养→发酵培养→培养物一次盐析→培养物二次盐析→去除内毒素→抗原脱毒→匀化→无细胞百日咳疫苗原液。

2. 白喉类毒素原液制备的工艺流程

固体培养基传代→液体培养基发酵罐培养→除菌过滤→精制→透析除铵→脱毒→白喉类毒素原液。

3. 破伤风类毒素原液制备的工艺流程

破伤风梭状芽孢杆菌→种子扩增培养→发酵培养→除菌过滤→毒素脱毒→精制和浓缩→除菌过滤→破伤风类毒素原液。

三、制备设备

发酵罐、搅拌器、离心机、超声波均质机、超滤器、除菌过滤器、分包装设备等。

四、制备操作步骤详解

1. 无细胞百日咳疫苗原液的制备

(1) 种子扩增培养　生产用菌种为百日咳Ⅰ相菌株。

① 百日咳菌种传一代　冻干菌种用 1ml PBS 或生理盐水充分溶解后，转接至含有 20% 健康羊血的 BG 斜面，将菌液在斜面上涂均匀，37℃培养 72h。同时做纯菌试验，37℃培养 48h 或 25℃培养 24h。

② 百日咳菌种传二代　用不锈钢刮棒刮取斜面上的少量菌苔移入装有半综合碳培养基的克氏瓶中，均匀涂满 2~4 瓶，36℃培养 48h，同时做纯菌试验。

③ 百日咳菌种传三代　用不锈钢刮棒刮取平板上的少量菌苔移入装有半综合碳培养基的克氏瓶中，均匀涂满 6~8 瓶，36℃培养 48h，同时做纯菌试验。

④ 百日咳菌种传四代　将第三代菌苔用不锈钢刮棒刮出，加入生理盐水或 PBS 中，加玻璃珠充分振匀溶解，用吸管取出置于装有 SS 培养基的三角瓶中，摇床 120r/min、36℃培养 25~26h 后，取样。测定合格后置发酵罐中培养。

(2) 百日咳杆菌的发酵培养　空罐灭菌（121℃、60min），降温冷却至室温后加入灭菌后的 SS 培养基。对菌种进行检测，合格后接种，接种细菌的培养浓度为 3.0×10^8 个/ml，培养温度为 37℃，通气量为 40~60L/min，压力为 $0.1kgf/cm^2$（$1kgf/cm^2 = 98.0665kPa$），搅拌器的转速设定为 350r/min，培养 40~44h，取样检测合格后放罐。

(3) 一次盐析　取全培养物加 30.2%（w/V）的硫酸铵，称量好后边加边搅拌。加入 1%硫柳汞使终浓度达到 0.01%，充分搅拌溶解，置于 4℃冰库中 5~7 天。将上清虹吸掉，利用大容量的低速离心机以 3000r/min 离心 30~40min。取沉淀，加全培养液 1/10 量的浸提液（0.05mol/L PB、1mol/L NaCl、0.1g/L 硫柳汞，pH8.0），磁力搅拌每天两次，5~7 天，将沉淀充分溶解。换高速离心机离心，4℃下 7000r/min 离心 30min，取上清。

(4) 二次盐析　上清中加 20.2%（w/V）的硫酸铵，加入 1%硫柳汞使终浓度达到 0.01%，充分搅拌溶解，置于 4℃冰库中 5~7 天。11000r/min 离心 30~40min。取沉淀，加全培养液 1/200 的浸提液（0.05mol/L PB、1mol/L NaCl、0.1g/L 硫柳汞，pH 8.0），4℃磁力搅拌 3 天，将沉淀充分溶解。包透析袋，每袋 200~300ml，置于 2~8℃下透析 6 天。用浸提液作为透析液，透析除去硫酸铵，每日换透析液 2 次，同时要检查透析袋有无破裂。用奈氏试剂检测无 NH_4^+ 存在（戊二醛的含量<0.001%），合格后收液。16000r/min 离心 5h，取上清。

(5) 去除内毒素　使用超速离心机，进行蔗糖密度梯度离心，以 25000~30000r/min，于 4~8℃离心 18~20h，收集蔗糖浓度为 4%~12%的抗原［百日咳毒素（PT）、丝状血凝素（FHA）］，用 Lowry 法测定蛋白质的氮含量，应≥50μg/ml，2~8℃保存。

(6) 抗原脱毒　将纯化后的抗原用稀释液（0.05mol/L PB、1mol/L NaCl、0.01%硫柳汞）稀释至最终蛋白质的氮含量为 50μgPH/ml，然后加入 1%戊二醛，使戊二醛的终浓度为 0.03%~0.05%，置于 20℃下脱毒作用 4h，每小时振摇一次。然后加入 10%赖氨酸溶液，使之终浓度为 0.2%，置于 20℃下作用 2h，以终止脱毒反应。

包透析袋，每袋 200~300ml，置于 4℃下透析 6 天。透析液为 0.85% NaCl、0.01%硫柳汞，透析除去硫酸铵，每日换透析液 2 次，同时要检查透析袋有无破裂。用奈氏试剂检测

无 NH_4^+ 存在（戊二醛含量＜0.001％），合格后收液。

（7）**超声波匀化**　2～8℃下用超声波均质机处理两次，即为原液。置于2～8℃保存，并进行原液检定。

2. 白喉类毒素原液的制备

（1）**种子扩增培养**　采用产毒高、免疫力强的白喉杆菌作为生产用菌种。工作种子批先在改良的林氏培养基种子管中传3代（传代方法同百日咳杆菌），第三代即为生产用种子。取样测定合格后，置发酵罐中培养。

（2）**发酵培养**　培养基采用胰酶牛肉消化液培养基，是由胰酶消化牛肉后煮沸过滤形成，再加入酵母浸液、乳酸、氯化钙等成分构成。培养方式一般采用深层培养法，pH7.8～8.2，培养温度为34～35℃，培养时间为45～50h，取样检测合格后放罐。

（3）**除菌过滤**　将全培养物通过除菌过滤器，以除去白喉杆菌的菌体，收集液即为含有白喉毒素的滤液。

（4）**精制**　采用硫酸铵、活性炭二段盐析法（操作方法同百日咳）。在滤液中加入23％～27％（w/V）的硫酸铵和适量的活性炭，溶解后过滤，取滤液。在滤液中加入17％～20％（w/V）的硫酸铵，溶解后过滤，取沉淀。

（5）**透析除铵**　用1g/L的碳酸氢钠溶液冲洗膜包，使pH为中性。将精制后的毒素用适量的注射用水溶解，泵入超滤器。用1g/L的碳酸氢钠溶液循环超滤数次，超滤后期取样测定 NH_4^+ 浓度≤0.02％时，将膜上液收集于容器中。

（6）**脱毒**　向精制毒素中加入赖氨酸溶液，使之终浓度为0.0125～0.025mol/L，加入40％甲醛溶液，使之终浓度为0.5％。除菌过滤后放置室温3天，37℃恒温室脱毒40～50天。脱毒检定合格后即为白喉类毒素原液。

3. 破伤风类毒素原液的制备

（1）**种子扩增培养**　采用破伤风梭状芽孢杆菌 CMCC 64008 株或其他经批准的破伤风梭状芽孢杆菌作为生产用菌种。培养基采用碎肉半固体培养基。

工作种子批先在碎肉半固体培养基种子管中传3代（传代方法同百日咳杆菌），第三代即为生产用种子。取样测定合格后，置发酵罐中培养。

（2）**发酵培养**　培养基采用酪蛋白、黄豆蛋白、牛肉等蛋白质在较温和的条件下加深水解后制成，添加少量半胱氨酸、抗坏血酸、葡萄糖等。培养方式一般采用大罐静置培养结合通气搅拌，培养到24～30h开始通气10～20L/min，间隔6h搅拌一次，每次3～5min（转速为150r/min），培养温度为34～35℃，培养6天，取样检测合格后放罐。

（3）**除菌过滤**　将全培养物通过除菌过滤器，以除去破伤风梭状芽孢杆菌的菌体，收集液即为含有破伤风毒素的滤液。

（4）**毒素脱毒**　在滤液中加入40％的甲醛溶液使其终浓度为0.34％～0.38％，于37℃下加温脱毒30天，脱毒检查合格。

（5）**精制和浓缩**　采用硫酸铵二段盐析法进行精制（操作方法同百日咳）。第一次盐析，硫酸铵的浓度为13％～16％（w/V），盐析后收集滤液；第二次盐析，硫酸铵的浓度为10％～12％（w/V），盐析后收集沉淀。盐析温度为15℃，每次时间为12h。

沉淀用注射用水溶解并做澄清过滤，循环超滤除去溶液中的硫酸铵，奈氏试剂检测合格。同时通过超滤将溶液浓缩到需要浓度。

（6）除菌过滤　将精制类毒素稀释、调整到适当的浓度（含 $0.1g/L$ 硫柳汞、$0.85g/L$ NaCl），调节 pH 为 $6.8\sim7.2$。使用 $0.22\mu m$ 的微孔滤膜进行膜过滤除菌，即为破伤风类毒素原液。

4. 吸附无细胞百白破联合疫苗的制备

将白喉类毒素、破伤风类毒素及无细胞百日咳疫苗原液按照一定的比例加入已稀释的氢氧化铝佐剂内，调节 pH 至 $5.8\sim7.2$，使每毫升半成品中各种抗原成分含量为：无细胞百日咳疫苗原液不高于 $18\mu g$ PN，白喉类毒素不高于 25Lf（絮状单位），破伤风类毒素不高于 7Lf。加入适量的防腐剂后分装、包装，即为成品。

五、质量控制点

1. 无细胞百日咳疫苗原液的质量控制点

（1）种子培养

① 将工作种子批菌种启开后，接种于改良包-姜培养基或活性炭半综合培养基或其他适宜的培养基上，于 $35\sim37℃$ 培养不超过 72h，以后各代不超过 48h。传代菌种保存不得超过 14 天，工作种子批启开后用于生产时不应超过 10 代。

② 培养特性　各菌株应具有典型的形态及生化特性。

③ 血清学试验　应符合规定。

④ 皮肤坏死试验　应符合规定。

⑤ 毒力试验　$1LD_{50}$ 的菌数应不高于 1.2×10^8。

⑥ 效价测定　应符合规定。

⑦ 菌种保存　应冻干保存于 $8℃$ 以下。

（2）发酵培养　发酵过程中参数的控制严格按照工艺要求进行。

（3）脱毒与精制

① 脱毒检查　应符合规定。

② 蛋白质的氮含量测定　应符合规定。

③ 纯度测定　PT 和 FHA 等有效组分应不低于总蛋白含量的 85%。

（4）原液检定

① 染色镜检　不应有百日咳杆菌和其他细菌。

② 效价测定　应符合规定。

③ 无菌检查　应符合规定。

④ 不耐热毒素试验　受试动物不得出现不耐热毒素引起的任何局部反应。

⑤ 异常毒性检查　应符合规定。

⑥ 毒性逆转试验　应符合规定。

⑦ 热原检查　应符合规定。

2. 白喉类毒素原液的质量控制点

（1）种子培养

① 主种子批自启开后传代不得超过 5 代，工作种子批启开后至疫苗生产，传代应不超

过 10 代。

② 培养特性 各菌株应具有典型的形态及生化特性。

③ 染色镜检 革兰染色阳性,具有异染颗粒,菌体呈一端或两端膨大、杆状,菌体排列呈栅栏状 X 形或 Y 形。

④ 生化反应 能发酵葡萄糖、麦芽糖、半乳糖,均产酸不产气;不发酵蔗糖、甘露醇和乳糖。

⑤ 特异性中和反应 接种在 Elek's 琼脂培养基上,可见明显的白色沉淀线。

⑥ 种子批的保存 种子批应冻干保存于 8℃ 以下。

(2) 发酵培养 发酵过程中参数的控制严格按照工艺要求进行。

(3) 精制与脱毒

① 检测培养物滤液或离心上清液,毒素效价应不低于 150Lf/ml。

② 无菌试验 应符合规定。

③ 脱毒检查 应符合规定。

(4) 类毒素原液的检定

① pH 值 应为 6.4~7.4。

② 絮状单位 (Lf) 测定 应符合规定。

③ 纯度 每毫克蛋白氮应不低于 1500Lf。

④ 无菌检查 应符合规定。

⑤ 异常毒性检查 应符合规定。

⑥ 毒性逆转试验 应符合规定。

3. 破伤风类毒素原液的质量控制点

(1) 种子培养

① 主种子批自启开后传代应不超过 5 代,工作种子批启开后至疫苗生产,传代应不超过 10 代。

② 培养特性 本菌为专性厌氧菌,各菌株应具有典型的形态及生化特性。

③ 染色镜检 初期培养物涂片革兰染色镜检呈阳性,杆形菌体,少见芽孢。48h 以后培养物涂片革兰染色镜检,易转为阴性,可见芽孢,菌体呈鼓槌状,芽孢位于顶端,为正圆形。

④ 生化反应 不发酵糖类,液化明胶,产生硫化氢;不还原硝酸盐。

⑤ 产毒试验 应符合规定。

⑥ 特异性中和试验 应符合规定。

⑦ 种子批保存 种子批应冻干保存于 8℃ 以下;工作种子批也可 2~8℃ 保存于液体培养基中,有效期为 1 年。

(2) 发酵培养 发酵过程中参数的控制严格按照工艺要求进行。

(3) 脱毒与精制

① 检测培养物滤液或离心上清液,毒素效价应不低于 40Lf/ml。

② 无菌试验 应符合规定。

③ 脱毒检查 应符合规定。

（4）类毒素原液的检定

① pH 值　应为 6.6～7.4。

② 絮状单位（Lf）测定　应符合规定。

③ 纯度　每毫克蛋白氮应不低于 1500Lf。

④ 无菌检查　应符合规定。

⑤ 特异性毒性检查　应符合规定。

⑥ 毒性逆转试验　应符合规定。

4. 吸附无细胞百白破联合疫苗的质量控制点

（1）半成品检定　无菌检查应符合规定。

（2）成品检定

① 鉴别试验　可选择下列的任一种方式进行：a. 疫苗注射动物后应产生抗体；b. 疫苗加入枸橼酸钠或碳酸钠将吸附剂溶解后做絮状试验，应出现絮状反应；c. 疫苗经解聚液进行解吸附处理后取上清，做凝胶免疫沉淀试验，应出现免疫沉淀反应。

② 物理检查

a. 外观　振摇后应为乳白色均匀悬液，无摇不散的凝块或异物。

b. 装量　应不低于标示量。

③ 化学检定

a. pH 值　应为 5.8～7.2。

b. 铝含量　应为 0.17～0.26mg/剂。

c. 硫柳汞含量　应不高于 0.05mg/剂。

d. 游离甲醛含量　应不高于 0.1mg/剂。

④ 效价测定　应符合规定。

⑤ 无菌检查　应符合规定。

⑥ 异常毒性检查　应符合规定。

六、制备中常见问题的分析

1. 发酵过程染菌

染菌的原因很多，如培养基灭菌不彻底、发酵罐及辅助设备灭菌不彻底、无菌空气灭菌不彻底、操作过程染菌、设备渗漏等，要严格执行无菌操作，使设备、培养基、空气彻底灭菌，同时要在操作过程中严格无菌操作，以保证发酵的顺利进行。

2. 脱毒不彻底

甲醛的脱毒作用比较复杂，温度、pH 和甲醛浓度都可影响脱毒效果。通常，温度越高，脱毒越快；碱性条件下，脱毒速度快；甲醛浓度大，脱毒速度快，但抗原损失也大。因此，在生产中，需要掌握这些因素之间的辩证关系，综合考虑，找到一个合理的脱毒条件，既能使脱毒彻底，又能最大限度地保留抗原的免疫原性，这需要实践的摸索与验证。

3. 类毒素的毒性逆转

类毒素脱毒后，被发现有重新表现出毒性的现象，称为毒性逆转。这种现象在类毒素被稀释、温度升高、游离甲醛浓度过低等条件下易发生。一般，提高脱毒的 pH、增加甲醛浓度、提高脱毒温度、延长脱毒时间、向精制类毒素溶液中加入赖氨酸或酪氨酸等均可减轻毒性逆转。我国一般采用加深脱毒和脱毒过程中加入氨基酸的方法来防止毒性逆转。

4. 效价低

效价低的原因很多，如菌种生长不良或纯化不好使杂质含量增加、脱毒条件不当使抗原被破坏等，要针对不同的原因进行处理。在发酵过程中增加利于产物合成的成分，如在白喉杆菌培养基中补加谷氨酸钠、胱氨酸及生长因子，可使产毒单位从 150Lf/ml 增加到 400Lf/ml；选择高分辨率的纯化方法，尽可能地提高制品的纯度，尽量去除非特异性蛋白；选择最合理的脱毒条件等使效价得以提高。

项目三　麻疹减毒活疫苗的制备

产品背景资料

> 麻疹减毒活疫苗是用麻疹病毒减毒株接种原代鸡胚细胞，经培养、收获病毒液，加入适宜稳定剂后冻干制成的生物制品，用于预防麻疹。麻疹是一种传染性很强的病毒性疾病，临床表现主要是发热、口腔黏膜出现克氏斑、呼吸道卡他症状及皮疹，并可引起中耳炎、肺炎、支气管炎及脑炎等并发症，严重的会致命。麻疹减毒活疫苗在我国免疫规划中属于一类疫苗，即属于计划内免疫用疫苗，接种对象为 8 个月龄以上的麻疹易感者。

一、制备要求

① 生产和检定用设施、原材料及辅料、水、器具、动物等应符合《中国药典》（2020 年版）中"凡例"的有关要求。

② 细胞管理及检定应符合"生物制品生产检定用动物细胞基质制备及质量控制"的规定。

③ 种子批的建立应符合"生物制品生产检定用菌毒种管理及质量控制"的规定。

④ 新生牛血清的质量应符合规定。

⑤ 分批、分装、冻干及包装应符合"生物制品分包装及贮运管理"的规定。

二、制备工艺流程

原代鸡胚细胞制备→病毒接种→病毒培养→病毒收获→单次病毒收获液合并→原液→配制半成品→分装→冻干→包装→成品。

三、制备设备

二氧化碳细胞培养箱、转瓶机、分装机、冻干机、外包装设备等。

四、制备操作步骤详解

1. 原代鸡胚细胞制备

① 选用 9 日龄 SPF 鸡胚，蛋壳用 0.1% 新洁尔灭浸泡洗刷，剔除破损的鸡胚，气室向

上放在蛋托上。

② 用碘酒消毒气室部，用镊子敲破卵壳，用眼科弯头镊子撕开壳膜及撕破羊膜和绒毛尿囊膜，夹住鸡胚颈部取出鸡胚，放至平皿内。

③ 剪去头部、翅爪及内脏，用 Earle's 液洗去血液。

④ 洗净后收集到无菌小烧杯，用剪子剪成 2～3mm³ 大小的小块，倒入三角瓶，再用 Earle's 液洗 2 遍。

⑤ 倒去洗液，加入 0.125％胰蛋白酶液，然后置 37℃水浴箱内消化 25～30min。消化后将瓶取出，倒去胰酶液，用生长液洗涤 2 次。倒去洗液，用吹打吸管吹打组织块分散细胞，共吹打 3 遍，每遍吹打分散下来的细胞用生长液稀释倒入瓶中。

⑥ 用 8 层无菌纱布过滤，收集滤液，用生长液稀释至所需用量，待用。

⑦ 按照 1∶2 的比例分种到细胞培养瓶中，盖好瓶盖，在瓶上写好批号，置 37℃培养至单层。

2. 培养及收获病毒原液

① 观察生长至单层的鸡胚成纤维样细胞，选择无污染、形态正常的单层细胞。

② 开启工作用种子，以无菌方式取定量的病毒液加至配制完毕的细胞维持液中，摇匀。

③ 以无菌方式开启细胞培养瓶，弃旧生长液，换以新鲜的、含适量病毒的细胞维持液。

④ 加塞后，置 33℃继续培养，至 CPE 达到"＋＋"。

⑤ 选择无污染、CPE 达到"＋＋"的细胞培养物。

⑥ 以无菌方式开启细胞培养瓶，弃旧的细胞维持液，细胞面用不少于细胞维持液的生理平衡盐溶液洗涤，根据 CPE 情况，更换以适量的疫苗液，加塞后置 33℃继续培养至 CPE 达到"＋＋＋～＋＋＋＋"。

⑦ 选择无污染、CPE 达到"＋＋＋～＋＋＋＋"的细胞培养物，于 2～8℃条件下释放病毒 48h。

⑧ 以无菌方式开启细胞培养瓶，收获上清液，即为单次病毒收获液。

⑨ 留取检定用样品后，置 2～8℃或－60℃条件下保存。

⑩ 同一细胞批的多个单次病毒收获液检定合格后可合并为一批原液。

3. 半成品的制备

① 操作者进入无菌室，打开照明及层流（30min 后进行无菌操作），检查无菌室内是否有清场合格证。灭菌物品从灭菌间传入无菌室。

② 用 75％酒精棉球对手指甲、手心、手背、手腕进行消毒，点燃煤气灯。

③ 将疫苗原液缓慢倒入不锈钢桶中，加入所需量的稳定剂搅拌均匀。

④ 以无菌的方式将配好的一定量的疫苗稀释液缓慢倒入不锈钢桶中，充分摇匀，即为半成品。

⑤ 在每瓶半成品上贴上标签，注明批号、体积和日期。

4. 成品的制备

成品的制备包括分装、冻干、外包装三个工序，其中，分装和外包装过程与人血白蛋白的分装与外包装的过程基本相同，这里只介绍冻干的操作过程。

（1）生产前准备

① 检查设备，确认后挂生产状态标识。

② 核实冻干制品的品名、规格、生产批号和数量。

③ 放置已灌装的制品，放置温度探头。

（2）冻干

① 开压缩机的前箱板冷阀，对制品进行－40℃预冻。

② 当制品的温度达到工艺所需求的温度后，保持恒温 2～3h。同时对冷凝器进行制冷，关闭前箱板冷阀，开前箱掺冷阀和后箱板冷阀。

③ 当冷凝器的温度低于－45℃后，开启真空泵组，抽真空，依次开启小蝶阀、大蝶阀。

④ 当冻干箱的真空度达到 10Pa 以下时，开始加热，进行升华干燥。

⑤ 逐步提高导热油温度，然后恒温保持。当制品温度逐渐接近导热油温度时，真空度曲线有明显弯曲，升华干燥结束。

⑥ 继续加热到最高允许温度，进行解析干燥。

⑦ 当导热油温度达到最高温度后，恒温 2h。

⑧ 当制品温度与导热油温度重合时，恒温 2～4h，冻干结束。

⑨ 开液压泵，进行压塞，压塞结束后按上升按钮升起板层，关闭液压泵。

⑩ 按顺序关闭阀门、泵。

⑪ 退出操作界面。

（3）清场

五、质量控制点

1. 生产用细胞的质量控制点

毒种制备及疫苗生产用细胞为原代鸡胚细胞。其生产的质量控制点为：细胞生长形态良好，长成单层；培养液清亮，无浑浊、无杂菌污染；细胞成活率高。

2. 毒种的质量控制点

生产用毒种为麻疹病毒沪-191 株、长-47 株或经批准的其他麻疹病毒减毒株。其生产的质量控制点包括以下三方面：

① 沪-191 主种子批应不超过 28 代，工作用种子批应不超过 32 代；长-47 主种子批应不超过 34 代，工作用种子批应不超过 40 代。采用沪-191 生产的疫苗代次应不超过 33 代，采用长-47 生产的疫苗代次应不超过 41 代。

② 主种子批应进行以下全面检定，工作种子批应至少进行前 1～5 项的检定。

a. 鉴别试验　稀释的病毒液（500～2000 $CCID_{50}$/ml）应完全被中和（无细胞病变）。

b. 病毒滴定　病毒滴度应不低于 $4.5lg\ CCID_{50}$/ml。

c. 无菌检查　应符合规定。

d. 支原体检查　应符合规定。

e. 分枝杆菌检查　应符合规定。

f. 外源病毒因子检查　应符合规定。

g. 免疫原性检查　抗体阳转率应不低于 95%。

h. 猴体神经毒力试验。

③ 冻干毒种应置−20℃以下保存；液体毒种应置−60℃以下保存。

3. 原液的质量控制点

(1) 病毒滴定 应不低于 $4.5\lg CCID_{50}/ml$。

(2) 无菌检查 应符合规定。

(3) 支原体检查 应符合规定。

4. 半成品的质量控制点

无菌检查应符合规定。

5. 成品的质量控制点

① 鉴别试验 稀释的病毒液（$500\sim2000\ CCID_{50}/ml$）应完全被中和（无细胞病变）。

② 外观 应为乳酪色疏松固体，复溶后应为橘红色或淡粉红色澄明液体，无异物。

③ 水分 应不高于 3.0%。

④ 病毒滴定 病毒滴度应不低于 $3.3\lg CCID_{50}/ml$。

⑤ 热稳定性试验 于37℃放置7天后，病毒滴度应不低于 $3.3\lg CCID_{50}/ml$，病毒滴度下降应不高于 $1.0\lg CCID_{50}/ml$。

⑥ 无菌检查 应符合规定。

⑦ 异常毒性检查 应符合规定。

⑧ 牛血清白蛋白残留量 每剂应不高于 50ng。

⑨ 抗生素残留量检查 应不高于 50ng/ml。

六、制备中常见问题的分析

1. 细胞生长状态不好

可能的原因有制备过程中操作不当、培养过程中操作不当（如培养基配方不合理、培养条件不适合等）。因此，在制备过程中应注意：鸡胚要严格挑选，不选畸形、破裂的鸡胚，选用 9~11 日龄鸡胚；无菌操作；剪碎后碎块要均匀，用洗液清洗；消化时间和温度要符合规定；吹打不宜过于用力，以免吹破细胞。在培养过程中应注意：细胞培养时接种浓度要合适，培养温度为 37℃，二氧化碳浓度为 5%，培养皿中细胞密度要适中，注意无菌操作等。

2. 收率低

收率低的原因很多，如细胞生长状态不佳、病毒繁殖量少、病毒释放时间不够等。因此，要综合考虑以上因素，在生产过程中注意以下几点：

① 原代鸡胚细胞要检定合格，无污染。

② 接种病毒浓度要适当。

③ 培养温度要适宜。

④ 要及时更换新鲜病毒维持液和疫苗液。

⑤ 低温释放病毒，时间要充分。

⑥ 注意无菌操作。

项目四　人用狂犬病疫苗的制备

产品背景资料

人用狂犬病疫苗是用狂犬病病毒固定毒接种于原代地鼠肾细胞或 Vero 细胞，经培养、收获病毒液、浓缩、病毒灭活、纯化后，加入适宜的稳定剂冻干后制成，用于预防狂犬病。狂犬病是一种通过狗、猫、猪、老鼠和蝙蝠等动物传染的自然疫源性传染病，人一旦被携带狂犬病病毒的此类动物咬伤，就会感染发病，无特殊有效的治疗手段，其病死率为 100%。注射人用狂犬病疫苗是控制狂犬病流行的唯一有效手段。目前，我国使用的人用狂犬病疫苗有两种，一种是以原代地鼠肾细胞为培养基质的无佐剂纯化疫苗，为液体剂型；另一种是以 Vero 细胞为培养基质的无佐剂纯化疫苗，有液体和冻干两种剂型。

一、制备要求

① 生产和检定用设施、原材料及辅料、水、器具、动物等应符合《中国药典》（2020年版）中"凡例"的有关要求。

② 细胞管理及检定应符合"生物制品生产检定用动物细胞基质制备及质量控制"的规定。

③ 种子批的建立应符合"生物制品生产检定用菌毒种管理及质量控制"的规定。

④ 新生牛血清的质量应符合规定。

⑤ 分批、分装、包装应符合"生物制品分包装及贮运管理"规定。

⑥ 疫苗生产过程中培养液不得加入青霉素或者其他 β-内酰胺类抗生素。

二、制备工艺流程

细胞制备（原代地鼠肾细胞或者 Vero 细胞）→病毒接种和培养→洗涤细胞面/更换病毒液→收获病毒液→浓缩→灭活病毒→纯化病毒→配制半成品→分装→包装→成品。

三、制备设备

转瓶机、超滤系统、色谱系统、冻干机、分包装设备等。

四、制备操作步骤详解

1. 细胞制备

狂犬病病毒的培养基质有两种，一种为原代地鼠肾细胞，一种为 Vero 细胞。生产时应根据工艺的要求制备相应的细胞。对于 Vero 细胞，要建立三级细胞库，建立细胞库的具体操作见生物制品生产的基本技术中细胞培养技术部分。

（1）原代地鼠肾细胞的制备　选用 12～14 日龄地鼠，无菌取肾，剪碎，经胰蛋白酶消化，分散细胞，接种培养瓶，用适宜的培养液进行培养（消化、培养步骤同项目三中原代鸡胚细胞制备）。来源于同一批地鼠、同一容器消化制备的地鼠肾细胞为一个细胞消化批。源自同一批地鼠、于同一天制备的多个细胞消化批为一个细胞批。

（2）Vero 细胞的制备　取工作细胞库中的 1 支或几支细胞管，经细胞复苏、扩增至接种病毒的细胞为一批。将复苏后的单层细胞用胰蛋白酶或其他适宜的消化液进行消化，分散成均匀的细胞，加入适宜的培养液混合均匀，置 37℃ 培养成均匀单层细胞。

2. 培养液

培养液为含适量灭能新生牛血清的乳蛋白水解物、MEM、199 或其他适宜培养液。

3. 病毒接种和收获

① 选择无污染、形态正常的单层细胞。

② 开启工作用种子，以无菌方式取定量病毒液。

③ 以无菌方式开启细胞培养瓶，接种病毒液（毒种按 0.01～0.1 MOI 接种）。

④ 小心混匀后，置 33～35℃ 培养 24～48h。

⑤ 选择无污染的细胞培养物。

⑥ 以无菌方式开启细胞培养瓶，弃旧的生长液，细胞面用无菌 PBS 或其他适宜洗液冲洗，去除牛血清，加入适量维持液，加塞后置 33～35℃ 继续培养 96h。

⑦ 选择无污染的细胞培养物。

⑧ 以无菌方式开启细胞培养瓶，收获上清液（病毒液），即为单次病毒收获液。根据细胞生长的情况，可换以维持液进行多次病毒收获。同一细胞批的同一次病毒收获液经检定合格后可合并为单次病毒收获液。

4. 原液合并超滤浓缩

同一细胞批生产的多个单次病毒收获液经检定合格后可进行合并。合并后的病毒液，经超滤或其他适宜的方法浓缩至确定的蛋白质浓度范围。超滤浓缩的操作如下。

（1）洗膜

① 将超滤器进液管口、回流管口及滤过液管口一同置入 0.5mol/L NaOH 溶液中，启动蠕动泵，压力不超过 0.1MPa，循环 20min，关闭蠕动泵。

② 将超滤器进液管口无菌置入 PBS 溶液中，超滤器回流管口无菌置入灭菌容器中，滤过液管口置入废弃液收集容器中，启动蠕动泵，清洗超滤膜。至超滤器回流管口及滤过液管口流出的 PBS 溶液 pH 值均与原 PBS 溶液一致，关闭蠕动泵。

③ 以适当方式进行超滤膜完整性检测，合格后，方可进行以下操作。

（2）合并

① 核对检定合格的单次病毒收获液批号、液量，经消毒处理后进入超滤浓缩工作间，去除瓶口布、牛皮纸、硫酸纸，用酒精灯火焰仔细烧灼瓶口。

② 将单次病毒收获液以无菌方式注入循环桶中。

（3）超滤　启动蠕动泵，调节超滤器回流管液体的流速，超滤器进液压力控制在 1MPa 左右，不可超过 2MPa。当循环桶内液量达到预计浓缩液量的 50% 时，将回流管口以无菌方式接入灭菌容器中，通过回流管回收浓缩病毒液。以无菌方式向循环桶内注入 PBS 溶液，回收残余在超滤系统内的病毒液。回收完毕，关闭蠕动泵。

（4）收集浓缩液 病毒液浓缩到所需的体积后，收集到 10L 瓶中。贴上标签，注明批号、体积、日期、操作人。取样做无菌试验，盖上胶塞、扎紧瓶口，然后将浓缩液放 4℃库保存，挂"待验"标识，合格后挂"合格"标识。

（5）超滤器清洗

5. 灭活病毒

选用 1/4000 的甲醛溶液或 β-丙内酯，在适宜的条件下灭活一定的时间。以 β-丙内酯灭活操作为例：

① 取刚浓缩完的疫苗，在火焰下打开瓶塞，盖上含有消毒剂的纱布块。

② 取 β-丙内酯，按 1:4000 的比例加入浓缩苗中，在火焰下盖上胶塞。

③ 用力摇晃 30min，放 2~8℃库过夜，次日放 37℃温室进行水解，水解 2h，其间应隔段时间摇一次，使其充分水解。

④ 水解 2h 后将疫苗放入 2~8℃保存。

6. 纯化病毒

经灭活后的病毒液采用柱色谱法或其他适宜的方法进行纯化。纯化后的制品再取样测定其总蛋白质含量，然后加入适量的人血白蛋白作为稳定剂，即为原液。纯化操作如下：

（1）平衡色谱柱 设定流速为 120ml/min 并启动色谱系统，用至少 3 个柱体积平衡液平衡色谱柱至 pH 值与平衡液一致。

（2）上样 取相当于柱体积 5%~10% 的样品，上样。

（3）洗脱 用平衡液流洗柱床。

（4）收获 收获第一峰洗脱液，即为原液。

（5）加入防腐剂 无菌吸取 5% 硫柳汞溶液，加至收获的第一峰洗脱液内，使其终浓度不高于万分之一。留取检测样品后置 2~8℃保存。

（6）封柱 待停止上样后，用 0.1mol/L NaOH 溶液封柱。

（7）关闭色谱系统

7. 配制半成品

用疫苗稀释液将原液按同一蛋白质含量及抗原量进行配制，总蛋白质含量应不高于每剂 $80\mu g$，并加入适宜浓度的稳定剂和一定量的硫柳汞作为防腐剂，即为半成品。

8. 成品的制备

按照"生物制品分批规程"的规定进行分批；按照"生物制品分装和冻干规程"的规定进行分装，分装后每瓶 1.0ml。狂犬病疫苗的效价应不低于 2.5IU。按照"生物制品包装规程"的规定进行包装，即为成品。

五、质量控制点

1. 生产用细胞的质量控制点

生产用细胞为原代地鼠肾细胞（连续传代不超过 5 代）或 Vero 细胞。其生产的质量控制点为：细胞生长形态良好，无菌检查合格，外源因子检查合格。

2. 毒种的质量控制点

生产用毒种为狂犬病病毒固定毒 CTN-1V 株、aGV 株或其他地鼠细胞（Vero 细胞）对应的狂犬病病毒固定毒株。其生产的质量控制点包括以下几方面：

① 各种子批代次应不超过批准的限定代次。

② 原始种子批为 2aG1，主种子批应不超过 4aG。毒种在地鼠肾原代细胞和豚鼠脑内交替传代制备工作用种子批，在地鼠肾细胞的传代应不超过第 6 代，即不超过 10aG；在豚鼠脑内传代应不超过第 5 代，即 10aG5。

③ 狂犬病病毒固定毒 CTN-1V 株在 Vero 细胞上传代建立工作用种子批的传代次数应不超过 35 代，aGV 株在 Vero 细胞上传代建立工作用种子批的传代次数应不超过 15 代。

④ 主种子批应进行以下全面检定，工作用种子批应至少进行 a. ~d. 项检定。

a. 鉴别试验　用小鼠脑内中和试验鉴定毒种的特异性，中和指数应不低于 500。

b. 病毒滴定　病毒滴度应不低于 $8.0 \lg LD_{50}/ml$（原代地鼠肾细胞）或 $7.5 \lg LD_{50}/ml$（Vero 细胞）。

c. 无菌检查　应符合规定。

d. 支原体检查　应符合规定。

e. 外源病毒因子检查　应符合规定。

f. 免疫原性检查　保护指数应不低于 100。

⑤ 毒种的保存：毒种应置于 −60℃ 以下保存。

3. 单次病毒收获液的质量控制点

(1) 病毒滴定　病毒滴度应不低于 $5.5 \lg LD_{50}/ml$（原代地鼠肾细胞）或 $6.0 \lg LD_{50}/ml$（Vero 细胞）。

(2) 无菌检查　应符合规定。

(3) 支原体检查　应符合规定。

4. 原液的质量控制点

(1) 无菌检查　应符合规定。

(2) 病毒灭活验证试验　进行动物法检测，动物应全部健存；采用酶联免疫法检查，应为阴性。

(3) 蛋白质含量　应不高于每剂 $80\mu g$。

(4) 抗原含量　采用酶联免疫法，应按批准的标准执行。

5. 半成品的质量控制点

无菌检查应符合规定。

6. 成品的质量控制点

(1) 鉴别试验　采用酶联免疫法检查，应证明含有狂犬病病毒抗原。

(2) 外观　应为无色澄明液体，无异物。

(3) 装量　应不低于标示量。

（4）化学检定

① pH 值　应为 7.2～8.0。

② 硫柳汞含量　应不高于 50μg/ml（原代地鼠肾细胞）或 100μg/ml（Vero 细胞）。

③ 游离甲醛含量　应不高于 100μg/ml。

④ 牛血清白蛋白残留量　每剂应不高于 50ng。

⑤ 地鼠肾细胞蛋白质残留量的测定　采用酶联免疫法，应不高于 24μg/ml，并不得超过总蛋白质含量的 30%。

（5）效价测定　每剂应不低于 2.5IU。

（6）热稳定性试验　于 37℃放置 28 天后，进行效价测定。如合格，则视为效价测定合格。

（7）无菌检查　应符合规定。

（8）异常毒性检查　应符合规定。

（9）细菌内毒素检查　每剂应不高于 25EU。

（10）抗生素残留量检查　在细胞制备过程中加入抗生素时，应进行该项检查，采用酶联免疫法，应不高于 50ng/剂。

（11）Vero 细胞 DNA 的残留量　每剂应不高于 100pg。

（12）Vero 细胞宿主蛋白质残留量的测定　采用酶联免疫法测定，应不高于 6.0μg/剂，并不得超过总蛋白质含量的 5%。

六、制备中常见问题的分析

1. Vero 细胞 DNA 残留量超标

Vero 细胞即非洲绿猴肾细胞，由于传代细胞调控生长的基因失调，使得传代细胞系具有无限的寿命。因此，理论上认为传代细胞系的 DNA 具有使其他细胞生长失控和产生致肿瘤活性的潜在能力，故 Vero 细胞生产的疫苗具有理论上的潜在致肿瘤风险。控制该风险的措施有两个方面，其一为控制 Vero 细胞的传代代次在 130～150 代，其二为降低 Vero 细胞残余 DNA 的含量及宿主蛋白质的残留量。要减少 Vero 细胞 DNA 的残留量，可以从以下几个方面进行控制：选择合适的接种浓度进行病毒接种；病毒培养过程中要注意观察细胞的状态，尽量保证细胞正常贴壁生长，以减少宿主 DNA 和蛋白质的释放；使用生物反应器进行 Vero 细胞的培养（实验证明其 DNA 残留量远远低于转瓶培养工艺）；纯化工艺的设计要合理，保证在保持疫苗效价的前提下尽可能地除去杂质。

2. 效价低

疫苗的效价低就不能很好地达到预防疾病的目的，因此提高效价很重要。我国《中国药典》规定人用狂犬病疫苗的成品其效价每剂应不低于 2.5IU，成为检验疫苗质量的一个重要指标。疫苗效价的高低主要受以下几个因素的影响：毒种与细胞基质的选择、病毒培养的工艺条件、分离纯化的条件、病毒灭活剂的选择及作用条件等。因此，提高疫苗的效价可以从以下几方面进行：选用毒种敏感的细胞培养基质；采用生物反应器规模化培养细胞和病毒；采用合理的纯化工艺以减少病毒的损失；控制好病毒灭活剂的量及作用的时间，以在保证病毒完全灭活的前提下尽量减少对抗原的影响。

项目五　重组乙型肝炎疫苗的制备

产品背景资料

乙型肝炎疫苗有两种，即血源疫苗和基因重组疫苗。血源疫苗被称为第一代乙肝疫苗，因血源有限及有潜在危险性，已停止生产和使用。重组乙型肝炎疫苗是用基因重组技术把乙型肝炎（简称乙肝）病毒表面抗原（HBsAg）的基因片段插入哺乳动物细胞［如中国仓鼠卵巢细胞（CHO 细胞）］或酵母菌的基因中，通过培养工程菌（细胞），使其表达分泌出 HBsAg，然后将其收集、纯化，加入氢氧化铝佐剂后制成，用于预防乙型肝炎。重组乙型肝炎疫苗具有生产规模大，原料不受限；无传染性，安全性好；免疫原性优于血源疫苗等特点。目前，我国重组乙型肝炎疫苗有两种：以酿酒酵母为表达体系的重组乙型肝炎疫苗（酿酒酵母）和以 CHO 细胞为表达体系的重组乙型肝炎疫苗（CHO 细胞）。因肝癌患者 80％以上感染过乙型肝炎病毒，故乙型肝炎疫苗也被称为第一个防癌疫苗。

一、制备要求

① 生产和检定用设施、原材料及辅料、水、器具、动物等应符合《中国药典》（2020年版）中"凡例"的有关要求。

② 细胞管理及检定应符合"生物制品生产检定用动物细胞基质制备及质量控制"的规定。

③ 种子批的建立应符合"生物制品生产检定用菌毒种管理及质量控制"的规定。

④ 新生牛血清的质量应符合规定。

⑤ 分批、分装、冻干及包装应符合"生物制品分包装及贮运管理"的规定。

二、制备工艺流程

1. 重组乙型肝炎疫苗（CHO 细胞）制备工艺流程

生产用工程细胞的制备→工程细胞大规模培养→收获培养液→产物纯化→收获 HBsAg→纯化产物合并→甲醛处理→除菌过滤→半成品制备→分装→包装→成品。

2. 重组乙型肝炎疫苗（酿酒酵母）制备工艺流程

工程菌发酵→收获发酵液→离心收集菌体→菌体细胞破碎→微滤→超滤→硅胶吸附→疏水色谱→硫氰酸盐处理→甲醛处理、铝吸附→半成品配制→分装→包装→成品。

三、制备设备

发酵罐（酿酒酵母）、转瓶机或生物反应器（CHO 细胞）、色谱系统、高压匀浆器、除菌过滤器、分包装设备等。

四、制备操作步骤详解

1. 重组乙型肝炎疫苗（CHO 细胞）的制备

（1）生产用工程细胞的制备　生产用细胞为 DNA 重组技术获得的表达 HBsAg 的 CHO

细胞 C_{28} 株。

取工作细胞库细胞，复苏培养后，经胰蛋白酶消化，置适宜条件下培养。培养液为含有适量灭能新生牛血清的 DMEM 液。

（2）工程细胞大规模培养及产物收获　生产中常采用转瓶培养或者生物反应器微载体培养的方式培养工程细胞。

① 转瓶培养　培养设备为转瓶机，培养液为含有适量灭能新生牛血清的 DMEM 液，生长期 pH 为 7.20～7.25、温度为 36.5℃，维持期 pH 为 7.35～7.45、温度为 36.0℃，培养适宜天数后，弃去培养液（10％小牛血清），换维持液（5％小牛血清）继续培养 1～2 天后，当细胞表达 HBsAg 达到 1.0mg/L 以上时收获培养上清液。根据细胞生长情况，可换以维持液进行多次收获（20～30 次）。来源于同一细胞批的收获物经无菌检查合格后可进行合并。

② 生物反应器微载体培养　采用加 5％小牛血清的 DMEM 培养基，以无布纹的聚酯纤维圆片为微载体，应用 Celligen 篮式生物反应器连续灌流式培养 CHO 细胞，空气提升式搅拌，生长期 pH 为 7.20～7.25、温度为 36.5℃，维持期 pH 为 7.35～7.45、温度为 36.0℃，培养周期为 42 天，以 14000r/min 连续离心去除细胞残骸后取上清液（CCS）。

（3）产物纯化　采用三步色谱法进行纯化，分别为疏水柱色谱、阴离子交换柱色谱和凝胶过滤柱色谱。

① 疏水柱色谱——去除大部分杂质和 DNA，浓缩　介质为 Butyl S Sepharose FF，向细胞培养液中加入 8％ $(NH_4)_2SO_4$，以 20mmol/L、pH 7.0、含 8％ $(NH_4)_2SO_4$ 的 PBS 作平衡液，以 20mmol/L、pH 7.0 的 PBS 解吸，收获 r-HBsAg 活性峰，用 0.1mol/L NaOH 清洗柱再生。

② 阴离子交换柱色谱——去除内毒素和残留 DNA　介质为 DEAE Sepharose FF，将上步中解吸收获的 r-HBsAg 活性峰经 Sephadex G 25 柱脱盐，以 20mmol/L、pH 8.0 的 Tris-HCl 缓冲液作平衡液，以 0.12mol/L NaCl 洗脱收集 r-HBsAg 活性峰，以 0.85mol/L NaCl 解吸下杂蛋白，再以 0.1mol/L NaOH 清洗柱再生。

③ 凝胶过滤柱色谱——收获纯品　介质为 Sepharose 4FF，将上一步洗脱的 r-HBsAg 活性峰，经 100kD 膜超滤浓缩至适当体积后上样，平衡液与洗脱液均为 0.85％ NaCl，分别收取含 HBsAg 活性蛋白的 B 峰和 A 峰。B 峰除菌过滤后即为纯品。

也可以采用沉淀—超速离心—凝胶过滤法进行纯化：上清液用 50％饱和度的硫酸铵沉淀，沉淀用生理盐水溶解后超滤除盐，经两次溴化钾等密度区带超速离心（25000r/min），分步收集合并密度梯度离心液中 HBsAg 特异活性峰。经 Sepharose 4B 柱色谱，分步收集合并洗脱液中的 HBsAg 特异活性峰，超滤透析，再经超速平衡离心，分步收集合并 HBsAg 特异活性峰即得精制 HBsAg。

（4）纯化产物合并　同一细胞批来源的 HBsAg 纯化产物检定合格后，经 0.22μm 除菌过滤后可合并为一批原液。

（5）甲醛处理　向合并后的 HBsAg 纯化产物中加入终浓度为 200μg/ml 的甲醛，置 37℃保温 72h。

（6）除菌过滤　甲醛处理后的 HBsAg 经超滤、浓缩、除菌过滤后即为原液。

（7）半成品制备　根据原液蛋白质的含量进行稀释，使 HBsAg 的最终含量为 10μg/ml 或 20μg/ml。加入氢氧化铝佐剂吸附后，可加入适量硫柳汞作为防腐剂，即为半成品。

(8) 成品制备　每瓶 0.5ml 或 1.0ml。每 1 次人用剂量为 0.5ml 或 1.0ml，含 HBsAg 10μg 或 20μg。

2. 重组乙型肝炎疫苗（酿酒酵母）的制备

(1) 工程菌发酵　生产用菌种为美国默克公司以 DNA 重组技术构建的表达 HBsAg 的重组酿酒酵母原始菌种，菌种号为 2150-2-3（pHBS56-GAP347/33）。该株利用基因重组技术将编码 HBsAg 的基因插入大肠杆菌和酵母菌的穿梭质粒 pC 1/1 中，在转化 2150-2-3 株母株后筛选出 HBsAg 高表达株。

① 主种子批制备　将重组酵母细胞进行 1～2 次单细胞克隆。挑选抗原表达水平高且在发酵时抗原表达稳定的克隆。扩增选出的克隆细胞，分装后于 -70℃ 以下冻存。

② 生产用种子批制备　将主种子批菌种进行复苏、传代，分装后冻存。

③ 发酵培养

a. 培养基　采用化学合成、半合成或复合培养基（如麦芽汁培养基、豆芽汁培养基）。

b. 培养条件　碳源中降低葡萄糖浓度，补充甘油和蔗糖；发酵时温度前期为 27℃、中期为 33℃、后期为 25℃；发酵从 pH 4.5 开始，逐步上升到 pH 6；维持溶解氧浓度在最适水平（70% 饱和度）。

c. 培养方法　取工作用种子批菌种，经三角瓶复苏培养、种子罐扩增培养和生产罐高密度增菌三级发酵后，得到大量的积累了发酵过程中表达 HBsAg 的酵母细胞。将收获的酵母细胞冷冻保存，于 -60℃ 以下保存不超过 6 个月（发酵操作见项目二中无细胞百日咳疫苗原液的制备）。

(2) 纯化

① 菌体细胞破碎　发酵结束后，过滤或离心，使酵母细胞与发酵液分离。加入蛋白酶抑制剂以防止抗原被分解，通过高压匀浆器破碎细胞，释放抗原。加入表面活性剂使抗原溶解。

② 微滤　粗细胞裂解物用 0.2μm 中空纤维柱进行微滤（抗原和大部分低分子量宿主细胞的内容物通过滤膜，细胞碎片和未破碎的细胞被膜拦截）。

③ 超滤　抗原被膜拦截而低分子量的宿主细胞内容物通过滤膜除去。

④ 硅胶吸附　用硅胶吸附抗原（硅胶表面积大），用热硼酸缓冲液洗脱。

⑤ 疏水色谱　用丁基琼脂糖进行疏水色谱以进一步精制抗原（HBsAg 蛋白的疏水键可与丁基琼脂糖结合，而酵母蛋白、核酸与丁基琼脂糖不结合）。

⑥ 硫氰酸盐处理　加入一定量的硫氰酸盐处理，可促进二硫键交联，使单体和双体转型为多聚体，提高 HBsAg 蛋白的抗原性。

(3) 半成品制备

① 甲醛处理　原液中按终浓度为 100μg/ml 加入甲醛，于 37℃ 保温适宜时间。

② 铝吸附　每微克蛋白质和铝剂按一定比例置 2～8℃ 吸附适宜的时间，用无菌生理氯化钠溶液洗涤去上清液后再恢复至原体积，即为铝吸附产物。

③ 半成品配制　蛋白质浓度为 20.0～27.0μg/ml 的铝吸附后原液与铝佐剂等量混合，即为半成品。

(4) 成品制备　每瓶（支）0.5ml 或 1.0ml。每 1 次人用剂量为 0.5ml（含 HBsAg 10μg）每 1 次人用剂量 1.0ml（含 HBsAg 20μg 或 60μg）。

五、质量控制点

1. 重组乙型肝炎疫苗（CHO 细胞）的质量控制点

（1）生产用工程细胞的质量控制点

① C_{28} 株主细胞库细胞的传代应不超过第 21 代，工作细胞库细胞应不超过第 26 代，生产疫苗的最终细胞代次应不超过第 33 代。

② 细胞外源因子检查　无菌，支原体、细胞外源病毒因子检查均应符合规定。

③ 细胞鉴别试验　应为典型的 CHO 细胞。

④ 细胞染色体检查　用染色体分析法进行检测，染色体应为 20 条。

⑤ 目的蛋白鉴别　采用酶联免疫法检查，应证明为 HBsAg。

⑥ HBsAg 的表达量　主细胞库及工作细胞库细胞 HBsAg 的表达量应不低于原始细胞库的表达量。

⑦ 保存　细胞种子应保存于液氮中。

（2）工程细胞大规模培养及产物收获的质量控制点

① 应按规定的收获次数进行收获。

② 每次的收获物应逐瓶进行无菌检查。每次收获物如出现单瓶细胞污染，则与该培养瓶有关的任何一次收获物均不得用于生产。

③ 收获物应于 2～8℃保存。

④ 来源于同一细胞批的收获物经无菌检查合格后可进行合并。

（3）产物纯化的质量控制点

① 蛋白质含量　应为 100～200μg/ml。

② 特异蛋白带　应有分子量为 23kD 和 27kD 的蛋白带，可以有 30kD 蛋白带及 HBsAg 多聚体蛋白带。

③ 纯度　应不低于 95.0%。

④ 细菌内毒素检查　每 10μg 蛋白质应小于 10EU。

（4）原液的质量控制点

① 无菌检查　应符合规定。

② 支原体检查　应符合规定。

③ 蛋白质含量　应在 100～200μg/ml。

④ 特异蛋白带　应有分子量为 23kD 和 27kD 的蛋白带，可以有 30kD 蛋白带及 HBsAg 多聚体蛋白带。

⑤ 牛血清白蛋白残留量　每剂应不高于 50ng。

⑥ 纯度　应不低于 95.0%。

⑦ CHO 细胞 DNA 的残留量　每剂应不高于 10pg。

⑧ CHO 细胞蛋白质的残留量　采用酶联免疫法（双抗体夹心法）测定，应不高于总蛋白质含量的 0.05%。

⑨ 细菌内毒素检查　每 10μg 蛋白质应小于 5EU。

⑩ N-末端氨基酸序列（每年至少测定 1 次）　N-末端氨基酸序列应为：Met-Glu-Asn-Thr-Ala-Ser-Gly-Phe-Leu-Gly-Pro-Leu-Leu-Val-Leu。

（5）半成品的质量控制点

① 无菌检查　应符合规定。

② 细菌内毒素检查　每剂应小于 10EU。

（6）成品

① 鉴别试验　采用酶联免疫法检测，应证明含有 HBsAg。

② 外观　应为乳白色的混悬液，可因沉淀而分层，易摇散，不应有摇不散的块状物。

③ 装量　应不低于标示量。

④ 化学检定

a. pH 值　应为 5.5～6.8。

b. 铝含量　应不高于 0.43mg/ml。

c. 硫柳汞含量　应不高于 60μg/ml。

d. 游离甲醛含量　应不高于 50μg/ml。

⑤ 效价测定　供试品 ED_{50} 与参考疫苗 ED_{50} 之比应不低于 1.0。

⑥ 无菌检查　应符合规定。

⑦ 异常毒性检查　应符合规定。

⑧ 细菌内毒素检查　每剂应小于 10EU。

⑨ 抗生素残留量检查　采用酶联免疫法检测，应不高于 50ng/剂。

2. 重组乙型肝炎疫苗（酿酒酵母）的质量控制点

（1）工程菌发酵的质量控制点

① 由美国默克公司提供的菌种经扩增 1 代为主种子批，主种子批扩增 1 代为工作种子批。

② 培养物纯度　应无细菌和其他真菌被检出。

③ 编码 HBsAg 的基因序列测定　应与美国默克公司提供菌种的编码 HBsAg 的基因序列保持一致。

④ 质粒保有率　应不低于 95%。

⑤ 活菌率　应不低于 50%。

⑥ 抗原表达率　应不低于 0.5%。

⑦ 菌种保存　主种子批和工作种子批菌种应于液氮中保存，工作种子批菌种保存于 −70℃应不超过 6 个月。

⑧ 培养物保存　于 −60℃以下保存不超过 6 个月。

（2）原液

① 无菌检查　应符合规定。

② 蛋白质含量　应为 20.0～27.0μg/ml。

③ 特异蛋白带　应有分子量为 20～25kD 的蛋白带，可有低于 24kD 的蛋白带及 HBsAg 多聚体蛋白带。

④ N-末端氨基酸序列（每年至少测定 1 次）　N-末端氨基酸序列应为：Met-Glu-Asn-Ile-Thr-Ser-Gly-Phe-Leu-Gly-Pro-Leu-Leu-Val-Leu。

⑤ 纯度　HBsAg 的含量应不低于 99.0%或杂蛋白含量应不高于 1.0%。

⑥ 细菌内毒素检查　应小于 10EU/ml。

（3）半成品

① 吸附完全性　吸附率应不低于 95%。

② 化学检定

a. 硫氰酸盐含量　应小于 $1.0\mu g/ml$。

b. Triton X-100 含量　应小于 $15\mu g/ml$。

c. pH 值　应为 $5.5\sim7.2$。

d. 游离甲醛含量　应不高于 $20\mu g/ml$。

e. 铝含量　应不高于 $0.62mg/ml$。

f. 渗透压摩尔浓度　应为 (280 ± 65) mOsmol/kg。

③ 无菌检查　应符合规定。

④ 细菌内毒素检查　应小于 5EU/ml。

（4）成品

① 鉴别试验　采用酶联免疫法检测，应证明含有 HBsAg。

② 外观　应为乳白色混悬液，可因沉淀而分层，易摇散，不应有摇不散的块状物。

③ 装量　应不低于标示量。

④ 化学检定

a. pH 值　应为 $5.5\sim7.2$。

b. 铝含量　应为 $0.35\sim0.62mg/ml$。

⑤ 体外相对效力测定　应不低于 0.5。

⑥ 无菌检查　应符合规定。

⑦ 异常毒性检查　应符合规定。

⑧ 细菌内毒素检查　应小于 5EU/ml。

六、制备中常见问题的分析

1. 细菌（细胞）的大规模培养

酵母菌和 CHO 细胞在大规模培养过程中出现的问题和其他细菌、病毒类疫苗大体一致，通过控制培养基成分、大规模培养中各种参数的控制、无菌操作等能极大地提高培养的质量。

2. 抗原的纯化

重组乙肝疫苗的有效保护性抗原为 HBsAg，重组药物具有稳定性差，易氧化变质，含量较低，对质量、纯度要求高的特点，因此抗原的纯化要求就更高。抗原纯化的目的是去除细胞和培养基成分。根据抗原与其他成分物理性质上的差异，有多种纯化的方法可供选择，生产中要根据实际，合理设计纯化路线。

酵母系统、CHO 细胞系统表达的乙肝表面抗原的分子特点如下：

① 都是以 $22\mu m$ 的蛋白颗粒形式存在。

② CHO 细胞系统表达的 HBsAg 更接近于天然结构，它能够正确地糖基化，并能将形成的颗粒分泌至培养液中；酵母系统表达的 HBsAg 为非糖基化的，不被分泌到细胞外，具有良好的免疫原性。

③ HBsAg 比大部分生物分子要大，但比细胞要小，很适宜用膜分离方法进行纯化。

④ HBsAg 表现出很强的疏水性，提示可用硫酸铵或聚乙二醇进行分步沉淀，或用疏水色谱法纯化。

⑤ HBsAg 含有大量的二硫键，对热较稳定。

⑥ HBsAg 对蛋白酶的抵抗力很强，可在 pH 2 时耐胰蛋白酶的处理。

⑦ 因 HBsAg 的脂含量高，其密度约为 $1.20g/ml$，而一般蛋白质的密度为 $1.35g/ml$。利用 HBsAg 的密度特性，可进行等密度超速离心分离。

3. 基因工程制品的安全性

基因工程药物最主要的安全性问题是外源基因是否会整合到受者基因组中引起细胞癌变或者改变细胞正常的代谢调控。因此在工程菌（细胞）构建的时候要避免使用反转录病毒、选择安全的表达系统（如酵母、CHO 细胞等）、选择不具备转化引起细胞癌变的目的基因等。同时，在生产中要进行严格的质量控制，如采用细胞学、表型鉴定、抗生素抗性检测、限制性内切酶图谱测定、序列分析与稳定性监控等方法进行原材料的质量控制；在菌种（细胞）发酵培养中采用纯正且稳定的种子批系统；在纯化工艺上，尽量去除病毒（外源污染）、核酸、宿主细胞杂蛋白、糖及其他杂质，并避免在纯化过程中带入有害物质；对最终产品进行鉴别、纯度、活性、安全性、一致性等方面的检测，以确保制品的安全性。

项目六 干扰素的制备

产品背景资料

干扰素（IFN）是一种细胞因子，是机体感染病毒时，宿主细胞通过抗病毒应答反应而产生的一组结构类似、功能相近的低分子糖蛋白。根据干扰素结构，其可分为 Ⅰ 型和 Ⅱ 型两种类型，Ⅰ 型包括 α、β、τ 和 ω 类，是由白细胞和成纤维细胞产生的；Ⅱ 型又称 γ 干扰素，是由活化的 T 细胞和 NK 细胞产生的。干扰素是一种广谱抗病毒制剂，它不直接杀伤或抑制病毒，而主要是通过与细胞表面受体作用使细胞产生抗病毒蛋白，从而抑制病毒的复制；同时还可增强自然杀伤细胞（NK 细胞）、巨噬细胞和 T 淋巴细胞的活性，从而起到免疫调节作用，并增强机体的抗病毒能力，具有广泛的抗病毒、抗肿瘤和免疫调节作用。

在实际工作中，制备干扰素多采用两种方法：一是用干扰素诱生剂诱导某些生物细胞产生干扰素，经提取纯化并检定合格后即可使用，该法所用的细胞多为外周血白细胞；二是采用基因工程法进行生产，即将干扰素基因导入基因工程菌内，通过培养基因工程菌来生产干扰素。目前，大规模生产干扰素主要采用基因工程法，本项目以重组人干扰素 α2b 注射液（假单胞菌）为例进行介绍。

一、制备要求

① 生产和检定用设施、原材料及辅料、水、器具、动物等应符合《中国药典》（2020年版）中"凡例"的有关要求。

② 种子批的建立应符合"生物制品生产检定用菌毒种管理规程"的规定。工程菌株应具备假单胞杆菌宿主细胞的特征和生产干扰素的能力。

③ 在常温下干扰素的半衰期很短，故各种操作要在低温环境下进行，动作要迅速，纯化所用试剂要做预冷处理。

④ 按干扰素发酵、分离与纯化工艺流程进行干扰素的制备，实际操作中的方法和步骤可根据实际情况进行调整。

⑤ 制备过程中，要求细致认真，称取的分量务必准确，仪器的使用务必规范。

二、制备工艺流程

工作菌种库→摇瓶培养→种子罐培养→发酵罐培养→菌体收集→菌体裂解→预处理→初级分离→溶解粗干扰素→沉淀与疏水色谱→阴离子交换色谱与浓缩→阳离子交换色谱与浓缩→凝胶过滤色谱→无菌过滤分装→包装→成品。

三、制备设备

灭菌器、无菌室及超净工作台、摇瓶机、发酵罐、连续流离心机、冰柜、超滤装置等。

四、制备操作步骤详解

1. 干扰素的发酵

（1）摇瓶培养 取 $-70℃$ 下保存的工作种子批菌种，室温融化。接入摇瓶，于 30℃、pH 7.0 的条件下，250r/min 活化培养（18±2）h 后，进行 OD 值和发酵液杂菌检查。

（2）种子罐培养 将已活化的菌种接入装有 50L 培养基的种子罐中，接种量为 10%，培养温度为 30℃，pH 值为 7.0，级联调节通气量和搅拌转速，控制溶解氧为 30%，培养 3～4h，当 OD 值达到 4.0 以上时，转入发酵罐中，进行二级放大培养，同时取样进行显微镜检查和 LB 培养基划线检查，控制杂菌。

（3）发酵罐培养 将种子液通入装有 300L 培养基的发酵罐中，接种量为 10%，培养温度为 30℃，pH 7.0，级联调节通气量和搅拌转速，控制溶解氧为 30%，培养 4h。然后控制培养温度为 20℃，pH 6.0，溶解氧为 60%，继续培养 5～6.5h。同时进行发酵液杂菌检查。当 OD 值达 9.0±1.0 后，用 5℃ 冷却水快速降温至 15℃ 以下，以减缓细胞衰老。或将发酵液转入收集罐中，加入冰块使温度迅速降至 10℃ 以下。

（4）菌体收集 将已冷却的发酵液转入连续流离心机，16000r/min 离心收集。进行干扰素含量、菌体蛋白含量、菌体干燥失重、质粒结构一致性、质粒稳定性等项目的检测。菌体于 $-20℃$ 冰柜中保存，不得超过 12 个月。每保存 3 个月，检查一次活性。

2. 干扰素的分离

（1）菌体裂解 用纯化水配制裂解缓冲液，置于冷室内，降温至 2～10℃，调 pH 为 7.5。将 $-20℃$ 下冷冻的菌体破碎成 2cm 以下的碎块，加入裂解缓冲液中，2～10℃ 下搅拌 2h，利用冰冻复融分散，将细胞完全破裂，释放干扰素蛋白质。

（2）初步纯化

① 沉淀 向裂解液中加入聚乙烯亚胺。2～10℃ 下气动搅拌 45min，对菌体碎片进行絮凝。然后，向裂解液中再加入醋酸钙溶液，2～10℃ 下气动搅拌 15min，对菌体碎片、DNA 等进行沉淀。

② 离心　在 2～10℃下，将悬浮液在连续流离心机上16000r/min 离心，收集含有重组干扰素蛋白质的上清液，细胞壁等杂质沉淀在121℃蒸汽灭菌 30min 后焚烧处理。

(3) 初级分离

① 盐析　将收集的上清液用 4mol/L 硫酸铵进行盐析，2～10℃，搅匀，静置过夜。

② 离心　将盐析液在连续流离心机上16000r/min 离心，沉淀即为粗干扰素。

③ 保存　将粗干扰素放入聚乙烯瓶中，于 4℃冰箱保存，不得超过 3 个月。

3. 高度纯化

(1) 配制纯化缓冲液　用超纯水配制 pH 7.5 磷酸缓冲液作为纯化缓冲液，配制完毕，经 0.45μm 的滤器和 10ku 的超滤系统过滤，百级层流下收集。超滤后，将缓冲液送到冷却室，冷却至 2～10℃。使用前应重新检查缓冲液的 pH 和电导值，准确无误后方可使用。

(2) 溶解粗干扰素　在 2～10℃下将粗干扰素倒入匀浆器中，加 pH 7.5 磷酸缓冲液，匀浆，使之完全溶解。

(3) 沉淀与疏水色谱

① 等电点沉淀　待粗干扰素完全溶解后，用磷酸将溶液调节至 pH 5.0，进行蛋白质等电点沉淀。将悬浮液在连续流离心机上16000r/min 离心，收集上清液。

② 疏水色谱　用 NaOH 调节上清液使 pH 为 7.0，并用 5mol/L NaCl 调节溶液的电导值为 180mS/cm，上样，进行疏水色谱，利用干扰素的疏水性进行吸附。在 2～10℃，用 0.025mol/L 磷酸缓冲液（pH 7.0）和 1.6mol/L NaCl 进行冲洗，除去非疏水性蛋白，然后用 0.01mol/L 磷酸缓冲液（pH 8.0）进行洗脱，收集洗脱液。

③ 等电点沉淀　用磷酸调节洗脱液的 pH 至 4.5，调节洗脱液的电导值为 40mS/cm，搅拌均匀后于 2～10℃静置过夜（12h），进行等电点沉淀。

④ 过滤　将沉淀悬浮液用 1000ku 的超滤膜进行过滤，在 2～10℃下收集滤液。

⑤ 透析除盐　调整溶液 pH 为 8.0，电导值为 5.0mS/cm，在 10ku 的超滤膜上，于 2～10℃下，用 0.005mol/L 缓冲液进行透析。

(3) 阴离子交换色谱与浓缩

① 交换色谱　上样前，先用 0.01mol/L 磷酸缓冲液平衡树脂。上样后，用相同缓冲液冲洗，采用盐浓度线性梯度 5～50mS/cm 进行洗脱，配合 SDS-PAGE 收集干扰素峰，在 2～10℃下进行。

② 浓缩和透析　合并阴离子交换色谱洗脱的有效部分，调整溶液 pH 至 5.0、电导值至 5.0mS/cm，在 10ku 超滤膜上，于 2～10℃下用 0.05mol/L 醋酸缓冲液（pH 5.0）进行透析。

(4) 阳离子交换色谱与浓缩　上样前，先用 0.1mol/L 醋酸缓冲液（pH 5.0）平衡树脂。上样后，用相同缓冲液冲洗。在 2～10℃，采用盐浓度线性梯度 5～50mS/cm 进行洗脱，配合 SDS-PAGE 收集干扰素峰。合并阳离子交换色谱洗脱的有效部分，在 2～10℃下，用 10ku 超滤膜进行浓缩，浓缩到 1L。

(5) 凝胶过滤色谱　上样前，先用含有 0.15mol/L NaCl 的 0.01mol/L 磷酸缓冲液（pH 7.0）清洗系统和树脂。上样后，在 2～10℃下，用相同缓冲液进行洗脱。合并干扰素部分，最终蛋白质浓度应为 0.1～0.2mg/ml。

4. 配制半成品

按批准的配方配制稀释液，配制后应立即用于稀释。将检定合格的干扰素原液用稀释液稀释至所需浓度，用 $0.22\mu m$ 滤膜过滤干扰素溶液，除菌过滤后即为半成品，保存于 $2\sim8℃$。

5. 成品

按照"生物制品分批规程"的规定进行分批；按照"生物制品分装和冻干规程"的规定进行分装；按照"生物制品包装规程"的规定进行包装，即为成品。

五、质量控制点

按《中国药典》（2020 年版）所述，干扰素的检测项目有：生物学活性、蛋白质含量、比活性、纯度（电泳法、高效液相色谱法）、外源性 DNA 残留量、鼠 IgG 残留量、宿主菌蛋白质残留量、残余抗生素活性、细菌内毒素检查、等电点、紫外光谱、肽图、N-末端氨基酸序列。

1. 比活性

依法测定生物学活性和蛋白质含量，生物学活性与蛋白质含量之比即为比活性，《中国药典》对干扰素的比活性要求为：每毫克蛋白质应不低于 1.0×10^8 IU。

2. 干扰素纯度的测定

可用电泳法和高效液相色谱法测定。其中，用电泳法测定时，用非还原型 SDS-聚丙烯酰胺凝胶电泳法，分离胶胶浓度为 15%，加样量应不低于 $10\mu g$（考马斯亮蓝 R250 染色法）或 $5\mu g$（银染法）。经扫描仪扫描，纯度应不低于 95.0%。

3. 分子量

用还原型 SDS-聚丙烯酰胺凝胶电泳法，分离胶胶浓度为 15%，加样量应不低于 $1.0\mu g$，制品的分子量应为 19.2kD$\pm$1.9kD。

4. 外源性 DNA 残留量

每 1 支（瓶）应不高于 10ng。

5. 鼠 IgG 残留量

如采用单克隆抗体亲和色谱法纯化，应进行本项测定。每 1 次人用剂量鼠 IgG 残留量应不高于 100ng。

6. 宿主菌蛋白质残留量

采用大肠埃希菌表达的制品中，宿主菌蛋白质残留量应不高于蛋白质总量的 0.10%。采用腐生型假单胞菌表达的制品中，宿主菌蛋白质残留量应不高于蛋白质总量的 0.02%。

7. 残余抗生素活性

不应有残余氨苄西林或其他抗生素活性。

8. 细菌内毒素检查

每 300 万国际单位应小于 10EU。

9. 等电点

采用大肠埃希菌表达的制品中，主区带应为 4.0～6.7，采用腐生型假单胞菌表达的制品主区带应为 5.7～6.7，且供试品的等电点图谱应与对照品的一致。

10. 紫外光谱

用水或生理盐水将供试品稀释至 $100\sim500\mu g/ml$，在光路 1cm、波长 230～360nm 下进行扫描，最大吸收峰波长应为 278nm±3nm。

11. 肽图

制备的干扰素的肽图，应与对照品图形一致。

12. N-末端氨基酸序列

用氨基酸序列分析仪测定，至少每年测定一次，N-末端序列应为：（Met）-Cys-Asp-Leu-Pro-Gln-Thr-His-Ser-Leu-Gly-Ser-Arg-Arg-Thr-Leu。

六、制备中常见问题的分析

① 制备干扰素使用的是基因工程假单胞杆菌，必须具备假单胞杆菌、宿主细胞的特征和生产干扰素的能力。工作种子批的菌种在接入培养基前，必须进行 LB 琼脂平板划线检查、染色镜检，对抗生素的抗性、生化反应、干扰素的表达量、表达的干扰素型别、质粒性状进行检查，合格后方可用于制备。

② 在干扰素的发酵生产中，菌体的生长和干扰素的生产基本处于不相关状态：菌体在培养 1.5h 时分裂速度最快，到 3.5h 开始下降；而干扰素的迅速合成出现在 3.5h 之后，在 4h 达到最大，然后由于降解而迅速下降。整个过程必须兼顾菌体的生长和干扰素的合成，以提高产率，要特别注意培养基的组成，控制溶解氧、pH 值和温度，并防止泡沫的形成。

a. 培养基的组成　假单胞杆菌的发酵常采用水解酪蛋白、酵母粉等营养丰富的合成培养基，此类培养基能提供丰富的碳源、氮源和磷源，菌种在其上的生长速度比在基本培养基上要快且显示较高的质粒稳定性。假单胞杆菌发酵需要有合适的 pH 值范围，而在其生长繁殖过程中，产生的代谢产物会引起培养基 pH 值的改变。因此要综合考虑培养基的种类和 pH 的调节能力。

b. 溶解氧控制　基因工程菌的发酵要求培养液中有足够的溶解氧，常通过增大搅拌转速和级联调节通气量来提高发酵罐的供氧量。在生长阶段和生产阶段分别采用各自最佳的溶解氧浓度，提高干扰素的发酵水平。

c. pH 值　在发酵过程中，pH 的变化由培养基的组成、工程菌的代谢和发酵条件所决定。菌体生长最适 pH 和干扰素最佳表达 pH 不一致，常在生长和生产阶段控制各自的最佳 pH。α 干扰素的等电点在 pH 6.0 附近，在低酸性条件下稳定，能耐受 pH 2.5 的酸性环境。在发酵后期降低 pH 可造成大量蛋白酶失活，减少 α 干扰素的水解，提高干扰素的积累量。

d. 温度控制　假单胞杆菌生长的最适温度与产物形成的最适温度不同，其最佳生长温度为 30℃，而产物合成温度宜控制在 20℃，可以有效防止 α2b 干扰素的降解，增加质粒的稳定性。因此在培养后期须降温。

e. 发酵过程中泡沫的形成与控制　发酵培养液内含有各种易产生泡沫的蛋白质，它们与通气搅拌所产生的小气泡混合，使发酵产生一定数量的泡沫。随着菌体繁殖，使整个发酵过程形成过多的稳定持久的泡沫。气泡内的空气有隔热作用，容易造成培养及灭菌不彻底。泡沫多时会从排气口甚至从轴封中溢出，造成染菌。一般应通过机械搅拌和加入少量表面活性剂来消除泡沫。

③ 在干扰素分离过程中，首要问题是怎样保持干扰素的活性。蛋白质活性损失的原因有很多，一般有以下因素：温度、流体状态、摩擦、剪切力、吸附、截流率、pH 和介质条件、溶液中气体、微生物、活性抑制剂等。所以在整个分离纯化过程中要特别注意，避免干扰素的损失。

④ 干扰素纯化的目标是增加其纯度或比活性，即增加单位蛋白质重量中目标蛋白质的

含量或生物活性。所以需设法除去变性蛋白质和杂蛋白质，并且希望所得蛋白质的产量和纯度达到最高值。但同时也要考虑另一个问题，即纯化的收率问题，这关系到经济效益及蛋白质纯化技术的实用性。

a. 疏水色谱　注意缓冲液和上样液的 pH 和电导值。pH 关系到蛋白质的活性，同时也影响其疏水性。电导值决定了蛋白质表现出的疏水性强弱，即与树脂的结合能力，所以电导值的准确尤为重要。

b. 膜分离　选择合适的截留相对分子质量的滤膜很重要，避免出现膜的截留量很高，干扰素收率却很低的现象。应选用低吸附型的超滤膜。

c. 离子交换色谱　要注意缓冲液和上样液的 pH 及电导值。如果 pH 和电导值不准确，与离子交换剂结合的组分及各组分的结合能力会发生变化，给干扰素的纯化造成困难。

d. 无菌灌装　无菌灌装是分离纯化工艺的最后一步，在整个干扰素的生产过程中尤为重要。蛋白质产品不能高温灭菌，也不能接触消毒剂，只能选用滤膜过滤。灌装时要严把质量关，如果灌装中出现问题可能会使全部工作前功尽弃。所以在整个制备过程中，都应规范操作。

项目七　胰岛素的制备

产品背景资料

　　胰岛素是由动物胰脏中兰氏小岛 β-细胞分泌的一种具有降血糖作用的蛋白质类激素。胰岛素分子由 51 个氨基酸残基所组成，分子量近 5784，等电点为 5.30～5.35，有 A 链和 B 链两条肽链。胰岛素可作用于全身几乎所有的组织细胞，其最主要的靶器官是肝脏、肌肉及脂肪组织，可调节糖、蛋白质、脂肪三大营养物质在细胞的代谢和储存。胰岛素能促进细胞摄取葡萄糖，在肝脏和肌肉内促进糖原的合成及储存，同时抑制糖异生，结果使血糖去路增加而来源减少，降低血糖；促进脂肪合成和储存，抑制脂肪分解；增加蛋白质合成，阻止蛋白质分解。

　　1923 年胰岛素就作为治疗糖尿病的药物开始供临床使用，迄今仍是胰岛素依赖型糖尿病患者的特效药。其主要来源如下：动物胰岛素，从猪和牛的胰腺中提取，两者药效相同，但与人胰岛素相比，猪胰岛素中 B 链第 30 位点的氨基酸不同，由苏氨酸（Thr）变为丙氨酸（Ala），牛胰岛素中有 3 个氨基酸不同，因而易产生抗体；半合成人胰岛素，将猪胰岛素第 30 位丙氨酸置换成与人胰岛素相同的苏氨酸，即为半合成人胰岛素；重组人胰岛素（现阶段临床常用胰岛素），它是利用生物工程技术获得的高纯度的生物合成人胰岛素，其氨基酸排列顺序及生物活性与人体本身的胰岛素完全相同。1966 年，我国人工合成牛胰岛素，在国际上引起极大轰动，它被认为是继"两弹一星"之后我国的又一重大科研成果。

一、从猪（牛）胰脏提取胰岛素

1. 制备要求

① 本品应从检疫合格猪的冰冻胰脏中提取。

② 生产过程应符合《药品生产质量管理规范》的要求。

③ 生产和检定用设施、原材料及辅料、水、试剂、器具、动物等应符合《中国药典》（2020 年版）中"凡例"的有关要求。

④ 分批、分装、包装应符合"生物制品分包装及贮运管理"的规定。

学校学生实习实验室应选择健康、新鲜、无病的猪（牛）胰脏器官，或动物肺脏器官也可以作为备选。如果无新鲜无病的猪（牛）胰脏器官，也可以选用同种动物新鲜无病的脏器冷冻干粉。

2. 制备工艺流程

胰岛素生产多取猪、牛胰为原料，提取方法为采用分级提取锌沉淀法和磷酸钙凝胶法。分级提取锌沉淀法生产猪胰岛素的工艺路线如图 7-1 所示。

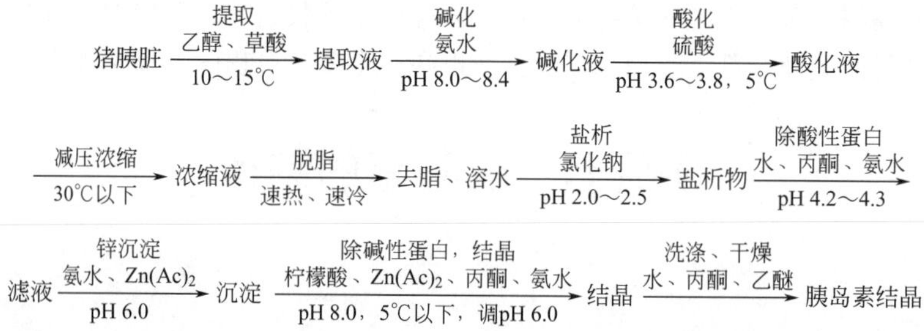

图 7-1　分级提取锌沉淀法生产猪胰岛素工艺路线图

3. 制备设备及材料

(1) 仪器　超净工作台，高速组织捣碎机，高速匀质器，冷冻高速离心机，高压灭菌锅，冰箱，无油真空泵，抽滤装置，50ml 离心管，1.5ml 离心管，冰浴容器等。以上玻璃仪器和离心管需在使用前灭菌，灭菌条件为 120℃、15min。

(2) 材料　检疫无病的猪胰脏（或者牛胰脏，新鲜的，或者新鲜速冻干粉）。

(3) 试剂　蒸馏水、氯化钠（NaCl）、草酸、柠檬酸、丙酮、乙醚、氨水、醋酸锌 [Zn(Ac)$_2$]、无水乙醇、氯化钙（CaCl$_2$）等。

4. 制备操作步骤详解

以下仅介绍主要的制备操作步骤。

(1) 提取　绞碎猪胰脏后，加 2.3～2.6 倍的 86%～88% 乙醇和 5% 的草酸，在 10～15℃ 环境温度下匀浆提取 3h 后，冷冻离心处理 10min，静置取上清液备用；在提取液中滴加氨水，调 pH 至 8.0～8.4 后，摇动 3min，在 5℃ 环境温度下再在提取液中滴加硫酸溶液，调 pH 至 3.6～3.8 后，摇动 3min，静置备用。

(2) 浓缩　将上清液经巴斯漏斗过滤后，在 30℃ 下减压浓缩至相对密度为 1.04～1.06 为止；将滤液水浴快速加热至 80℃ 后，随即移至冰水浴中快速降温至 10～15℃ 静置，去除漂浮物后备用。

(3) 除酸性蛋白　盐析物中加入 7 倍量的蒸馏水溶解，再加 3 倍量冷丙酮，用氨水调 pH 至 4.2～4.3，补加丙酮，使水与丙酮之比达到 7∶3，搅拌后过夜，离心去除酸性蛋白沉淀。

(4) 锌沉淀　滤液用氨水调 pH 为 6.2～6.4，加入 3.6% 醋酸锌溶液（20% 浓度），再用氨水调 pH 至 6.0，4℃放置过夜；收集沉淀，以丙酮洗涤，干燥。

(5) **除碱性蛋白** 按上述所得干燥品重量计，每克加冰冷的 2% 柠檬酸溶液 50ml、6.5% 醋酸锌溶液 2ml、丙酮 16ml，用冰水稀释至 100ml，使充分溶解；冷却至 5℃以下，用氨水调 pH 至 8.0，过滤。

(6) **结晶** 上述滤液用 10% 柠檬酸溶液调 pH 至 6.0，补加丙酮，使溶液中丙酮的浓度达到 16%；慢速搅拌 3～5h 使结晶析出；再转入 5℃左右放置 3～4 天，使结晶完全；收集结晶，用丙酮、乙醚脱水后，真空干燥，即得结晶猪胰岛素。或者可选用磷酸钙凝胶吸附法，即用磷酸调 70% 乙醇溶液呈酸性，提取胰岛素后加氯化钙并调 pH 至 6.0，产生磷酸钙凝胶，便可以吸附胰岛素，滤去乙醇后再用酸性水溶液将胰岛素洗脱，真空干燥获得结晶猪胰岛素。

(7) **猪胰岛素转化为人胰岛素** 猪胰岛素（PI）酶促半合成人胰岛素（HI）的方法是：固定化胰蛋白酶（ITP）催化猪胰岛素一步法合成人胰岛素。首先合成含有苏氨酸的纯度在 98.5% 以上的苏氨酸叔丁醚叔丁酯；然后取猪胰岛素原粉溶解在含 1% 柠檬酸加 1% 抗坏血酸的溶液中，补加胰蛋白酶和羧肽酶在 36℃条件下进行解链反应 4～8h，补加苏氨酸叔丁醚叔丁酯进行置换反应；催化 B 链 30 位的 Ala 转换成 Thr。

5. 胰岛素检定分析

液相色谱仪，紫外检测器（$\lambda = 220nm$），200mm×4mm 柱、填充 $5\mu m$ 的 Nucleosil C18 柱。流动相为：含有 0.01mol/L 的 1-丁基磺酸钠和 0.1mol/L 的硫酸钠溶液的乙腈，和 pH 3.0、0.005mol/L 的酒石酸盐缓冲液（29：71）的混合液。标准对照物：单组分胰岛素；相对保留时间：20min。

6. 质量控制点

项目	控制点	控制内容和方法
提取浓缩	提取	去除结缔组织等杂质，低温下充分匀浆，乙醇终浓度为 70%
	浓缩	减压浓缩(速热、速冷)，去脂(快速加热至 80℃)
除杂	酸性蛋白、锌	于 pH 4.2～4.3 除酸性蛋白，pH 6.0 除锌
	碱性蛋白	pH 8.0、5℃以下，过滤除碱性蛋白
结晶、转化与检定	结晶	pH 6.0 结晶、干燥
	转化	顺序:合成苏氨酸叔丁醚叔丁酯，溶解猪胰岛素原粉，加胰蛋白酶和羧肽酶，补加苏氨酸叔丁醚叔丁酯
	检定	色谱法

7. 制备中常见问题的分析

以下主要介绍乙醇对胰岛素提取液 pH 的影响。

在胰岛素的提取分离过程中，pH 的控制对胰岛素的提取效果有很大影响。而提取过程中所使用的 60%～88% 的乙醇溶液以及胰腺中高级脂肪酸物质的存在均能影响提取液的 pH 值。

在酸碱条件相同的情况下，由于乙醇对胰腺溶液中 H^+ 活度的影响，造成了溶液 pH 的相对偏高，并且当胰腺溶液的 pH 不同时，乙醇对溶液 pH 的影响力也不同，一般是碱性范围＞酸性范围＞中性范围。在碱性范围内，乙醇的存在可使胰脏溶液 pH 值升高2～3 个单位；在酸性范围内，也存在类似情况。

因此，在胰岛素提取过程中，乙醇用量的控制对提取液的 pH 值的稳定至关重要。

二、基因工程胰岛素制备

重组基因工程胰岛素是利用生物工程技术获得的高纯度的生物合成人胰岛素，其氨基酸排列顺序及生物活性与人体本身的胰岛素完全相同。以基因工程方法所获得的合格产品是目前副作用最小、效果较好的医药原料产品。国内外规模较大的生物制药公司在胰岛素的生产技术上多是选用重组基因工程胰岛素的制备方法。

这种方法科学技术含量较高，是自从动物中提取胰岛素和人工合成胰岛素的方法以来，最简便而且是最有效、最安全的制备胰岛素的方法之一。它是发酵工程技术和基因工程技术相结合的产物，也是造福人类的新一代药物生产方法之一。

1. 制备要求

① 生产过程应符合《药品生产质量管理规范》的要求。

② 生产和检定用设施、原材料及辅料、水、试剂、器具、动物等应符合《中国药典》（2020 年版）中"凡例"的有关要求。

③ 分批、分装、包装应符合"生物制品分包装及贮运管理"的规定。

④ 产品质量分析选用国际通用的胰岛素分析方法高效液相色谱法。

2. 制备工艺流程

如图 7-2 所示。

图 7-2(b) 是利用基因工程生产人胰岛素的主要流程；图 7-2(c) 是生产过程中所制备的带有目的基因的供体 DNA 分子及运载体（质粒）示意图，箭头所指为相应限制酶的识别位点，Tet^r 表示四环素抗性基因，Tet^r 上游有基因 C，基因 C 的表达产物会阻断 Tet^r 基因的表达。

① 图 7-2(a) 中的供体细胞是 β-胰岛细胞。

② 图 7-2(b) 中第②步中需要的酶是基因反转录酶，第④步常用 Ca^{2+} 来处理细菌。

③ 若图 7-2(b) 所示过程以 Tet^r 为标记基因，则第③步中应选用限制酶 Bgl I 和 $Hind$Ⅲ 对供体 DNA 和质粒进行切割；为检测转化结果，将经第④步处理后的大肠杆菌培养液接种在含有四环素的培养基上，长出的菌落就是导入重组质粒的菌落。

④ 检测目的基因能否在大肠杆菌细胞中表达，常用的方法为酶联免疫吸附检测法或者高效液相色谱法，可对目的产物进行定性和定量。

⑤ 摇瓶或发酵罐发酵生产。

⑥ 分离纯化。

3. 制备设备及材料

(1) 仪器　超净工作台，离心机，制冰机，恒温水浴锅，高压灭菌锅，普通冰箱，超低温冰箱，分光光度仪，PCR 仪，电泳仪等。

(2) 材料　大肠杆菌菌株，限制性内切酶，DNA 连接酶等。

(3) 试剂　TRIZOL，DEPC 水，反转录试剂盒，乙醇，异丙醇，氯仿，溴化乙锭，

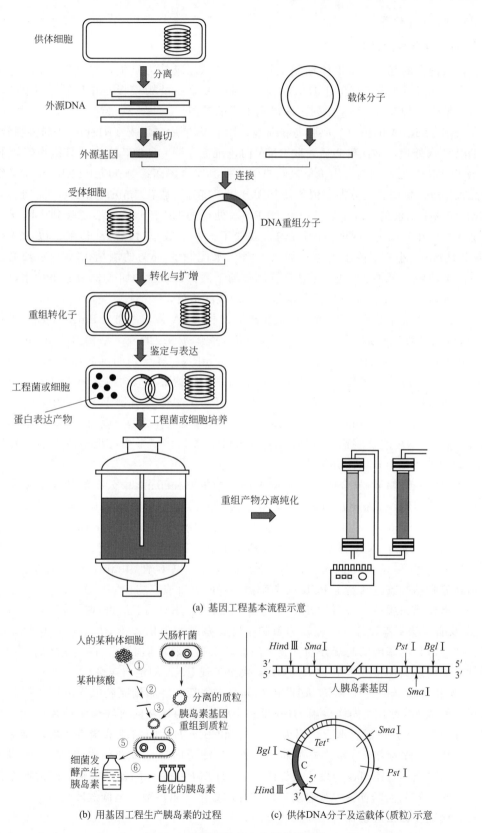

(a) 基因工程基本流程示意

(b) 用基因工程生产胰岛素的过程

(c) 供体DNA分子及运载体(质粒)示意

图 7-2　基因工程生产人胰岛素示意

DL2000，EX taq 酶等。

4. 制备操作步骤详解

（1）获得目的基因　从供体细胞中提取 mRNA，以其为模板，在反转录酶的作用下，反转录合成胰岛素 mRNA 互补 DNA，再以 cDNA 第一链为模板，在反转录酶的作用下，最终合成编码它的双链 DNA 序列，即得到了目的基因。

① 细胞总 RNA 的提取　取胰岛 β 细胞，用 PBS 洗后，加入 TRIZOL 试剂将细胞破裂，后用 DEPC 水处理，多次离心后，取 RNA 白色沉淀，测 OD 值，电泳。具体步骤如下：

用 TRIZOL 处理细胞，用枪反复吹打细胞使其完全解离；每 500μl TRIZOL（含细胞样品）加入 100μl 氯仿，充分振荡混匀使其无分相，室温下放置 5min；以 12000 g 于 4℃离心 15min；转移上清液约 200μl 至另一个 DEPC 水处理的 EP 管，注意不要吸到中间层；上清液中加入 200μl 异丙醇，轻轻颠倒混匀，放置于 -20℃数小时以沉淀核酸；以 12000 g 于 4℃离心 15min，小心移除上清液；加入 DEPC 水配制的 75% 的酒精，8000 g 离心 5min，小心移除上清液，可再洗一遍，将 EP 管倒置沥干酒精；每管中加入 30μl DEPC 水，55℃溶解核酸 10min，用 Nanodrop 仪器测定每管中的核酸浓度。

② 从总 RNA 中分离 mRNA　取上述提取的总 RNA 若干，加入 Buffer OBB、Oligotex Suspension（两种生物试剂），打匀。70℃水浴（裂解 RNA 的二级结构），20～30℃条件下静置（让 Oligotex 与 mRNA 结合）。将 Oligotex/mRNA 复合物的沉淀加到 EP 管 SPIN 柱上高速离心，加缓冲液将其他 RNA 洗脱，最后用琼脂糖凝胶电泳纯化 mRNA。

③ 合成 cDNA 第一链　加入上步获得的 mRNA 和适当引物于 EP 管中，加入 DEPC 水，混匀后，70℃反应 10min。反应完成后，立刻将反应体系置于冰上 5min；离心，顺序加入缓冲液、RNA 酶抑制剂、反转录酶、dNTP，混匀，稍微离心反应物之后，42℃放置 2min。取出置于冰上，电泳分析。

④ PCR 法扩增，特异合成目的 cDNA 链　根据 Genebank 中公布的胰岛素序列设计特异引物，上游引物：5′-ggt tcc gga tct ggt tct ggt tct ctg gtc ccc cgc ggt agt cac cac cac cac cac cac cgt ttt gtg aac caa cac ctg tgc ggc-3′，下游引物：5′-agt gtc gac tta gtt gca gta gtt ctc cag ctg gta-3′。通过 PCR 方法扩增合成胰岛素的 cDNA 链，反应条件为：94℃预变性 3min，94℃变性 30s，56℃退火 30s，72℃延伸 25s，72℃延伸 10min，反应后放置于 4℃保存。后经琼脂糖凝胶电泳鉴定 PCR 反应产物，并回收反应产物。

（2）组建重组质粒　采用 pQE-30 质粒作为载体，用双酶切法进行基因重组。

① 双酶切法基本原理　用两种酶限制性内切核酸酶消化载体 DNA 和外源 DNA 片段，使载体和外源目的基因的两端分别形成不同黏性末端，将它们混合，在连接酶的作用下相同的黏性末端可退火连接成重组 DNA 分子，从而实现 DNA 的定向连接。

② 重组过程　pQE-30 用 *Hind* Ⅲ 和 *Bam* H Ⅰ 酶切，琼脂糖凝胶电泳分离、回收纯化酶切片段。外源 DNA 片段同样也用 *Hind* Ⅲ 和 *Bam* H Ⅰ 酶切并回收纯化酶切片段。双酶切后的载体外源 DNA 片段混合退火，因为 *Hind* Ⅲ 和 *Bam* H Ⅰ 的黏性末端不匹配，避免了载体和外源 DNA 片段的自身连接，外源 DNA 片段只能定向地连接到载体的 *Hind* Ⅲ 和 *Bam* H Ⅰ 位点之间。当然也不可避免发生载体的 *Hind* Ⅲ 和 *Bam* H Ⅰ 的黏性末端之间的两个碱基互补形成开环，转到大肠杆菌中被修复，但这样的重组子占少数，是低效转化。

（3）构建基因工程菌株

① 重组人胰岛素的大肠杆菌工程菌的构建（A 链和 B 链同时表达法）　将人胰岛素的 A

链和 B 链基因编码序列拼接在一起，然后组装在大肠杆菌 β-半乳糖苷酶基因的下游。重组子表达出的融合蛋白经 CNBr 处理后，分离纯化 A-B 链多肽，然后再根据两条链连接处的氨基酸残基性质，采用相应的裂解方法获得 A 链和 B 链肽段，最终通过体外化学折叠制备具有活性的重组人胰岛素。

　　a. CaCl₂ 法制备大肠杆菌感受态细胞：取 100ml 菌体培养至 $OD_{600} = 0.5$，离心收集菌体，用 10ml 冰冷的 10mmol/L CaCl₂ 溶液悬浮菌体，离心收集菌体，再用 1ml 冰冷的 75mmol/L CaCl₂ 溶液悬浮菌体，冰浴放置 12～24h，备用。

　　b. 大肠杆菌感受态细胞的质粒转化：取 100ml 感受态细胞，加入相当于 50ng 载体的重组 DNA 连接液，混匀。

　　冰浴放置半小时。在 42℃ 保温 2min（热脉冲），快速将转化细胞转移至冰浴中放置 1～2min。加入 1ml 新鲜培养基，于 37℃ 培养 1h（扩增）。

　　涂在合适的固体培养基平板上进行筛选。

　　② 重组子的筛选和鉴定（载体遗传标记检测）

　　a. 初筛选　随机挑取转化单菌落，在 LB/AK 培养基（含 100pg/ml 氨苄青霉素和 50μg/ml 卡那霉素）中进行培养，用 0.5mmol/L 异丙基-β-D-硫代半乳糖苷（IPTG）诱导表达。表达情况用 16.5%SDS-PAGE 进行分析。

　　b. 重组菌的后续鉴定　直接电泳检测法：将初筛选获得的重组菌扩大培养后，提取其质粒 DNA，通过 PCR 对其进行扩增，利用有插入片段的重组载体的分子量比野生型载体分子量大，用电泳法检测质粒是否为重组质粒。

　　c. 目的蛋白表达检验　所得菌体经溶菌酶/超声破碎细胞后得到的包涵体进行 SDS-PAGE 分析，所需基因工程菌表达的外源蛋白（His）₆-Arg-Arg-人胰岛素原以包涵体形式存在，其分子大小约为 13kb，经电泳与胰岛素原标准对比，如条带显示有所需目的蛋白，则切割相关谱带用 Superdex 75 预柱净化并浓缩，所用流动相为：含有 0.01mol/L 的 1-丁基磺酸钠和 0.1mol/L 的硫酸钠溶液的乙腈和 pH 3.0、0.005mol/L 的酒石酸盐缓冲液（29：71）的混合液，稀释浓缩液，进样液相色谱仪和标准品比较，进行定性和定量。如果无误，所得菌即可作工程菌使用，经扩大培养后，斜面保存以便后续使用。

　　③ 工程菌的保藏　以 15% 甘油保存菌种，菌液比为 20：80，充分混匀后，在 −70℃ 保藏。

5. 质量控制点

项目	控制点	控制内容和方法
获得目的基因	总 RNA 的提取	细胞破裂完全，所用耗材均过 DEPC 水
	分离 mRNA	70℃ 水浴时间、琼脂糖凝胶电泳纯化 mRNA
	cDNA 第一链合成	过程于冰上完成
	目的 cDNA 合成	引物设计
组建重组质粒	重组过程	HindⅢ 和 BamHⅠ 双酶切，形成黏性末端
构建基因工程菌株	工程菌的构建	转化效率
	重组子的筛选	LB/AK 选择性培养基
	重组子的鉴定	重组载体分子量和表达蛋白分子量

6. 制备中常见问题的分析

重组蛋白分离纯化受到很多因素的影响，首先大多数重组蛋白产品是生物活性物质，在分离纯化过程中，有机溶剂、溶液 pH 值、离子强度的变化均可使蛋白质变性失活；其次，重组蛋白产品在代谢产物中含量很低，并且组成非常复杂；第三，较多的重组蛋白在胞内形成包涵体，为获得目标蛋白质，还需进行细胞破碎，致使产物中含有大量的细胞碎片和胞内产物，增加后续分离纯化的步骤和成本；最后，重组蛋白产品易被料液中蛋白水解酶降解。

目前利用大肠杆菌表达生产重组胰岛素的过程中，表达产物常会以包涵体的形式出现，要得到具有活性的胰岛素涉及蛋白质变性和复性过程，这会大大降低胰岛素的最终产量，使得生产成本增加。同时，较多杂质的存在，在增加纯化步骤的同时，也导致目标产物胰岛素的纯度受到一定影响，并且产量和纯度往往成反比。

项目八　猪瘟活疫苗Ⅰ型的制备

产品背景资料

猪瘟（hog cholera，HC），又称古典猪瘟（classical swine fever，CSF），是由猪瘟病毒引起的一种以出血、高热和免疫抑制为主要特征的疫病，具有高发病率和高死亡率的特点，是国际兽医局要求申报的重要动物疫病之一，我国也将其列为一类传染病。而该疫病的防治较为有效的方法是使用疫苗免疫。目前，我国用于生产猪瘟活疫苗的弱毒疫苗株是中国 54-Ⅲ系，又称 C 株兔化弱毒疫苗株，其性状稳定，无残余毒力，不带毒，不排毒，不返祖，已被公认为是一种比较理想的疫苗毒株。用该毒株生产猪瘟活疫苗的种类主要有两种，一是猪瘟活疫苗Ⅰ型，它是使用兔化弱毒株接种健康状况良好的家兔，以测定热型的方法，收取热型反应良好的家兔脾脏和肠系膜淋巴结，经过磨毒、配苗、分装、冻干而成，一般用于加强免疫以及紧急接种；二是猪瘟活疫苗Ⅱ型，其系用兔化弱毒株接种于犊牛睾丸细胞或羔羊肾细胞培养繁殖，收获细胞培养液，破碎细胞后，加适当保护剂及抗生素，经冷冻、真空干燥制成，适用于首次免疫或乳前免疫（超免）以及母猪的常规免疫。

本项目以猪瘟活疫苗Ⅰ型为例，介绍其生产过程。

一、制备要求

① 生产和检定用设施、水、器具、动物等应符合《中国兽药典》（2015 年版）中"通则"的有关要求。

② 生产用原辅材料应符合《中国兽药典》（2015 年版）的规定。

③ 生产用菌种及种子批的建立应符合《中国兽药典》（2015 年版）中"生产和检验用菌（毒、虫）种管理规定"。

④ 分批和分装应符合《中国兽药典》（2015 年版）中"兽用生物制品组批和分装规定"。

⑤ 分装应符合《中国兽药典》（2015 年版）中"兽用生物制品的标签、说明书与包装规定"。

二、制备工艺流程

制备猪瘟活疫苗Ⅰ型的工艺流程如图 7-3 所示。

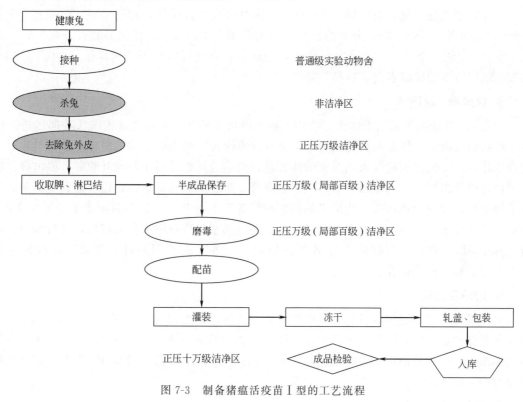

图 7-3 制备猪瘟活疫苗Ⅰ型的工艺流程

三、制备材料

1. 菌种

猪瘟病毒兔化弱毒株。

2. 动物

1.5～3.0kg 体重的健康家兔。

3. 试剂

新洁尔灭、生理盐水、双抗溶液（青霉素及链霉素）、5％蔗糖脱脂乳等。

4. 器材

注射器、超净工作台、酒精灯、无菌铝盒、解剖器具、不锈钢兔笼、脉动真空灭菌柜（卫生级）、立式高速超声波洗瓶机、多功能胶塞处理机、捣碎机、灌装上塞机、冻干机、高速轧盖机、贴签机、低温冷库等。

四、制备操作步骤详解

1. 接种

选择经测温、观察表明健康的 1.5～3.0kg 体重的家兔，用 20～50 倍生理盐水稀释经检验合格的生产用脾乳剂、活脾淋乳剂，耳缘静脉注射 1ml，接种后上、下午各测体温一次，24h 后，每隔 6h 测体温一次，做好记录。

2. 剖杀、去皮

选择定型热反应兔（潜伏期为 24～48h，体温曲线上升明显，超过常温 1℃ 以上至少有 3 个温次，并稽留 18～36h）和轻热反应兔（潜伏期为 24～72h，体温曲线有一定上升，超过常温 0.5℃ 以上至少有 2 个温次，稽留 12～36h），并在其体温下降到常温后 24h 内剖杀、去皮。剥皮时不能弄破表皮，以免污染。

3. 收集脾、淋巴结

先用 0.1% 新洁尔灭消毒体表，再用无菌注射用水冲洗，通过传递窗或缓冲间传进无菌室。收获岗位人员严格更衣消毒后进入无菌室收毒岗位，接受剥皮后的兔体，并将其放置于超净工作台内。先用酒精灯火焰对兔的体表进行火焰消毒，然后小心剪开腹腔，取出脾、肠系膜淋巴结等组织，去除脂肪、结缔组织、血管、胆囊及病灶部。注意操作过程中切勿剪破肠道等组织，以免造成污染。将取出的脾淋组织置于 1000IU/ml 的双抗溶液中浸泡，待满 1 盒后捞出并置于无菌铝盒中，用透明胶封口、标记热型。待收毒工作完成后，进行编号、称重，标记日期、热型等，收毒人姓名要详细记录，再交给专职毒种管理员，在毒种库的 −70℃ 超低温冰柜中保存。

4. 磨毒及配苗

制造混合苗时，肝脏用量不超过淋脾重量的 2 倍，将组织称重后剪碎，加入适量 5% 蔗糖脱脂乳保护剂，混合研磨后去除残渣，按实际滤过的组织液计算稀释倍数，加入余量保护剂为原苗。每毫升原苗可加青霉素、链霉素各 500～1000IU，摇匀后置 4℃ 作用一定时间后即可分装、冻干。

5. 成品检验

除按成品检验的有关规定进行检验外，尚须做如下检验。

(1) 物理检验 冻干后的成品应呈淡红色海绵状疏松团块，易与瓶壁脱离，加稀释液后迅速溶解。

(2) 无菌检验 如有菌生长，应进行杂菌计数，并做病原性鉴定。每头份疫苗含非病原菌应不超过 75 个。

(3) 支原体检验 应无支原体生长。

(4) 鉴别检验 将疫苗用灭菌生理盐水稀释成每毫升含有 100 个兔的最小感染量的病毒悬液，与等量的抗猪瘟病毒特异性血清充分混合，置 10～15℃ 中和 1h，其间振摇 2～3 次。同时设立阳性对照组（病毒对照）和阴性对照组（生理盐水对照）。中和结束后，分别接种家兔 2 只，每兔耳静脉注射 1ml，测温方法及体温反应标准同下述效力检验①项。除阳性对照组应出现热反应外，其余两组在接种后 120h 内应不出现热反应。

(5) 安全检验

① 按瓶签注明的头份，用灭菌生理盐水稀释成每毫升含 5 头份疫苗，皮下注射体重为 18～22g 的小白鼠 5 只，各 0.2ml；肌内注射体重为 350～400g 的豚鼠 2 只，各 1ml，观察 10 日，应全部健活。

② 选用符合国家实验动物标准的饲养场或定点猪场供应的，并经中和试验方法检测无猪瘟抗体的健康易感断奶猪（注苗前观察 5～7 天，每日上、下午各测体温一次。挑选

体温、精神、食欲正常的使用）。每批冻干疫苗样品或同批各亚批样品等量混合，按瓶签注明的头份用灭菌生理盐水稀释成每毫升含 6 头份疫苗，肌内注射猪 4 头，每头 5ml（含 30 个使用剂量）。注苗后，每日上、下午各测体温观察 1 次，观察 21 日。体温、精神、食欲与注苗前相比没有明显变化；或体温升高超过 0.5℃，但不超过 1℃，稽留不超过 4 个温次；或减食不超过 1 日，疫苗可判为合格。如有 1 头猪体温超过常温 1℃以上，但不超过 1.5℃，稽留不超过 2 个温次，疫苗也可判为合格。如有 1 头猪的反应超过上述标准；或出现可疑的其他体温反应和其他异常现象时，可用 4 头猪重检 1 次。重检的猪仍出现同样反应时，疫苗应判为不合格。也可在猪的高温期采血复归猪 2 头，每头肌内注射可疑猪原血 5ml，测温观察 16 日。如均无反应，疫苗可判合格。如第 1 次检验结果已经确证疫苗不安全，则不应进行重检。

（6）效力检验　下列方法任选其一。

① 用家兔效检　按标签注明的头份用生理盐水将每头份疫苗稀释 150 倍，接种体重为 1.5～3.0kg 的家兔 2 只，每只兔耳静脉注射 1ml。家兔接种后，上、下午各测体温 1 次，48h 后，每隔 6 小时测体温 1 次，根据体温反应和攻毒结果进行综合判定。

家兔接种疫苗后，体温反应标准如下：

a. 定型热反应（＋＋）　潜伏期为 48～96h，体温曲线上升明显，至少有 3 个温次超过常温 1℃以上，并稽留 18～36h。如稽留 42h 以上，则必须攻毒，攻毒后无反应可判为定型热。

b. 轻热反应（＋）　潜伏期为 48～96h，体温曲线上升明显，至少有 2 个温次超过 0.5℃以上，并稽留 12～36h。

c. 可疑反应（＋/－）　潜伏期为 48～96h，体温曲线起伏不定，稽留不到 12h；或潜伏期在 24h 以上，不足 48h 及超过 96h 至 120h 出现热反应。

d. 无反应（－）　体温正常。

结果判定：ⓐ注苗后，当 2 只家兔均呈定型热反应（＋＋），或一只家兔呈定型热反应（＋＋）、另一只家兔呈轻热反应（＋）时，疫苗判为合格。ⓑ注苗后，当 1 只家兔呈定型热反应（＋＋）或轻热反应（＋），另一只家兔呈可疑反应（＋/－）；或两只家兔均呈轻热反应（＋）时，可在注苗后 7～10 天攻毒（接种新鲜脾淋毒或冻干毒）。ⓒ攻毒时，加对照兔 2 只，攻毒剂量为 50～100 倍乳剂。每兔耳静脉注射 1ml。

攻毒后的体温反应标准如下：

a. 热反应（＋）　潜伏期为 24～72h，体温曲线上升明显，超过常温 1℃以上，稽留 12～36h。

b. 可疑反应（＋/－）　潜伏期不到 24h 或 72h 以上，体温曲线起伏不定，稽留不到 12h 或超过 36h 而不下降。

c. 无反应（－）　体温正确。

结果判定：攻毒后，当 2 只对照兔均呈定型热反应（＋＋），或 1 只兔呈定型热反应（＋＋）、另 1 只兔呈轻热反应（＋），而 2 只接种疫苗兔均无反应（－），疫苗判合格。

接种疫苗后，如果有 1 只兔呈定型热（＋＋）或轻热反应（＋），另 1 只兔呈可疑反应（±）或无热反应（－），可对可疑反应兔或无反应兔采用扑杀剖检或采心血分离病毒的方法，判明是否隐性感染；或接种疫苗后，2 只兔均呈轻热反应，亦可对其中 1 只兔分离病毒。方法是：接种疫苗后 96～120h 之间，将兔扑杀，采取脾脏，用生理盐水制成 50 倍稀释的乳剂（脾脏乳剂应无菌，或采取心血（全血），耳静脉注射 2 只兔，每只 1.0ml。凡有 1 只兔潜伏期 24～72h 出现定型热反应（＋＋），疫苗可判为合格。

接种疫苗后，由于出现其他反应情况而无法判定时，可重检。用兔做效力检验，应不超过 3 次。

② 用猪效检　每头份疫苗稀释 150 倍，肌内注射无猪瘟中和抗体的健康易感猪 4 头，每头 1ml。10～14 天后，连同条件相同的对照猪 3 头，注射猪瘟石门系血毒 1ml（含 $10^{5.0}$ MLD，MLD 为最小致死量），观察 16 天。对照猪全部发病，且至少死亡 2 头，免疫猪全部健活或稍有体温反应，但无猪瘟临床症状为合格。如对照猪死亡不到 2 头，可重检。

6. 保存与使用

在 -15℃ 以下保存，有效期为 1 年，在 0～8℃ 保存，保存期为 6 个月，在 20～25℃ 仅可保存 10 天，但效价不变。目前常用的免疫程序为：乳猪 20 日龄做第一次免疫接种；50～55 日龄做第二次免疫接种。有些大型集约化养猪场是在乳猪断奶后（一般在 30～40 日龄）做第一次免疫接种；70 日龄时做第二次免疫接种。有的猪场实施超前免疫，即在初生仔猪吃初乳前进行免疫接种，1～2h 后再哺乳，在 60 日龄左右做第二次免疫接种。猪瘟兔化弱毒疫苗的免疫程序应根据猪场猪瘟的流行与发生情况以及母源抗体的水平等因素而制订。

五、质量控制点

控制点	控制项目	控制标准
毒种	病毒含量、代数、保存条件等	符合猪瘟兔化弱毒毒种的质量标准
家兔	健康状况、体重和日龄	符合家兔的质量标准
测温	间隔时间、准确性等	保证家兔体温测定的准确性
接种	接种量、及时性和准确性	保证家兔接毒准确、可靠
采毒	采毒及时、无菌并冷冻保存	保证脾淋毒效价高、量多
配苗	脾淋毒融化、配苗时间与温度、准确度等	保证配苗准确、不失毒
冻干	预冷、升华与干燥	保证产品合格
保存	温度、时间等	保证产品合格

六、制备中常见问题的分析

1. 疫苗效价不高

有些疫苗不是正规厂家生产的，或疫苗未经过严格检验就出厂，这样的疫苗就达不到规定的效价。此外，疫苗在运输、保管过程中温度控制不当，稀释液中含有影响疫苗的活性物质，稀释后的疫苗未在规定的时间内用完或置于高温环境下，这些都会降低疫苗的效价。

2. 生产用兔应激控制

饲养健康优质兔应无兔瘟抗体和运输应激因素的影响；确保 95% 以上无热反应、脾肿；生产用兔原始测温，耳窝电极电子测温，红外扫描剔除无反应兔；分析原因，精选兔源。

3. 生产物料控制

（1）兔子　兔子的脾淋是毒种制备的主要原料，其质量的好坏直接关系到成品的效价，对兔子的来源一定要严格把关，选择具有实验动物证书资格单位提供的兔源，要求营养良好、健康、体重为 1.5～3.0kg。购入家兔应在免疫动物房隔离饲养观察 30 天以上，并且家兔接种兔瘟疫苗应在 30 天以上。在接种前，至少应测温观察 3 天，每日上、下午各测体温一次，选用体温正常、温差波动不大的家兔进行编号，进入试验。

(2) 饲料　严禁使用发霉变质的饲料，霉变饲料含有各种霉菌毒素，可引起肝细胞变性坏死及淋巴结出血、水肿，严重破坏猪的免疫器官，可造成机体的免疫抑制。因此，要严格控制饲料和各种原料的质量。

项目九　猪链球菌氢氧化铝胶苗的制备

产品背景资料

　　猪链球菌病是由链球菌引起的猪的多种疾病的总称。该病属国家规定的二类动物疫病，是一种人畜共患的急性、烈性传染病。本病一年四季均可发生，以冬春季多发，不同年龄均可发病。链球菌分为 35 个血清型，其中 2 型流行最广、致病性最强、传播速度快、死亡率高，造成的损失也最为严重。

　　免疫接种是预防猪链球菌病的重要方式。目前，已投入使用的猪链球菌病疫苗主要有猪链球菌多价灭活苗、铝胶苗、弱毒活疫苗、亚单位苗、基因工程活载体疫苗等。由于猪链球菌血清型较多，疫苗的广泛使用性较差。其中一些猪场使用氢氧化铝胶作为佐剂，研制出的自家猪链球菌氢氧化铝胶苗，在预防猪链球菌病的发生上效果突出。

一、制备要求

① 生产、检定用设施、水、器具、动物等应符合《中国兽药典》（2015 年版）中"通则"要求。

② 生产用原辅材料应符合《中国兽药典》（2015 年版）中"动物源性原材料的一般要求"的规定。

③ 生产用菌种及种子批的建立应符合《中国兽药典》（2015 年版）中"生产和检验用菌（毒、虫）种管理规定"。

④ 分批与分装应符合《中国兽药典》（2015 年版）中"兽用生物制品组批和分装规定"。

⑤ 包装应符合《中国兽药典》（2015 年版）中"兽用生物制品的标签、说明书与包装规定"。

二、制备工艺流程

制备猪链球菌氢氧化铝胶苗的工艺流程如图 7-4 所示。

三、制备材料

1. 菌种

经过鉴定的猪链球菌 2 型。

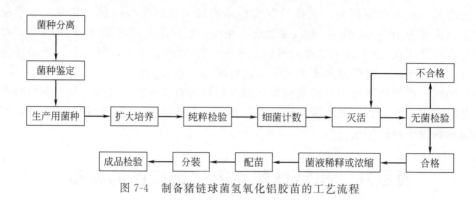

图 7-4　制备猪链球菌氢氧化铝胶苗的工艺流程

2. 动物

健康家兔和 28 日龄断奶仔猪。

3. 试剂

甲醛、羊血哥伦比亚琼脂培养基、牛血清、改良的马丁肉汤培养基、血琼脂培养基、氢氧化铝胶、普通琼脂培养基、硫柳汞、固体石蜡、厌氧肉肝汤、生理盐水等。

4. 器材

注射器、三角瓶、超净工作台、恒温培养箱、冰箱、摇床、高压锅、移液器、酒精灯、烧杯、量筒等。

四、制备操作步骤详解

1. 种子液培养

将制苗用的菌株经仔猪复壮后，接种羊血哥伦比亚琼脂培养基，37℃培养 24h，再接种到含有 1.5％犊牛血清的改良马丁肉汤中，37℃静置培养 16～18h，取培养液接种到血琼脂培养基进行纯度检查后作为种子液，4℃保存，使用期不超过 48h。

2. 种子液扩大培养

将种子液按培养体积 5％的比例接种到制造疫苗用的改良马丁肉汤培养基中，37℃培养 16～18h。为保证菌体的生长浓度，也可采用阶梯式逐步扩大培养。

3. 纯粹检验及细菌计数

将培养的菌液取样接种于血琼脂培养基，置烛缸中 37℃培养 24h。同时采用稀释法将菌液稀释，计算活菌数 (CFU)，作为参考。

4. 灭活

培养的菌液经过纯粹检验后，取无杂菌的培养液加入适量的甲醛溶液 (0.1％～0.5％)，37℃振荡灭活 24h，培养灭活后取样接种于血琼脂培养基，以确认是否灭活彻底。

5. 菌液稀释或浓缩

根据计数结果，用无菌生理盐水或改良马丁肉汤培养基将菌液稀释到一定浓度 (应达到 10^8 CFU/ml)。如果细菌浓度不够，需要通过离心沉淀、微孔滤膜过滤、氢氧化铝吸附沉淀法和羧甲基纤维沉淀法等进行浓缩至所需浓度。

6. 配苗与分装

按每 5 份菌液加入 1 份氢氧化铝胶配苗，同时加入 0.01% 硫柳汞，充分摇匀，置 2～8℃静置 2～3 天，抽弃上清液，浓缩成全量的 60%。塞上胶塞，用固体石蜡熔化封口，贴上标签，注明菌苗名称。使用前充分摇匀。整个制备过程都必须在无菌条件下按照无菌操作进行。

7. 成品检验

（1）**物理性状**　疫苗静置后，上层为白色澄清液体，下层为灰白色沉淀，摇匀后呈均匀混悬液。

（2）**无菌检查**　取制备好的疫苗分别接种于血液琼脂、普通琼脂、厌氧肉肝汤、马丁肉汤，37℃培养 72h，结果应均无细菌生长。

（3）**安全性检查**　用制备的疫苗接种 4 只健康家兔及 4 头健康仔猪，家兔每只皮下注射 2ml，仔猪每头肌内注射 4ml，观察 15～20 天，无发病和死亡，判为合格。

（4）**效力检验**　取 20 只健康家兔或 20 头健康仔猪，试验组 10 只，皮下或肌内注射 0.5ml 疫苗（设使用剂量为每头 1ml），对照组 10 只，皮下或肌内注射 0.5ml 生理盐水，15 天后攻强毒（剂量 10^8 CFU/ml）。攻毒后观察 14 天，对照组应全部死亡，试验组保护率应在 90% 以上。

五、质量控制点

生产步骤	控制点	控制内容和方法
菌种制备	前培养	羊血哥伦比亚琼脂培养基、改良马丁肉汤 37℃培养后，纯度检查
	扩大培养	将种子液按培养体积 5% 的比例接种到改良的马丁肉汤培养基中，37℃培养 16～18h
	纯粹检验	接种血琼脂培养基，烛缸中 37℃培养 24h
	细菌计数	活菌计数（稀释法）
疫苗制备	灭活	终浓度为 0.1%～0.5% 的甲醛，37℃，24h 灭活病毒
	灭活效果检验	血琼脂培养基培养，无生长
	菌液稀释或浓缩	10^8 CFU/ml
	配苗	5 份菌液、1 份氢氧化铝胶配苗，加 0.01% 硫柳汞，充分摇匀
	分装	浓缩、加塞、封口、贴标签
成品检测	无菌检查	各种培养基均无菌生长
	安全检验	各种动物试验无发病、无死亡
	效力检验	保护率≥90%

六、制备中常见问题的分析

1. 铝佐剂的制苗前准备

铝佐剂在制备疫苗之前必须是无菌的，经常使用的灭菌技术是高压、高温灭菌。经高压灭菌处理的氢氧化铝佐剂随着 pH 的降低，会发生去质子化或脱水反应，进而导致其表面积降低，结晶度升高。灭菌过程中减少高温、高压的处理时间与处理次数可以减少由于高压、高温导致的与表面积降低相关的蛋白吸附率、酸中和率、零电荷点和黏性等降低的变化，并且氢氧化铝佐剂在室温放置有利于晶体形成，也可导致蛋白吸附量降低。而抗原吸附率在提高免疫应答方面很重要，因此铝佐剂沉淀合成后，尽快使用才有好的效果。

2. 菌种的制备

用于制苗的菌株，在进行扩大培养之前，一般还应进行该菌株的鉴定。鉴定内容主要包括：形态鉴定（革兰染色、镜检），培养特性（菌落特征），生化特性，毒力检验，纯粹检验等。对于个别菌株，还需进行分子生物学（16S RNA 或 18S RNA）的鉴定。由于本部分内容在微生物学、分子生物学中都有涉及，因此本书在此略去。

项目十　畜禽病毒性自家组织灭活苗的制备

产品背景资料

当家畜或家禽感染某种病毒，而现有的技术条件暂时不能及时准确地诊断；或在生产中出现了某种新的病毒，而用于预防该病毒的疫苗尚未研制出来时，使用病毒性自家组织灭活苗一般会有较好的防治效果。其主要优点为：第一，抗原成分多。制备自家疫苗的病料来源于发病的动物群，是采用病变典型的组织器官或者将病原体经分离鉴定后，经大量培养制备而来。因此其抗原成分基本包括了引起疾病的本群病原体，比较全面的抗原有可能在一定程度上对接种动物群体进行全面的、多方面的诱导，达到预防和控制疾病的目的。第二，具有一定的针对性。对于某些病原体，不同的地区有不同的流行型，针对发病场采用自家疫苗进行预防是一种行之有效的方法。

然而，自家疫苗的缺点也很突出：

第一，安全和质量控制风险高。比如灭活不彻底、病料的保管与无害化处理不当。第二，免疫效果不确切。自家疫苗的免疫效果取决于病变组织中病毒的含量，但是受技术、知识、设备等条件的限制，人们无法准确地定量分析出病料组织中抗原的含量。第三，免疫应激大，副作用强。由于自家疫苗含有大量的、不同的抗原，免疫将使机体在一段时间内处于强免疫应激状态，导致免疫机体对其他病原体的抵抗力下降，免疫后的动物容易发生其他继发疾病，并出现生长缓慢、出栏时间延长、料肉比升高、饲养成本增加等一系列的副作用。第四，使用范围小。自家疫苗的抗原一般取自发病场动物的病变组织，或者是从发病群体分离到的病原微生物。由于病原微生物在不同群体中的差异性，决定了自家疫苗的生产和使用区域以及使用时限往往都有很大的局限性。虽然有因地制宜的效果，但疫苗中通常仅含有病原体黏附因子中的其中几种，因此自家疫苗往往仅供病原体来源的养殖场内部或局部区域流行特殊疫病时预防接种。

一、制备要求

① 生产、检定用设施、水、器具、动物等应符合《中国兽药典》（2015 年版）中"通则"要求。

② 生产用原辅材料应符合《中国兽药典》（2015 年版）中"动物源性原材料的一般要求"的规定。

③ 生产用菌种及种子批的建立应符合《中国兽药典》（2015 年版）中"生产和检验用菌（毒、虫）种管理规定"。

④ 分批与分装应符合《中国兽药典》（2015 年版）中"兽用生物制品组批和分装规定"。

⑤ 包装应符合《中国兽药典》（2015 年版）中"兽用生物制品的标签、说明书与包装规定"。

二、制备工艺流程

氢氧化铝胶制备→病毒组织采集→病毒组织搅碎→病毒收获→灭活→无菌检验→疫苗配制（加佐剂）→成品检验。

三、制备材料

1. 病毒组织

患相应疾病的动物病料。

2. 动物

相应病毒的健康宿主动物。

3. 试剂

甲醛、$AlCl_3$（也可直接用成品氢氧化铝胶）、NaOH、普通琼脂培养基、硫柳汞、固体石蜡、厌氧肉肝汤、生理盐水等。

4. 器材

注射器、三角瓶、超净工作台、恒温培养箱、冰箱、高压锅、移液器、酒精灯、烧杯、量筒、剪刀、组织搅碎机等。

四、制备操作步骤详解

1. 氢氧化铝胶制备

氢氧化铝胶的制备常用 $AlCl_3$ 加 NaOH 合成法，此法合成的铝胶含量低、透明无沉淀，目前广泛用于制备人用生物制品，佐剂效果良好，注射部位无硬结反应。其化学反应为：$AlCl_3 + 3NaOH \longrightarrow Al(OH)_3 \downarrow + 3NaCl$。制备时，先将无水三氯化铝用去离子水配成 25% 的溶液，加热溶化，使用时再稀释成 8%，加温至 56～60℃。另将氢氧化钠配成 4% 的溶液，加温至 56～60℃。化学合成时，将 $AlCl_3$ 溶液放入反应缸，维持温度 60℃，边搅拌边缓慢加入 NaOH 溶液，当化合液 pH 达到 5.6～6.0 时，即为终点，继续搅拌 10min，分装，121℃高压灭菌 30min 后的铝胶液为透明略带乳光的液体。

2. 病毒组织采集

剪取患病动物的病料（肝、脾、淋巴结），用剪子剪掉其筋膜和脂肪，称其重量，并用无菌蒸馏水清洗数次。

3. 病毒组织稀释

根据脏器重量配制生理盐水，脏器与生理盐水的稀释比例为 1：10～1：5。

4. 病毒组织搅碎

先将脏器与少量生理盐水导入搅碎机，先低速旋转 1min，再高速旋转 3min，补足生理盐水，反复冻融 3 次。用 4 层纱布进行过滤，装于无菌瓶中。

5. 灭活

加甲醛灭活，病毒性疾病按 0.1%～0.2% 的比例、细菌性疾病按 0.3%～0.4% 的比例加入。加甲醛时，边加边搅拌，放于 37℃ 灭活，每隔 2 小时摇匀一次，灭活至少 48h。

6. 灭活检验

灭活结束后用无菌平板划线接种并培养，检查是否彻底灭活。

7. 配苗

将制备好的铝胶弃去上清液后，加入适量的灭活抗原液（抗原与胶体的体积比为 4：1），混匀，即成病毒性自家组织苗。

8. 安全检验与使用

将制备好的疫苗混匀后以 5～10 倍的剂量注射试验猪，试验动物应无不良反应。

五、质量控制点

① 采取组织病料时，尽量选择病原微生物含量较高的器官。
② 组织病料与生理盐水的稀释比例不宜过大。
③ 注意灭活时间和灭活浓度。
④ 注意使用剂量。

六、制备中常见问题的分析

组织病料搅碎并经过灭活后，组织易形成凝结块，因此组织搅碎后应进行过滤或者进行离心处理，以减少组织块的形成。

项目十一　鸡新城疫油乳剂灭活苗的制备

产品背景资料

新城疫病毒（NDV）多存在于感染鸡只的器官、体液、分泌物及排泄物中，以脑、肺和脾中含量最高。根据病毒毒力的高低，NDV 可分为缓发型（低毒力）、中发型（中毒力）和速发型（强毒力）三种。该病毒易于在 9～10 日龄鸡胚中增殖，但不同毒力的疫苗毒株对鸡胚的致死性不同。其中，中发型和速发型病毒株接种鸡胚后迅速繁殖，并致鸡胚死亡，胚体周身出血。NDV 不同毒株的抗原性有一定差异，但均可凝集禽类及人的红细胞，并可被 NDV 血凝抑制抗体所抑制，可用于病毒滴度和免疫效果的测定。

目前，鸡新城疫疫苗主要有弱毒活疫苗和灭活苗两大类，其中油乳剂灭活苗应用广泛。虽然其成本较高，且必须通过注射方法（皮下或肌内注射）免疫接种，但其不含活的病毒，使用安全，且经加入油佐剂后免疫原性显著增强，受母源抗体干扰较小，接种后10～14天即能诱发机体产生坚强而持久的免疫力，产生的抗体高于活疫苗且维持时间长。同时，该疫苗使用方便，可以在常温下运输和保存，安全可靠。

一、制备要求

① 生产、检定用设施、水、器具、动物等应符合《中国兽药典》（2015年版）中"通则"要求。

② 生产用原辅材料应符合《中国兽药典》（2015年版）中"动物源性原材料的一般要求"的规定。

③ 生产用菌种及种子批的建立应符合《中国兽药典》（2015年版）中"生产和检验用菌（毒、虫）种管理规定"。

④ 分批与分装应符合《中国兽药典》（2015年版）中"兽用生物制品组批和分装规定"。

⑤ 包装应符合《中国兽药典》（2015年版）中"兽用生物制品的标签、说明书与包装规定"。

二、制备工艺流程

制备鸡新城疫油乳剂灭活苗的工艺流程如图7-5所示。

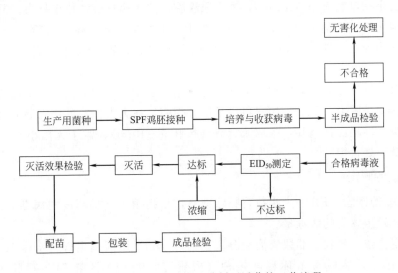

图 7-5 制备鸡新城疫油乳剂灭活苗的工艺流程

三、制备材料

1. 毒种

新城疫弱毒 La Sota 株。

2. 动物

30～60 日龄健康鸡和 9～10 日龄 SPF 鸡胚。

3. 试剂

甲醛溶液、7 号白油佐剂、吐温-80、司盘-80、硬脂酸铝、硫乙醇酸盐培养基、酪胨琼脂和葡萄糖蛋白胨培养基等。

4. 器材

胶体磨、超净工作台、恒温培养箱、冰箱、摇床、高压锅、电炉、显微镜、移液器、96 孔 V 形塑料反应板、酒精灯、烧杯、吸管、三角瓶、注射器、疫苗瓶、瓶盖、记号笔和 SPF 鸡隔离箱等。

四、制备操作步骤详解

1. 新城疫病毒的增殖和收获

(1) 病毒处理　接种前用灭菌生理盐水将毒种进行一定比例的稀释后加入 1% 双抗（100IU/ml 青霉素和链霉素），37℃作用 30min 后备用。

(2) 照蛋与打孔　取 9～10 日龄 SPF 鸡胚，在照蛋器下画出气室区及胚胎位置，在胚体对侧距气室底边下方无血管部位和距气室底边上方 0.5～1cm 的蛋壳处，作一标记作为接种部位，将胚蛋接种点及气室顶端部位先用 5% 碘酊棉球消毒，后用 75% 酒精棉球脱碘，然后用灭菌锥子在标记处钻一小孔，切勿损伤壳膜。

(3) 病毒接种与培养　用灭菌的 1ml 注射器（7 号针头）吸取处理好的病毒液 0.2ml，垂直或稍斜由小孔口刺入 10～12mm，进入尿囊腔，注入病毒液，拔出针头，消毒针孔，用玻璃棒蘸取熔化的石蜡滴涂封口，然后气室朝上，37℃培养箱中继续孵育。每日照蛋 1～2 次。弃去 24h 内死亡的鸡胚。取 36～72h 后死亡的鸡胚，置 2～8℃冷却 4h 以上或过夜，备用。

(4) 收获　气室端向上置于卵架上，消毒后用无菌镊子或剪刀揭去气室端的蛋壳，注意勿使其碎片落于壳膜上，并以无菌眼科镊子掀开壳膜，在无大血管处用无菌的吸管穿破绒毛尿囊膜，用镊子轻轻压住鸡胚，吸取尿囊液（每胚 5～10ml），贮于无菌小瓶内，经无菌检查后保存于低温处备用。

2. EID_{50} 的测定

(1) EID_{50} 的概念　EID_{50} 为半数鸡胚感染量，是指用不同稀释度的病毒液接种鸡胚后，能使半数鸡胚发生感染的病毒量。

(2) 测定方法　将收获的尿囊液充分混匀后取 1ml，用灭菌生理盐水作 10 倍系列稀释至稀释度为 10^{-7}，然后每个稀释度接种（尿囊腔）9～10 日龄 SPF 鸡胚 10 个，每胚 0.1ml。置 37℃恒温孵育，逐日观察至 120h，死亡的鸡胚随时取出，收获鸡胚液，同一稀释度的死胚尿囊液等量混合，按稀释度分别测定其血凝价，至 120h 取出所有的活胚，逐个收获鸡胚尿囊液，用微量法分别测定病毒的血凝价，当 HA≥1∶128 时判为感染，然后根据血凝价，按照 Reed 和 Muench 法计算 EID_{50}（参见附录一）。在生产实践中，每 0.1ml 尿囊液中，病毒的 EID_{50}≥10^{-6} 时方可用于制苗，达不到标准的应弃去或进行浓缩处理达到标准后方可使用。

3. 新城疫病毒的灭活和检验

（1）**灭活**　向滤过的含毒鸡胚尿囊液中加入 0.1% 的甲醛溶液，充分摇匀后于 37℃ 温箱中灭活 18h，其间每隔 2～3h 振荡一次，置 4℃ 备用。

（2）**灭活效果检验**　取灭活后的尿囊液 2ml，接种于 9～10 日龄 SPF 鸡胚或非免疫鸡胚 10 枚，每胚 0.2ml，37℃ 培养 5 天，盲传 3 代，进行灭活检验，鸡胚应发育正常，无病变。同时，取少量灭活病毒液进行 HA 试验，病毒灭活后 HA 效价不低于灭活前病毒的 1～2 个滴度。

（3）**无菌检验**　取 1ml 灭病毒液加入 49ml 硫乙醇酸盐培养基中，培养 72h 后移植到葡萄糖蛋白胨培养基中和酪胨琼脂培养基上培养 5 天，应无细菌生长。

4. 新城疫乳化灭活苗的制备

（1）**水相的制备**　取灭活病毒液 96ml、吐温-80 4ml，混合均匀，即为水相。

（2）**油相的配制**　将白油 94ml、司盘-80 6ml、硬脂酸铝 2g 放于三角烧瓶中置于电炉上加热溶解至透明，冷却至室温。在生产实践中，油相配好后需经高压灭菌后方可用来配苗。

（3）**乳化**　将油相与水相按照 2:1～3:1 的比例配制，然后将油相加入胶体磨或高压匀浆泵中缓慢搅拌，1min 后缓慢加入水相，最后加速胶体磨旋转速度，充分乳化 3min，可获得稳定的油包水乳剂苗。

如无胶体磨，可采用手工乳化法，方法为将油相装入三角烧瓶中，边摇边缓慢加入水相，水相加完后，充分振摇 0.5～1h。

5. 成品检验

（1）**物理性状**

① 外观　乳化后的油包水乳剂苗为乳白色乳剂。静置后，上层有微量淡黄色液体，下层有少量灰白色沉淀。

② 剂型（油包水型）　取一洁净吸管，吸取少量疫苗滴于冷水中，油滴应不分散。

③ 稳定性检验　可采用加速老化法，将疫苗于 37℃ 贮存 10～30 天不破乳。也可采用离心加速分层法，将油乳剂装在一个半径为 10cm 的离心器中，3000r/min 离心 15min 不分层。

④ 黏度检验　用 1ml 吸管（下口的内径 1.2mm，上口的内径 2.7mm），取 25℃ 左右的疫苗 1ml，使其垂直自然流出，记录流出 0.4ml 所需的时间，以 2～6s 为合格，不能超过 10s。

（2）**无菌检验**　往 50ml 硫乙醇酸盐培养基中加入 1ml 油苗，37℃ 培养 72h，取培养物移植到葡萄糖蛋白胨培养基中和酪胨琼脂培养基上，接种量为每支 0.2ml，每种培养基各接种 2 支，分别置 37℃、25℃ 培养，5 天后观察，应无细菌生长。

（3）**安全检验**　用 30～60 日龄鸡 20 羽，分两组，每组 10 羽。第 1 组，肌内注射 1ml 灭活苗（设使用剂量每羽为 0.5ml），第 2 组肌内注射 1ml 生理盐水作为对照，两组同条件下隔离饲养，观察 20 天应健康存活，剖杀后，内脏器官及注射部位应无损伤。

（4）**效力检验**　用 30～60 日龄非免疫鸡 20 羽，第 1 组 10 羽，肌内注射 0.25ml 灭活苗（设使用剂量为每羽 0.5ml），第 2 组 10 羽作为对照，两组同条件下隔离饲养。14 天后用新城疫强毒攻击，每只 $100LD_{50}$，逐日观察 14 天，第 2 组死亡的鸡只数量应大于 90%，第 1

组的保护率应达 90％以上。

五、质量控制点

生产步骤	控制点	控制内容和方法
病毒的增殖与收获	前处理	1％双抗,即 100IU/ml 青霉素和链霉素
	照蛋和打孔	消毒、标记打孔位置
	接种	病毒液 0.2ml,刺入 10~12mm
	收获	无菌操作
EID$_{50}$ 的测定	EID$_{50}$	HA≥1:128,EID$_{50}$≥10^{-6}
病毒的灭活和检验	灭活	终浓度 0.1％的甲醛溶液,37℃、18h 灭活病毒
	灭活效果检验	动物全部存活,效价正常
	无菌检验	无细菌生长
乳化灭活苗的制备	水相的制备	病毒液与吐温-80 的比例为 96:4
	油相的制备	白油、司盘-80 与硬脂酸铝的比例为 94:6:2(g)
	乳化	油相与水相的比例:2:1~3:1
成品检验	物理性状	颜色为乳白色,油包水,离心不分层,黏度适宜
	无菌检验	无菌生长
	安全检验	动物实验无死亡、脏器无损伤
	效力检验	保护率≥90％

六、制备中常见问题的分析

1. 油包水型与水包油型

乳剂是将一种溶液或干粉分散成细小的微粒,混悬于另一不相溶的液体中所成的分散体系。被分散的物质称为分散相,承受分散相的液体称连续相,两相间的界面活性物质称为乳化剂。当以水为分散相,以加有乳化剂的油为连续相时,制成的乳剂为水/油（W/O）型,反之为油/水（O/W）型。制成什么样的乳剂型,与乳化剂及乳化方法密切相关。目前,常用的乳剂疫苗应是油包水（水/油或 W/O）型,该剂型呈乳白色,较黏稠,颗粒均匀,在机体内不易分散,稳定性良好,佐剂活性较好。

2. 毒种的选择

制备鸡新城疫疫苗所采用的毒株很多,但多采用弱毒疫苗株,如 B$_1$ 株、F 株、La Sota 株、V4 株、H 株、Mukteswar 株（Ⅰ系）、Roakin 株、Komarov 株等。另外还有经空斑克隆化技术筛选获得的克隆株,它们的原始株免疫原性良好或免疫反应较小,如来自于 La Sota 的克隆 30、N-79 株,来自于 B$_1$ 的 LZ$_{58}$ 和来自于Ⅰ系的克隆 83 等。这些毒株的抗原性有一定差异,且同一毒株在不同实验室保存,其抗原性也会有所变化,故制造疫苗时应对这些种毒进行检测。目前,由于 La Sota 是天然弱毒株,比 B$_1$ 株毒力稍强,免疫原性好,抗体效价高,适用于各种年龄鸡只的免疫,因此可以用来制备效力可达国际标准的新城疫油乳剂灭活苗。

3. 油相与水相的比例问题

根据相关文献，当油乳剂疫苗的油相中硬脂酸铝含量分别为 2%、1%、0.5%，而对应的油相：水相分别为 3:1、2:1 和 1:1 时，进行的乳化试验结果表明：随着油相中硬脂酸铝含量降低，油相和水相的比例相应降低，呈正比例关系。当油相中硬脂酸铝含量与油/水比分别为 2% 和 3:1、1% 和 2:1、0.5% 和 1:1 时，制备的油苗质量均达到了国家标准。

项目十二　鸡传染性法氏囊病卵黄抗体的制备

产品背景资料

产蛋的禽类感染某些病原体后，其血清和卵黄内均可产生相应的抗体，而且，卵黄中的抗体水平同样也随抗原的反复刺激而升高。因此，通过免疫注射产蛋鸡，可由其生产的蛋黄中提取相应的抗体，用于疫病的治疗和紧急预防接种，该类制剂称为卵黄抗体（IgY）。近几年来，在某些动物疫病的防治中，IgY 已成为免疫血清有效的替代品，而且越来越受到人们的重视。IgY 是一种高产、优质的多克隆抗体，具有用同批动物连续生产的优点，可以在一定程度上克服血清抗体成本较高、生产周期较长的弱点。但是卵黄抗体有潜伏野毒的危险，对生产用鸡应做认真检疫。为避免蛋源病原体的威胁，精制卵黄抗体或提纯卵黄抗体是目前的主要发展方向。

鸡传染性法氏囊病（IBD）卵黄抗体是用鸡传染性法氏囊强毒灭活后制备的油乳剂灭活苗免疫接种 SPF 或健康产蛋鸡，从高免鸡蛋黄中提取抗体制成的，用于鸡传染性法氏囊病早、中期感染的治疗和紧急预防。

一、制备要求

① 生产、检定用设施、水、器具、动物等应符合《中国兽药典》（2015 年版）中"通则"要求。

② 生产用原辅材料应符合《中国兽药典》（2015 年版）中"动物源性原材料的一般要求"的规定。

③ 生产用菌种及种子批的建立应符合《中国兽药典》（2015 年版）中"生产和检验用菌（毒、虫）种管理规定"。

④ 分批与分装应符合《中国兽药典》（2015 年版）中"兽用生物制品组批和分装规定"。

⑤ 包装应符合《中国兽药典》（2015 年版）中"兽用生物制品的标签、说明书与包装规定"。

二、制备工艺流程

制备鸡传染性法氏囊病卵黄抗体的工艺流程如图 7-6 所示。

三、制备材料

1. 抗原与血清

鸡传染性法氏囊强毒油乳剂灭活苗，传染性法氏囊病毒阴性、阳性血清。

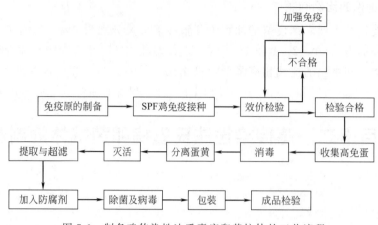

图 7-6　制备鸡传染性法氏囊病卵黄抗体的工艺流程

2. 动物

4～8 周龄 SPF 鸡或 4～8 周龄健康鸡、健康产蛋母鸡及其所产蛋、小鼠。

3. 试剂

0.2%～0.5%新洁尔灭、高锰酸钾水溶液、5%碘酊、75%酒精、灭菌生理盐水、青霉素、链霉素、氯仿、硫柳汞、辛酸、盐酸、甲醛、琼脂糖；血琼脂平板、马丁肉汤和厌氧肉肝汤培养基等。

4. 器材

超净工作台、恒温箱、高压锅、离心机、隔层反应罐、K 形多层滤板、微量加样器、平皿、酒精灯、烧杯、吸管、玻棒、三角瓶、尼龙滤布、超滤膜、微孔滤膜、记号笔、碘酒棉、酒精棉、镊子、1～5ml 注射器和 pH 试纸等。

四、制备操作步骤详解

1. 高免蛋制备

(1) 基础免疫　用 IBDV 弱毒疫苗，按常规接种 SPF 鸡，如 B_{87} 滴鼻或饮水。10 日龄鸡首免，23～25 日龄鸡第二次免疫。

(2) 强化免疫　于 40～50 日龄时，对进行过基础免疫的 SPF 鸡，胸部皮下注射 1.5ml IBDV 灭活油乳剂抗原，10～15 天后进行第二次免疫。

(3) 高免蛋收集　强化免疫后第 7 天开始，每隔 3 天抽样测定高免鸡蛋黄中 IBDV 抗体的效价，蛋黄与生理盐水按 1：4（体积比）稀释后，加等体积氯仿萃提，上清液琼脂扩散抗体效价≥1：32 时收集高免蛋。如果效价不理想，可隔 7～10 天进行第三次加强免疫。高免蛋 15～25℃可贮存 3 天，2～8℃时，贮存期为一个月。

2. 精制卵黄抗体制备

(1) 蛋壳消毒　蛋壳严重污染的，应事先选出进行单独消毒，用清水冲洗干净后与干净蛋一同浸入温度为 42℃的 0.1%新洁尔灭或高锰酸钾水溶液中消毒 15min，随后浸入 90～95℃水浴中消毒 5s，快速取出后晾干或吹干备用。

(2) 打蛋、分离蛋黄　采取手工或机械打蛋，充分除去蛋清、胚盘和系带，收集蛋黄并确定其体积。

(3) 粗制卵黄抗体 将灭菌生理盐水与收集的蛋黄等量混合,加青霉素、链霉素、硫柳汞,使其终浓度分别为1000IU/ml、1000IU/ml和0.01%,充分搅拌,−20℃贮存备用。

(4) 精制卵黄抗体

① 灭活 Ⅰ 充分搅拌使蛋黄呈均匀膏状,然后加入等体积经65℃、30min消毒并冷却的蒸馏水,搅拌混匀后,60～65℃加热灭活8～15min。

② 萃取 在隔层反应罐中先加入相当于原卵黄体积4倍、用盐酸调pH为4.2的蒸馏水,将水温降至1～4℃,加入灭活Ⅰ的蛋黄液,边加边搅拌,然后4～8℃保温静置4h,低温下高速（14000r/min）连续离心,分离上清液并转入另一反应罐中。

③ 灭活 Ⅱ 加入辛酸至终浓度为0.02%,搅拌混匀,室温静置2～4h。

④ 粗滤及深滤 用尼龙滤布过滤,再用K形多层滤板过滤澄清。

⑤ 超滤浓缩 经截流量为100kD的超滤膜过滤浓缩,浓缩倍数为3。

⑥ 灭活 Ⅲ 按终浓度为0.05%加甲醛溶液于浓缩液中,充分搅拌混匀,密封30～60min。

⑦ 超滤除病毒 用截流分子质量为1000kD的超滤膜过滤除病毒。

⑧ 加入稳定剂 加入吐温-20至终浓度为0.02%和防腐剂硫柳汞至终浓度为0.01%。

⑨ 除菌过滤 用0.22μm微孔滤膜过滤除菌。

⑩ 包装 将处理好的抗体装入已经灭菌的疫苗瓶,并进行加塞、轧盖。

3. 卵黄抗体的检验

(1) 理化性状

① 精制卵黄抗体 本品为略带棕色或淡黄色的透明液体,于4℃长时间保存后,瓶底可有少许白色沉淀,pH应为6.8～7.2。

② 粗制卵黄抗体 鲜黄色,冰冻溶解后有少量卵黄沉淀。

(2) 无菌检验 取高免卵黄抗体0.2ml,分别接种于血琼脂平板、马丁肉汤和厌氧肉肝汤培养基,37℃培养48h,均应无菌生长。

(3) 安全检验 用体重为18～22g的小鼠5只,每只皮下注射本品0.5ml;用10日龄SPF雏鸡5只,每只皮下注射本品10ml。观察10天,小鼠和雏鸡均应全部健活。

(4) 效力检验

① AGP抗体效价的测定 向8%氯化钠溶液中加入1g琼脂粉,加热熔化后,浇制凝胶板。按中央1孔外围6孔打孔,孔径3mm,孔间距4mm。将卵黄抗体用生理盐水作倍比稀释,取1∶8、1∶16、1∶32和1∶64稀释度的卵黄抗体,分别加入周围4个孔中;另外2个孔分别加入IBDV阳性和阴性血清作为对照;中间孔加IBDV AGP抗原,每孔15～20μl。然后置37℃湿盒孵育24h,在室温放置24～48h。

结果判定:与标准抗原形成白色沉淀线的抗体最大稀释度即为卵黄抗体的效价。AGP抗原效价应≥1∶32。

② 用鸡检验 取4～8周龄SPF鸡30只,随机分为3组,每组10只。第1组为健康对照组,不注射任何药品,单独隔离饲养。第2组和第3组,每只鸡点眼、滴鼻接种IBDV强毒0.1ml（100LD$_{50}$）。隔离饲养24h后,第2组皮下注射本品2ml,第3组皮下注射生理盐水2ml。观察每组鸡发病、死亡情况至第10天。

结果判定:第1组鸡应全部健活。第3组为攻毒对照组,应于攻毒后24～48h发病,48h后开始死亡,72h全部发病,7天内应死亡8只以上。第2组为早期感染治疗组,注射本品后12h,即攻毒后36h发病3～5只,再经8～12h后恢复正常,观察7天,应至少存活

9 只，判为合格。

五、质量控制点

生产步骤	控制点	控制内容和方法
高免蛋的制备	基础免疫程序	10 日龄首免,23～25 日龄第二次免疫
	强化免疫程序	40～50 日龄首免,首免 10～15 天后第二次免疫
	高免蛋收集	抗体效价≥1∶32 开始收集,如不理想,加强免疫一次
精制卵黄抗体的制备	打蛋	无菌操作收集蛋黄
	灭活Ⅰ	1∶1 加水,60～65℃加热灭活 8～15min
	萃取	盐酸调 pH 为 4.2,4～8℃静置 4h,14000r/min 离心
	灭活Ⅱ	加入辛酸至 0.02%,静置 2～4h
	粗滤、深滤	灭菌尼龙布、K 形多层滤板
	超滤浓缩	无菌操作,3 倍浓缩
	灭活Ⅲ	甲醛 0.05%,密封 30～60min
	超滤除毒	截流分子质量 1000kD
	加稳定剂	吐温-20 0.02%,硫柳汞 0.01%,0.22μm 微孔滤膜除菌过滤
	包装	无菌操作,加盖
成品检验	理化性状	精制品颜色略带棕色或淡黄色、透明,pH 6.8～7.2
	无菌检验	无菌生长
	安全检验	动物实验无死亡
	效力检验	AGP 抗原效价应≥1∶32,保护率≥90%

六、制备中常见问题的分析

1. 卵黄抗体的质量受哪些因素的影响？ 应如何克服？

(1) 抗原浓度 通常而言，在一定剂量范围内（10～1000μg），免疫效果会随着抗原浓度的增加而加强。但过高的抗原剂量常会引起免疫抑制。

(2) 佐剂的类型 不同佐剂的选用也同样会造成疫苗免疫效果的差异。根据有关报道，弗氏完全佐剂（FCA）是最强效的佐剂，然而，这种佐剂的使用也常常会造成实验动物组织的损伤。弗氏不完全佐剂（FIA）效力较低，也较少发生机体损伤。因此，在试验中，通常会在免疫应答最敏感的首次免疫时使用 FCA，以增强免疫效果。在跟踪免疫时采用 FIA，以维持鸡体健康。另外，佐剂的质量对卵黄中特异性抗体的水平也有影响。

(3) 多次免疫中的最佳免疫间隔 目前应用较多的是 14 天或 10 天间隔。但总的原则是：两次免疫之间不宜过短，否则容易造成动物体内的免疫记忆，进而影响免疫效果。尤其在首次和二免之间更应注意。

(4) 免疫方法 免疫方法可选用皮下、皮内、肌内、静脉、腹股沟、法氏囊注射或通过口服免疫，也可将多种免疫方法综合使用。皮下注射对动物影响小，符合动物保护原则，也有实验表明，发现皮下给药可产生更高的抗体滴度。

(5) 蛋鸡日龄 蛋鸡日龄对特异性抗体的水平有显著影响。随着蛋鸡日龄的增加，鸡的免疫应答反应减弱，特异性抗体的产生减少。因而，最好选用刚开产或即将开产的蛋鸡进行免疫。目前，国内外多采用来亨鸡和罗曼鸡进行免疫，蛋鸡种类对抗体水平的影响还有待考察。

2. 精制卵黄抗体与粗制卵黄抗体有何不同？ 制备过程中应注意什么问题？

项目	精制卵黄抗体	粗制卵黄抗体
生产工艺	综合灭活提取技术	生理盐水或凉开水搅拌分装
产品质量标准	抗体效价达到或超过国家标准、无细菌、无支原体、无外源性病毒污染	无效价标准，不进行菌检和外源性病毒检测，可能含有大量外源性病原体，使用后可能传染其他病毒病、细菌病及支原体病
安全性	安全可靠	不确切
抗体含量	高	低
传播其他疾病	不会	可能会
性状	近似透明	黏稠糊状
刺激性	很小，几乎没有	大
使用方便性	流动性好，易注射	不易注射，有时堵塞针头
贮藏	2～8℃或常温保存	必须冷冻
吸收性	非常好，无残留	差，易形成机化组织
保存期	18个月	短，易腐败变质

项目十三 瘦肉精快速检测试纸条的制备

产品背景资料

克仑特罗（clenbuterol）是一种肾上腺受体激动剂，即神经兴奋剂，瘦肉精通常是指盐酸克仑特罗（CLB）。此类药品在临床上用于治疗支气管哮喘、慢性支气管炎和肺气肿等疾病。因为该药可以提高瘦肉率、减少脂肪沉积和促进动物生长，常被一些畜牧养殖企业作为养殖促进剂非法使用。人食用了饲喂克仑特罗作为添加剂的动物所生产的畜产品后，残留的克仑特罗可导致人体出现肌肉震颤、心悸、神经过敏、头痛、目眩、恶心、呕吐、发烧、战栗等症状，对人体健康造成极大危害。因此，世界上许多国家现已明令禁止在饲料中添加克仑特罗来增加动物的瘦肉率。

目前检测瘦肉精的方法有多种（表7-1），其中快速检测试纸条（如胶体金快检卡）是最快速简单的一种，适用于多种流通领域和各种实验室。

表7-1 检测瘦肉精的方法

方法名称	检测费用	检测步骤	检出限	检测时间	检测特点
液质联用/气质联用	很高	复杂	高，尿液、肉类大约0.5ppb（μg/kg），饲料10ppb	长	一般由检测机构实施，作为确证方法
高效液相色谱法	高	复杂	高，尿液、肉类大约0.5ppb（μg/kg）	长	一般由检测机构实施，作为确证方法
酶联免疫试剂盒	便宜	较复杂	高，尿液0.1ppb（μg/kg），肉类0.3～0.5ppb，饲料5ppb	较长	用于大量筛查
胶体金快检卡	便宜	简单	略低，尿液约3ppb，肉类1ppb，饲料5～10ppb	短	用于大量筛查，但需要确证方法

一、制备要求

① 试纸条外观应平整，边缘无毛刺。

② 应符合《一次性使用卫生用品卫生标准》的规定。

③ 试纸条应以柔软、环保，在使用中对人体不会造成伤害的材质制成。试纸条材料的理化指标、微生物指标应符合 GB 15979 的规定，安全性毒理指标应符合 GB 15193.1 的规定。

④ 试纸条应达到规定的准确度、抗干扰性和热稳定性。

⑤ 试纸条应单独封装，包装表面应印有产品使用说明、定性测试和色标。

二、制备工艺流程

盐酸克仑特罗快速检测卡应用了竞争抑制免疫色谱的原理，当样品溶液滴入样品孔后，样品溶液中的盐酸克仑特罗与金标抗体相结合，进而封闭金标抗体上盐酸克仑特罗的抗原结合点，阻止金标抗体与纤维素膜上的盐酸克仑特罗偶联物结合，如果样品溶液中含有盐酸克仑特罗，其检测线不显色，结果为阳性；反之，如果样品溶液中不含盐酸克仑特罗，则不能阻止金标抗体与纤维素膜上的盐酸克仑特罗偶联物结合，从而显红色，结果为阴性。具体流程为：

盐酸克仑特罗的纯化→胶体金的制备→胶体金标记物制备→盐酸克仑特罗胶体金标记→胶体金标记物纯化→硝酸纤维素膜（NC 膜）包被→克仑特罗快检试纸条的拼装→成品鉴定。

三、制备材料

1. 试剂

氯金酸水溶液、3％柠檬酸三钠、K_2CO_3、BSA、PBS 缓冲液、PEG 20000、瘦肉精-牛血清白蛋白偶联物、吐温-20、羊抗鼠 IgG 等。

2. 器材

硝酸纤维素膜、喷膜机、点膜仪、压壳机、金标快速诊断试纸条切条机等。

四、制备操作步骤详解

1. 胶体金的制备

取 0.03％氯金酸水溶液 100ml，加热至沸腾，2min 后边搅拌边迅速加入 3％柠檬酸三钠 1.5ml，继续煮沸 10min，冷却，将制备好的胶体金溶液恢复至原体积。

2. 胶体金标记物的制备和纯化

取胶体金 10ml，用 0.2mol/L K_2CO_3 调节 pH 至 8.0～8.2，边搅拌边缓慢加入标记物（克仑特罗单克隆抗体），继续搅拌 1h 后，加入 BSA 至终浓度为 0.2％，继续搅拌 30min。12000r/min 离心 10min，弃上清液，加入 10ml pH 7.2 的 PBS 缓冲液（含 0.4mg/ml PEG 20000）清洗 2 次，吸去上清液，以胶体金保存液悬浮沉淀至原体积的 1 倍，即为已纯化的胶体金标记物溶液。

3. 硝酸纤维素膜包被

用 pH 7.2 的 PBS 缓冲液稀释瘦肉精-牛血清白蛋白（CLB-BSA）偶联物至 1.5mg/ml，稀释羊抗鼠 IgG 至 1.0mg/ml，分别包被检测线和质控线。

4. 克仑特罗快检试纸条的拼装

试纸条由玻璃纤维膜、硝酸纤维素膜、加样纸、吸收纸 4 部分组成。将玻璃纤维膜裁成 6mm 的细条，然后放入含 1% BSA、0.5% 吐温-20 的 PBS 液中浸泡 30min，37℃恒温烘干，最后以胶体金探针灌注已处理好的玻璃纤维膜，真空冻干 4h 后备用。在 NC 膜（60mm×300mm）上用喷膜机按 1μg/ml 的比例将 CLB-BSA 和羊抗鼠 IgG 喷成 2 条线，至 37℃真空恒温干燥箱中干燥 4h 以上。17mm 吸收纸、25mm NC 膜、6mm 玻璃纤维膜、18mm 加样纸，由顶部依次粘于 PVC 板上，裁成细条备用。

5. 使用方法

采集新鲜猪尿样放于 4℃冰箱中待检，检测猪尿液时，样品不需特殊处理，可直接用于检测。若尿液中有污染，杂质可经 4000r/min 离心沉淀或过滤后进行检测。检测时从包装袋中取出试纸条，并在 1h 内尽快使用，以塑料滴管吸取猪尿液样品，滴加 2～3 滴至测试端加样纤维垫上，8～10min 观察结果。同时作阴性对照和标准阳性对照检测。

五、质量控制点

1. 外观

胶体金肉眼观察是清亮透明的，没有浑浊或液体表面无漂浮物；在日光下仔细观察胶体金的颜色为酒红色。均一的颗粒为胶体金探针的制备打下良好的基础。

2. 抗体标记量的确定

抗体用量是影响标记结果的一个重要因素，用量较标记所用量低时，会产生游离的胶体金，而高于所要求的含量则会影响最终检测的灵敏度。

3. 喷膜包被稀释液的确定

以不同浓度 PBS 分别稀释羊抗鼠 IgG 和 CLB-BSA 偶联物至 1.0mg/ml，分别包被质控线和检测线，用阴性猪尿和已制备好的盐酸克仑特罗标准品 5ng/ml 进行检测。根据结果，选择合适的喷膜包被稀释液。

4. 标记抗体的确定

标记抗体离心后，以胶体金保存液重悬沉淀至 1ml，以 0.01mol/L PBS 液（pH 7.2）稀释羊抗鼠 IgG 和 CLB-BSA 偶联物至 1.0mg/ml，用阴性猪尿和已制备好的盐酸克仑特罗标准品进行检测。根据结果，选择 CLB 标记量。

5. 免疫金稀释度的确定

按不同比例稀释成不同倍体积的免疫金液，制成金垫。以 1.0mg/ml 的喷膜浓度包被质控线和检测线。用阴性猪尿和已制备好的盐酸克仑特罗标准品进行检测。选择合适体积的免疫金液。

6. 喷膜浓度的确定

分别以不同的喷膜浓度包被质控线和检测线，用阴性猪尿和已制备好的盐酸克仑特罗标准品进行检测，确定喷膜浓度。

六、制备中常见问题的分析

1. 胶体金颗粒形成不均匀

使用的玻璃器皿要清洗干净，并进行硅化处理，否则影响胶体金颗粒的形成和后续步骤的操作。

2. 每批生产的试纸条监测结果不一致

要解决不同批次间制备过程中抗体标记的含量、喷膜量等关键控制点。

 学习思考

1. 查阅材料，并利用所学知识，设计人血白蛋白的其他分离方法，并和低温乙醇分离法进行比较。

2. 查看相关文献，简要说明百白破-乙肝联合疫苗或百白破-乙肝-脊髓灰质炎联合疫苗等多联多价形式的联合疫苗的制备方案。

3. 结合相关知识，举例说明细胞培养技术在病毒培养方面的应用。

4. 利用分子生物学技术和知识，比较重组乙型肝炎疫苗和重组人干扰素 α2b 注射液制备过程的异同点。

5. 简述畜禽类疫苗种类及其优缺点。

6. 根据所学知识和技能，参考相关材料，自行设计鸡大肠杆菌病灭活疫苗的制作流程和方案。

7. 根据所学知识和技能，参考相关材料，自行设计鸡新城疫活疫苗的制作流程和方案。

8. 根据所学知识和技能，参考相关材料，自行设计猪瘟活疫苗（细胞源）的制作流程和方案。

9. 根据所学知识和技能，参考相关材料，自行设计和制备猪伪狂犬病胶体金抗体检测试纸条。

附录

附录一　LD_{50}、PD_{50}、$TCID_{50}$、EID_{50}、ELD_{50}、PFU 的实验设计及计算方法

1. LD_{50}

(1) LD_{50} 的概念　半数致死量（median lethal dose）简称 LD_{50}，指使实验动物一次染毒后，在既定实验期间和条件下统计学上半数实验动物死亡所使用的毒物剂量。

(2) 实验设计　取新鲜病毒液 1ml，用灭菌生理盐水作 10 倍系列稀释至 10^{-9}，然后每个稀释度按照一定的接种剂量接种相应的实验动物 5 只，逐日观察记录各组的死亡数。

(3) 计算　根据统计结果（下表，接种剂量每只 0.1ml），按照 Reed 和 Muench 法计算 LD_{50}。

病毒稀释度		10^{-4}	10^{-5}	10^{-6}	10^{-7}	10^{-8}	10^{-9}
接种实验动物数		5	5	5	5	5	5
实验动物存活数		0	0	1	4	5	5
实验动物死亡数		5	5	4	1	0	0
积累总计	死亡	15	10	5	1	0	0
	存活	0	0	1	5	10	15
死亡比		15/15	10/10	5/6	1/6	0/10	0/15
死亡率/%		100	100	83	17	0	0

距离比例＝（高于 50% 的死亡百分数－50%）/（高于 50% 的死亡百分数－低于 50% 的死亡百分数）

　　　　　＝（83%－50%）/（83%－17%）

　　　　　＝0.5

LD_{50} 的对数＝高于 50% 病毒稀释度的对数＋距离比例×稀释系数的对数

本例高于 50% 病毒稀释度的对数为 -6，距离比例为 0.5，稀释系数的对数为 -1。代入上式：$\lg LD_{50} = -6 + 0.5 \times (-1) = -6.5$

则 $LD_{50} = 10^{-6.5}$，即该病毒作 $10^{-6.5}$ 稀释，接种 0.1ml 能使半数实验动物发生死亡。

2. PD₅₀

（1）PD₅₀的概念 半数保护量（protective dose），是指接种疫苗后，用强毒攻击，能使实验动物半数存活所需要的疫苗的量。

（2）实验设计 将疫苗以使用剂量的 1/25、1/50 和 1/100 分别接种于 25 日龄易感动物各 10 只，并设空白对照。免疫后 10 天，用强毒以每只 10^4 ELD_{50} 进行攻击，统计各剂量发病动物的数量和保护的数量。

（3）计算 按照上述 Reed 和 Muench 法计算 PD_{50}。

3. TCID₅₀

（1）TCID₅₀的概念 组织培养半数感染量（tissue culture infective dose）又称半数组织细胞感染量，是指能在半数细胞培养板孔或试管内引起细胞病变（cytopathic effect，CPE）的病毒量。

（2）实验设计 取新鲜病毒液 1ml，用灭菌生理盐水作 10 倍系列稀释至 10^{-9}，然后每个稀释度分别接种经 Hank's 液洗 3 次的组织细胞管，每管细胞接种 0.2ml，每个稀释度接种 4 只细胞管，接种病毒后的细胞管放在细胞盘内，细胞层一侧在下，使病毒与细胞充分接触，放置 37℃吸附 1h，加入维持液，置 37℃培养，逐日观察并记录细胞病毒管数。

（3）计算 按照上述 Reed 和 Muench 法计算 $TCID_{50}$。

4. EID₅₀

（1）EID₅₀的概念 半数鸡胚感染量（egg infectious dose），是指用不同稀释度的病毒液接种鸡胚后，能使半数鸡胚发生感染的病毒量。

（2）实验设计 取新鲜病毒液 1ml，用灭菌生理盐水作 10 倍系列稀释至 10^{-9}，然后每个稀释度接种 9～10 日龄 SPF 鸡胚 10 个，每胚 0.1ml。置 37℃恒温孵育，逐日观察至120h，死亡的鸡胚随时取出，收获鸡胚液，同一稀释度的死胚尿囊液等量混合，按稀释度分别测定血凝价，至 120h 取出所有活胚，逐个收获鸡胚尿囊液，用微量法分别测定病毒的血凝价，当 HA≥1∶128 时判为感染。

（3）计算 然后根据血凝价，按照上述 Reed 和 Muench 法计算 EID_{50}。

5. ELD₅₀

（1）ELD₅₀的概念 鸡胚半数致死量（egg lethal dose），用不同稀释度的病毒液接种鸡胚后，能使半数鸡胚死亡的病毒量。

（2）实验设计 取新鲜病毒液 1ml，用灭菌生理盐水作 10 倍系列稀释至 10^{-9}，然后取连续三个稀释度尿囊腔接种 9～10 日龄 SPF 鸡胚 10 个，每胚 0.1ml。统计接种后 24～72h的死胚数。

（3）计算 按照上述 Reed 和 Muench 法计算 ELD_{50}。

6. PFU

（1）PFU 的概念 噬斑（空斑）形成单位（plaque forming unit），指把目的病毒接种在培养于琼脂培养基上的细菌或单层培养的动物细胞上，经过一段时间培养、染色，原先感染病毒的细胞及病毒扩散的周围细胞形成一个近似圆形的斑点（类似固体培养基上的菌落形态）所需的病毒数。

（2）实验设计　将每毫升 3×10^5 个相应敏感细胞接种至 6 孔板，用 10％FBS 的 1640 培养基培养至单层致密无孔细胞，接种 10 倍倍比稀释的病毒液 $100\mu l$，每个浓度设复孔，未感染病毒为对照孔。病毒吸附 2h 后覆盖含 1.5％的琼脂糖凝胶和 2％ FBS 的 1640 培养基，培养 5 天，相关染料显色，计数空斑。

（3）计算　计算公式：每毫升空斑形成单位＝$\dfrac{\text{各孔平均空斑数}\times\text{稀释度}}{\text{每孔接种病毒液体积（ml）}}$

附录二　生物制品生产质量管理规范

《药品生产质量管理规范(2010 修订)》生物制品附录修订稿(2020 年第 58 号公告)

第一章　范围

第一条　生物制品的制备方法是控制产品质量的关键因素。采用下列制备方法的生物制品属本附录适用的范围：

（一）微生物和细胞培养，包括 DNA 重组或杂交瘤技术；

（二）生物组织提取；

（三）通过胚胎或动物体内的活生物体繁殖。

第二条　本附录所指生物制品包括：疫苗、抗毒素及抗血清、血液制品、细胞因子、生长因子、酶、按药品管理的体内及体外诊断制品，以及其他生物活性制剂，如毒素、抗原、变态反应原、单克隆抗体、抗原抗体复合物、免疫调节剂及微生态制剂等。

第三条　生物制品的生产和质量控制应当符合本附录要求和国家相关规定。

第二章　原则

第四条　生物制品具有以下特殊性，应当对生物制品的生产过程和中间产品的检验进行特殊控制：

（一）生物制品的生产涉及生物过程和生物材料，如细胞培养、活生物体材料提取等。这些生产过程存在固有的可变性，因而其副产物的范围和特性也存在可变性，甚至培养过程中所用的物料也是污染微生物生长的良好培养基。

（二）生物制品质量控制所使用的生物学分析技术通常比理化测定具有更大的可变性。

（三）为提高产品效价（免疫原性）或维持生物活性，常需在成品中加入佐剂或保护剂，致使部分检验项目不能在制成成品后进行。

第五条　生物制品生产企业在生产质量管理过程中，应当按照国家有关生物安全管理法律法规、生物制品生产检定用菌毒种管理规程等建立完善生物安全管理制度体系，应当对包括生物原材料、辅料、生产制造过程及检定等整个生物制品生产活动的生物安全进行评估，并采取有效的控制措施。

第三章　人员

第六条　应当加强对关键人员的培训和考核，培训内容至少包括相关法律法规、安全防护、技术标准等，并应当每年对相关人员进行专业考核。

从事生物制品生产、质量保证、质量控制及其他相关人员（包括清洁、维修人员）均应根据其生产的制品和所从事的生产操作进行专业知识和安全防护要求的培训。

第七条　生产管理负责人、质量管理负责人和质量受权人应当具有相应的专业知识（微生物学、生物学、免疫学、生物化学、生物制品学等），并能够在生产、质量管理中履行职责。

疫苗生产企业生产管理负责人、质量管理负责人和质量受权人应当具有药学、医学等相关专业本科及以上学历（或中级以上职称），并具有 5 年以上从事相关领域生产质量管理经验，以保证能够在生产、质量管理中履行职责，并承担相关责任。

第八条　根据生物安全评估结果，对生产、维修、检定、动物饲养的操作人员、管理人员接种相应的疫苗，需经体检合格，并纳入个人健康档案。

第九条　患有传染病、皮肤病以及皮肤有伤口者、对产品质量和安全性有潜在不利影响的人员，均不得进入生产区进行操作或质量检验。

未经批准的人员不得进入生产操作区。

第十条　从事卡介苗或结核菌素生产的人员应当定期进行肺部 X 光透视或其他相关项目健康状况检查；不应从事接触其他感染性病原体的工作，特别是不应从事结核分枝杆菌强毒株相关工作，也不得从事其他产品的生产工作；也不应暴露在有已知结核感染风险的环境下。从事卡介苗或结核菌素生产的工作人员、动物房人员需要进入其他生产车间的，需经体检合格。

第十一条　生产期间，未采用规定的去污染措施，不得从接触活有机体或动物体的区域穿越到生产其他产品或处理不同有机体的区域中去。

第十二条　从事生产操作的人员应当与动物饲养人员分开，不得兼任。

第四章　厂房与设备

第十三条　生物制品生产环境的空气洁净度级别应当与产品和生产操作相适应，厂房与设施不应对原料、中间体和成品造成污染。

第十四条　生产过程中涉及高危因子的操作，其空气净化系统等设施还应当符合特殊要求。

第十五条　生物制品的生产操作应当在符合下表中规定的相应级别的洁净区内进行，未列出的操作可参照下表在适当级别的洁净区内进行：

洁净度级别	生物制品生产操作示例
B 级背景下的局部 A 级	附录一无菌药品中非最终灭菌产品规定的各工序 灌装前不经除菌过滤的制品其配制、合并等
C 级	体外免疫诊断试剂的阳性血清的分装、抗原与抗体的分装
D 级	原料血浆的合并、组分分离、分装前的巴氏消毒 口服制剂其发酵培养密闭系统环境(暴露部分需无菌操作) 酶联免疫吸附试剂等体外免疫试剂的配液、分装、干燥、内包装

第十六条　在生产过程中使用某些特定活生物体的阶段，应当根据产品特性和设备情况，采取相应的预防交叉污染措施，如使用专用厂房和设备、阶段性生产方式、使用密闭系统等。

第十七条　灭活疫苗（包括基因重组疫苗）、类毒素和细菌提取物等产品灭活后，可交替使用同一灌装间和灌装、冻干设施。每次分装后，应当采取充分的去污染措施，必要时应当进行灭菌和清洗。

第十八条　卡介苗和结核菌素生产厂房必须与其他制品生产厂房严格分开，生产中涉及活生物的生产设备应当专用。

第十九条　致病性芽孢菌操作直至灭活过程完成前应当使用专用设施。炭疽杆菌、肉毒梭状芽孢杆菌和破伤风梭状芽孢杆菌制品须在相应专用设施内生产。

第二十条　其他种类芽孢菌产品，在某一设施或一套设施中分期轮换生产芽孢菌制品时，在任何时间只能生产一种产品。

第二十一条　使用密闭系统进行生物发酵的可以在同一区域同时生产，如单克隆抗体和重组 DNA 制品。

第二十二条　无菌制剂生产加工区域应当符合洁净度级别要求，并保持相对正压；操作有致病作用的微生物应当在专门的区域内进行，并保持相对负压；采用无菌工艺处理病原体的负压区或生物安全柜，其周围环境应当是相对正压的洁净区。

第二十三条　有菌（毒）操作区应当有独立的空气净化系统。来自病原体操作区的空气不得循环使用；来自危险度为二类以上病原体操作区的空气应当通过除菌过滤器排放，滤器的性能应当定期检查。

第二十四条　用于加工处理活生物体的生产操作区和设备应当便于清洁和去污染，清洁和去污染的有效性应当经过验证。

第二十五条　用于活生物体培养的设备应当能够防止培养物受到外源污染。

第二十六条　管道系统、阀门和呼吸过滤器应当便于清洁和灭菌。宜采用在线清洁、在线灭菌系统。密闭容器（如发酵罐）的阀门应当能用蒸汽灭菌。呼吸过滤器应为疏水性材质，且使用效期应当经验证。

第二十七条　应当定期确认涉及菌毒种或产品直接暴露的隔离、封闭系统无泄漏风险。

第二十八条　生产过程中被病原体污染的物品和设备应当与未使用的灭菌物品和设备分开，并有明显标志。

第二十九条　在生产过程中，如需要称量某些添加剂或成分（如缓冲液），生产区域可存放少量物料。

第三十条　洁净区内设置的冷库和恒温室，应当采取有效的隔离和防止污染的措施，避免对生产区造成污染。

第五章　动物房及相关事项

第三十一条　用于生物制品生产的动物房、质量检定动物房、生产区应当各自分开。动物房的设计、建造及动物饲养管理要求等，应当符合实验动物管理的相关规定。

第三十二条　应当对生产及检验用动物的健康状况进行监控并有相应详细记录，内容至少包括动物来源、动物繁殖和饲养条件、动物健康情况等。

第三十三条　生产和检定用动物应当符合《中华人民共和国药典》的要求。

第六章　生产管理

第三十四条　当原辅料的检验周期较长时，允许检验完成前投入使用，但只有全部检验结果符合标准时，成品才能放行。

第三十五条　生产和检定用细胞需建立完善的细胞库系统（细胞种子、主细胞库和工作细胞库）。细胞库系统的建立、维护和检定应当符合《中华人民共和国药典》的要求。

第三十六条 生产和检定用菌毒种应当建立完善的种子批系统（原始种子、主种子批和工作种子批）。菌毒种种子批系统的建立、维护、保存和检定应当符合《中华人民共和国药典》的要求。

第三十七条 应当通过连续批次产品的一致性确认种子批、细胞库的适用性。种子批和细胞库建立、保存和使用的方式，应当能够避免污染或变异的风险。

第三十八条 种子批或细胞库和成品之间的传代数目（倍增次数、传代次数）应当与已批准注册资料中的规定一致，不应随生产规模变化而改变。

第三十九条 应当在适当受控环境下建立种子批和细胞库，以保护种子批、细胞库以及操作人员。在建立种子批和细胞库的过程中，操作人员不得在同一区域同时处理不同活性或具有传染性的物料（如病毒、细胞系或细胞株）。

第四十条 在指定人员的监督下，经批准的人员才能进行种子批和细胞库操作。未经批准不得接触种子批和细胞库。

第四十一条 种子批与细胞库的来源、领用、制备、贮存及其稳定性和复苏、使用情况应当有记录。储藏容器应当在适当温度下保存，并有明确的标签。冷藏库的温度应当有连续记录，液氮贮存条件应当有适当的监测。任何偏离贮存条件的情况及纠正措施都应记录。库存台帐应当长期保存。

第四十二条 不同种子批或细胞库的贮存方式应当能够防止差错、混淆或交叉污染。生产用种子批、细胞库应当在规定的贮存条件下在不同地点分别保存，避免丢失。

第四十三条 在贮存期间，主种子批和工作种子批储存条件应当一致；主细胞库和工作细胞库的储存条件应当一致；另有批准或规定的按照批准或规定的条件储存。一旦取出使用，不得再返回库内贮存。

第四十四条 应当按照《中华人民共和国药典》中生物制品分批的相关规定，对生物制品分批并编制批号。

第四十五条 疫苗制品的生产设计应使相关设备的生产能力与生产规模相匹配。

第四十六条 为保证上市产品的溯源和追踪，半成品配制应来源于一批原液，若采用多批次原液混合配制单批半成品，应符合《中华人民共和国药典》等相关规定。

第四十七条 用于生产的培养基/培养液应与批准的一致；培养基应进行适用性检查；禁止使用来自牛海绵状脑病疫区的牛源性材料，并应符合《中华人民共和国药典》的相关要求。

第四十八条 向发酵罐或其他容器中加料或从中取样时，应当检查并确保管路连接正确，并在严格控制的条件下进行，确保不发生污染和差错。

第四十九条 应当对产品的离心或混合操作采取隔离措施，防止操作过程中产生的悬浮微粒导致的活性微生物扩散。

第五十条 培养基宜在线灭菌。向发酵罐或反应罐中通气以及添加培养基、酸、碱、消泡剂等成分所使用的过滤器宜在线灭菌。

第五十一条 应当采用经过验证的工艺进行病毒去除或灭活处理，操作过程中应当采取措施防止已处理的产品被再次污染。

第五十二条 使用二类以上病原体进行生产时，对产生的污物和可疑污染物品应当在原位消毒，完全灭活后方可移出工作区。

第五十三条　应当明确规定色谱分离柱的合格标准、清洁或消毒方法。不同产品的纯化应当分别使用专用的色谱介质。不同批次之间，应当对色谱分离柱进行清洁或消毒。不得将同一色谱分离介质用于生产的不同阶段。色谱介质的保存、再生及使用寿命应当经过验证。

第五十四条　对用于实验取样、检测或日常监测（如空气采样器）的用具和设备，应当制定严格的清洁和消毒操作规程，避免交叉污染。应当根据生产的风险程度对用具或设备进行评估，必要时做到专物专区专用。

第七章　质量管理

第五十五条　应当按照《中华人民共和国药典》、国家药品监督管理部门核准的质量标准、相关质控要求对生物制品原辅料、中间产品、原液及成品进行检验。

第五十六条　疫苗生产所用佐剂应与药品监督管理部门批准或备案的相关生产工艺及质量标准一致；佐剂的供应商、生产工艺及质量标准变更应经过充分研究和验证，并按照国家相关法规要求进行批准、备案或年度报告。

第五十七条　中间产品的检验应当在适当的生产阶段完成，当检验周期较长时，可先进行后续工艺生产，待检验合格后方可放行成品。

第五十八条　必要时，中间产品应当留样，以满足复试或对中间控制确认的需要，留样数量应当充足，并在适宜条件下贮存。

第五十九条　疫苗生产企业应采用信息化手段如实记录生产、检验过程中形成的所有数据，确保生产全过程持续符合法定要求。对于人工操作（包括人工操作、观察及记录等）步骤，应将该过程形成的数据及时录入相关信息化系统或转化为电子数据，确保相关数据的真实、完整和可追溯。

第六十条　应当对生产过程中关键工艺（如发酵、纯化等工艺）的相关参数进行连续监控，连续监控数据应当纳入批记录。

第六十一条　采用连续培养工艺（如微载体培养）生产的，应当根据工艺特点制定相应的质量控制要求。

第六十二条　应对疫苗等生物制品的质量进行趋势分析，全面分析并及时处置工艺偏差及质量差异，对发生的偏差应如实记录并定期回顾。

第八章　术语

第六十三条　下列术语含义是：

（一）原料

指生物制品生产过程中使用的所有生物材料和化学材料，不包括辅料。

（二）辅料

指生物制品在配制过程中所使用的辅助材料，如佐剂、稳定剂、赋形剂等。

参 考 文 献

[1] 羊建平主编.兽用生物制品技术.北京:化学工业出版社,2009.

[2] 周东坡,赵凯,马玺编著.生物制品学.北京:化学工业出版社,2007.

[3] 兰蓉,周珍辉主编.细胞培养技术.北京:化学工业出版社,2007.

[4] 李津,俞咏霆,董德祥主编.生物制药设备和分离纯化技术.北京:化学工业出版社,2003.

[5] 刘宝全主编.兽医生物制品学.北京:中国农业出版社,1995.

[6] 费恩阁主编.动物传染病学.长春:吉林科学技术出版社,1995.

[7] 张振兴,姜平主编.实用兽医生物制品技术.北京:中国农业科技出版社,1996.

[8] 王明俊主编.兽医生物制品学.北京:中国农业出版社,1997.

[9] 于大海,崔砚林主编.中国进出境动物检疫规范.北京:中国农业出版社,1997.

[10] 程安春,江铭书主编.现代禽病诊断和防治全书.成都:四川大学出版社,1997.

[11] 于善谦主编.免疫学导论.北京:高等教育出版社,1999.

[12] 姜平,李祥瑞主编.现代疫苗设计原理.北京:中国农业出版社,1999.

[13] 梁圣译主编.中国兽医生物制品发展简史.北京:中国农业出版社,2001.

[14] 陆承平主编.兽医微生物学.第3版.北京:中国农业出版社,2001.

[15] 中华人民共和国农业部编.兽用生物制品质量标准(2001年版).北京:中国农业科技出版社,2001.

[16] 王世若,王兴龙,韩文瑜主编.现代动物免疫学.第2版.长春:吉林科学技术出版社,2001.

[17] 罗满林,顾为望主编.实验动物学.北京:中国农业出版社,2002.

[18] 朱威主编.生物制品基础及技术.北京:人民卫生出版社,2003.

[19] 熊宗贵主编.发酵工艺原理.北京:中国医药科技出版社,1995.

[20] 世界卫生组织.实验室生物安全手册.日内瓦:世界卫生组织,2004.

[21] 朱善元主编.兽医生物制品生产与检验.北京:中国环境科学出版社,2006.

[22] 吴梧桐主编.生物制药工艺学.第2版.北京:中国医药科技出版社,2006.

[23] 赵铠,章以浩,李河民主编.医学生物制品学.第2版.北京:人民卫生出版社,2007.

[24] 宋超先主编.微生物与发酵基础教程.天津:天津大学出版社,2007.

[25] 王俊丽,聂国兴主编.生物制品学.北京:科学出版社,2008.

[26] 姜平主编.兽用生物制品学实验指导.北京:中国农业出版社,2008.

[27] 王素芳主编.生物制药学.杭州:浙江大学出版社,2009.

[28] 俞松林主编.生物药物检测技术.北京:人民卫生出版社,2009.

[29] 国家药典委员会.中华人民共和国药典(2020年版).北京:中国医药科技出版社,2020.

[30] Roy Fuller. Probiotics: the scientific basis. London: chapman & Hall, 1992.

[31] Yong W K. Animal Parasite Control Utilizing Biotechnology. Boca Ralon: CRC Press, 1992.

[32] Noel Mowat, Mark Rweyemamu. Vaccine manual: the production and quality control of veterinary vaccines for use in developing countries. Rome: Food and Agriculture Organization of the United Nations, 1997.

[33] Leman A D, Straw B E, Glock R D, et al. Disease of Swine. 8th ed. Ames: Iowa State University Press, 1999.

[34] Murphy F A, Gibbs E P J, Horzinek M C, et al. Veterinary Virology. 3th ed. San Diego: Academic Press, 1999.

[35] Raitt I, Brostoff J, Male D. Immunology. 6th ed. Edinburgh: Harcourt Publishers Limited, 2001.

[36] Schwarzkopf C, Staak C, Behn I, et al. Immunization. Chicken egg yolk antibodies, production and application. IgY-technology//Schade R, Behn I, Erhard M, et al. Springer Lab Manuals. New York: Springer-Verlag berlin Heidelberg, 2000: 25-64.

[37] 葛弛宇,肖怀秋主编.生物制药工艺学.北京:化学工业出版社,2019.

[38] 辛秀兰主编.现代生物制药工艺学.北京:化学工业出版社,2016.

[39] 耿晓眉,董彦鹏,车巧林,等.兽用生物制品研究开发概况分析.现代畜牧兽医,2019,(11):39-43.

[40] 沈加斌,徐攀,李鑫雨,等.人胰岛素原基因在大肠杆菌中的可溶性表达及分离纯化研究.食品与生物技术学报,

2016，035（007）：721-727.

[41] 吕丹，闫亚丽，景丽芳，等．重组人胰岛素原在大肠杆菌中的可溶性表达．天津科技大学学报，2017，32（06）：25-29.

[42] 聂国兴，王俊丽．生物制品学．第 2 版．北京：科学出版社，2017.

[43] 周东坡，赵凯，周晓辉，等著．生物制品学．第 2 版．北京：化学工业出版社，2014.

[44] 姜平．兽医生物制品学．第 3 版．北京：中国农业出版社，2015.